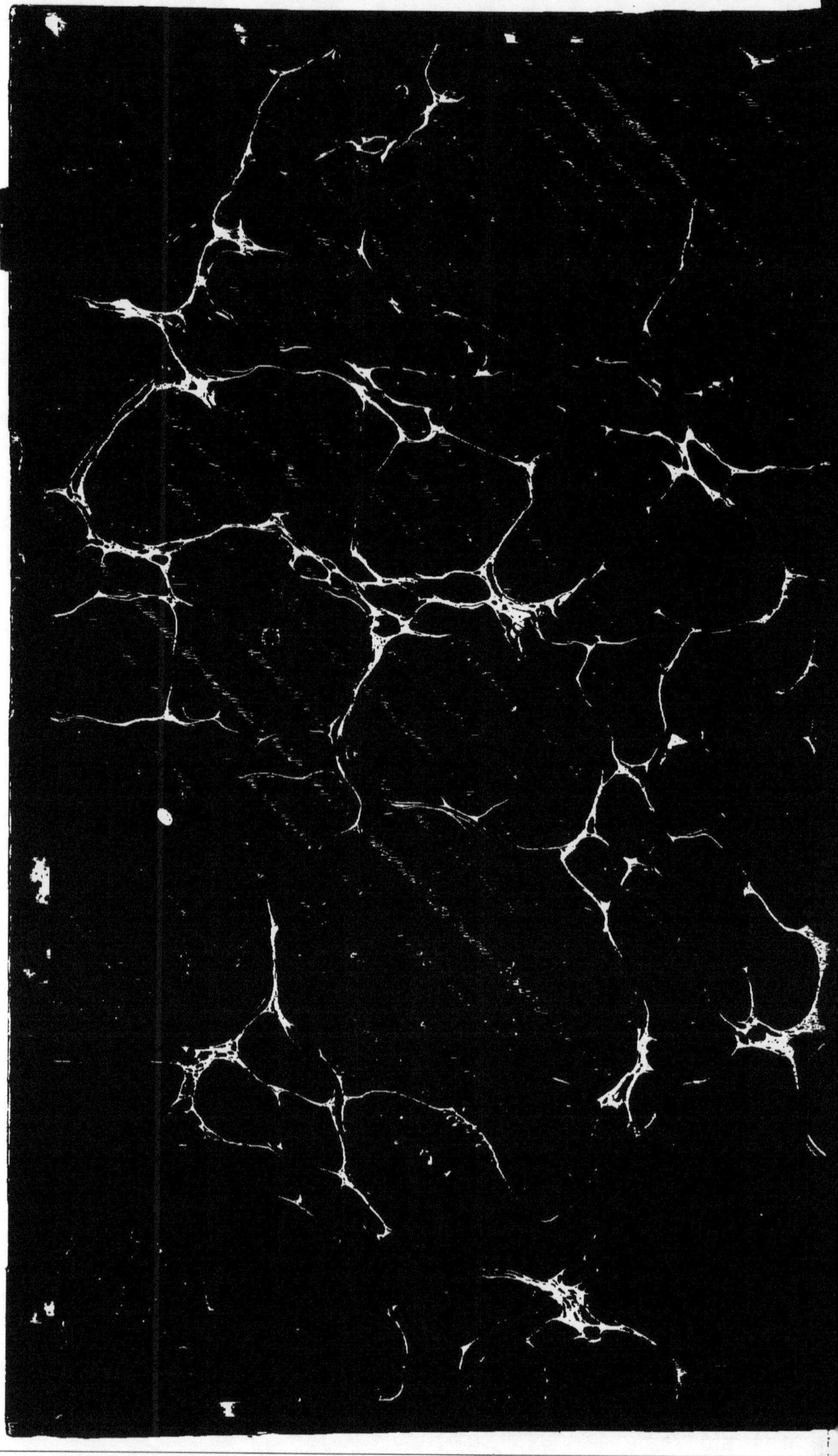

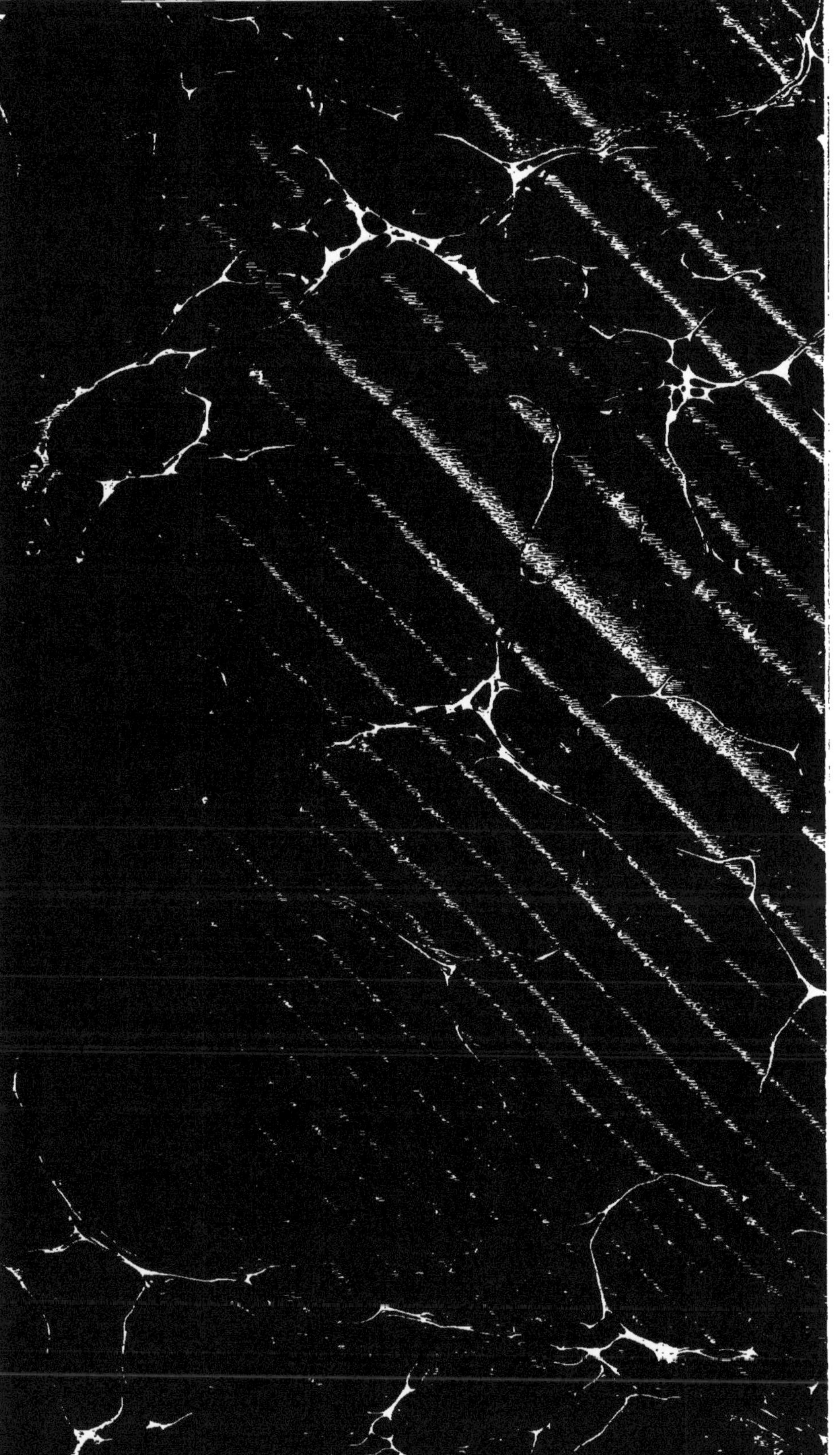

L'ANCIENNETÉ DE L'HOMME

APPENDICE

L'HOMME FOSSILE

EN FRANCE

L'ANCIENNETÉ DE L'HOMME prouvée par la Géologie et Remarques sur les théories relatives à l'origine des Espèces par variation, par SIR CHARLES LYELL, traduit avec le consentement et le concours de l'auteur, par M. M. Chaper. Paris, 1864, in-8°; XVI-560 pages, avec 2 pl. et figures, et **Appendice,** in-8°, VIII-296 pages, avec 2 pl. et figures. Ensemble, 2 vol. 15 fr.

PHYSIOLOGIE COMPARÉE. Métamorphoses de l'homme et des animaux, par A. DE QUATREFAGES, membre de l'Institut, professeur au Muséum d'histoire naturelle. Paris, 1822, in-18, de 324 pages. 3 fr. 50

TRAITÉ DE PALÉONTOLOGIE, ou Histoire naturelle des animaux fossiles considérés dans leurs rapports zoologiques et géologiques, par F. J. PICTET, professeur de zoologie et d'anatomie comparée à l'Académie de Genève, etc. *Deuxième édition*, corrigée et considérablement augmentée. Paris, 1853-1857. OUVRAGE COMPLET, 4 forts volumes in-8°, avec un bel atlas de 110 planches grand in-4°. 80 fr.

Cet ouvrage est divisé en trois parties : la *première* comprenant la considération sur la manière dont les fossiles ont été déposés, leurs apparences diverses, l'exposition des méthodes qui doivent diriger dans la détermination et la classification des fossiles; la *deuxième* et la *troisième*, l'histoire spéciale des animaux fossiles; les caractères de tous les genres y sont indiqués avec soin, les principales espèces y sont énumérées, etc. Les quatre volumes comprennent :

Tome premier. — I. Mammifères. — II. Oiseaux. — III. Reptiles.

Tome deuxième. — IV. Poissons. — V. Insectes. — VI. Myriapodes. — VII. Arachnides. — VIII. Crustacés. — IX. Annélides. — X. Mollusques (Céphalopodes).

Tome troisième. — XI. Mollusques (Gastéropodes, Acéphales).

Tome quatrième. — Mollusques (Brachiopodes, Bryozoaires). — XII. Échinodermes. — XIII. Zoophytes. — Résumé et Table.

PARIS. — IMP. SIMON RAÇON ET COMP., RUE D'ERFURTH, 1.

L'ANCIENNETÉ DE L'HOMME

APPENDICE

Par Sir CHARLES LYELL

L'HOMME FOSSILE

EN FRANCE

COMMUNICATIONS FAITES A L'INSTITUT (ACADÉMIE DES SCIENCES)

PAR MM.

BOUCHER DE PERTHES, BOUTIN,
P. CAZALIS DE FONDOUCE, CHRISTY, J. DESNOYERS,
H. ET ALPH. MILNE-EDWARDS, H. FILHOL, A. FONTAN, F. GARRIGOU.
PAUL GERVAIS, SCIPION GRAS, ED. HÉBERT, ED. LARTET,
MARTIN, PRUNER-BEY,
DE QUATREFAGES, TRUTAT, DE VIBRAYE

AVEC 2 PLANCHES ET FIGURES INTERCALÉES DANS LE TEXTE

PARIS

J. B. BAILLIÈRE ET FILS

LIBRAIRES DE L'ACADÉMIE IMPÉRIALE DE MÉDECINE

Rue Hautefeuille, 19

Madrid — C. BAILLY-BAILLIÈRE | **Leipzig** — E. JUNG-TREUTTE

1864

AVERTISSEMENT

Il n'y a pas un an paraissait la traduction française de l'ouvrage de sir Charles Lyell sur *l'Ancienneté de l'Homme*. Ce livre, où sont exposés tous les travaux entrepris sur la question de l'homme fossile, a été accueilli avec faveur.

Depuis cette publication le savant géologue anglais a visité Saint-Prest près Chartres, en France, et diverses localités de l'Écosse, poursuivant l'étude du problème de notre ancienneté. Des communications, des observations de quelque importance ont été successivement adressées à M. Lyell par des savants anglais et allemands. Un *Appendice* s'est trouvé presque immédiatement nécessaire. En même temps que nous en préparions la publication, nous recevions de savants éminents la demande de réunir, comme complément de l'ouvrage de sir Charles Lyell, les communications les plus récentes faites à l'Institut (Académie des sciences), à l'Académie de Toulouse, à la Société philomatique, ayant trait à l'étude de l'ancienneté de l'homme en France.

Nous avons cru devoir céder à ces bienveillants conseils, et avec le concours des savants qui ont apporté à l'étude de la question le tribut de leurs études géologiques et de leur érudition, nous avons groupé ces communications et ces mémoires par régions géographiques; c'est ainsi que dans autant de parties se trouvent classées des recherches sur :

I. L'Homme fossile a Moulin-Quignon, par MM. Boucher de Perthes, de Quatrefages, Delesse, H. Milne Edwards, Pruner-Bey, Hébert, Scipion Gras et F. Garrigou.

II. L'Homme fossile aux environs de Chartres, par M. J. Desnoyers.

III. L'Homme fossile dans le centre de la France, par MM. de Vibraye, Éd. Lartet et H. Christy.

IV. L'Homme fossile dans le Périgord, par MM. Éd. Lartet et H. Christy.

V. L'Homme fossile dans l'Aveyron, par M. P. Cazalis de Fondouce.

VI. L'Homme fossile a Bruniquel (Tarn-et-Garonne), par MM. E. Trutat, F. Garrigou, L. Martin, H. Milne Edwards et Éd. Lartet.

VII. L'Homme fossile dans la Haute-Garonne, par M. Éd. Lartet.

VIII. L'Homme fossile dans l'Ariége, par MM. Alfred Fontan, F. Garrigou et H. Filhol.

IX. L'Homme fossile dans les Hautes-Pyrénées, par MM. Alph. Milne Edwards, F. Garrigou et Filhol.

X. L'Homme fossile dans le Bas-Languedoc, par MM. Boutin et Paul Gervais.

Nous sommes heureux de remercier publiquement les savants qui ont bien voulu nous prêter leur concours. Qu'il nous soit permis d'offrir ici un témoignage spécial de notre gratitude à M. Éd. Lartet, l'auteur de la plus remarquable et la plus caractéristique découverte de débris de l'industrie humaine à côté d'ossements fossiles d'une haute antiquité. Ses observations, ses recherches sur les vertébrés fossiles, poursuivies pendant bien des années, sont empreintes d'un caractère consciencieux qui assigne à ses travaux une grande autorité et donne aux nombreuses communications dont il a bien voulu enrichir ce volume un caractère que nos lecteurs apprécieront.

J. B. B. ET F.

Paris, le 1er juin 1864.

ERRATA

Page 95, ligne 10, *au lieu de :* plusieurs Cerfs, *lisez :* plusieurs autres Cerfs.

Page 98, ligne 15, *au lieu de :* 12 à 15 mètres, *lisez :* de 15 à 20 mètres.

L'ANCIENNETÉ
DE L'HOMME
PROUVÉE PAR LA GÉOLOGIE

APPENDICE

PAR

SIR CHARLES LYELL

A

(Pages 137, 206, 236.)

SUR LES INDICES PRÉSUMÉS DE LA COEXISTENCE DE L'HOMME AVEC L'*ELEPHAS MERIDIONALIS* AVANT LA PÉRIODE GLACIAIRE A SAINT-PREST, PRÈS DE CHARTRES.

Le 8 juin 1863, mon ami, M. J. Desnoyers, bien connu comme observateur original et comme écrivain expert en archéologie et en géologie, a publié un mémoire important « sur les indices matériels de la coexistence de l'homme avec l'*Elephas meridionalis*, dans un terrain des environs de Chartres, plus ancien que les terrains de transport quaternaires des vallées de la Somme et de la Seine [1]. » Les indices

[1] Voyez, à la fin de ce volume, le mémoire de M. J. Desnoyers.

présumés de l'existence de l'homme à une période aussi éloignée consistent en stries, empreintes, incisions, entailles et autres marques que l'on observe à la surface de certains ossements fossiles enfouis dans le sable et le gravier stratifiés de Saint-Prest.

Dans le chapitre XI (p. 206), j'ai fait allusion à cette formation fluviatile des rives de l'Eure, près de Chartres, qui contient en abondance les restes de l'*Elephas meridionalis*, et j'ai établi que sa position géologique est telle que nous devons lui assigner une date bien antérieure aux terrains de transport de la Seine et de la Somme dans lesquels des os de mammouth ont été trouvés associés à des ustensiles de pierre. J'ai aussi remarqué (p. 256) que l'origine de l'homme pourrait être rejetée à une époque bien plus ancienne, si quelques-uns de ces restes pouvaient être découverts dans les strates qui, sur la côte orientale de l'Angleterre, contiennent des os d'*Elephas meridionalis*.

En juillet 1863, lorsque le mémoire de M. Desnoyers (reproduit plus loin) venait de donner un nouvel intérêt à l'étude des fossiles de Saint-Prest, j'ai visité de nouveau cette localité et j'ai eu le bonheur d'être accompagné par M. Desnoyers lui-même. Nous avons examiné ensemble la vaste excavation de sable et de gravier dont tous les ossements fossiles avaient été extraits, et mon ami m'a signalé, soit en cet endroit, soit dans les collections publiques et privées de Chartres, soit les jours suivants, au musée de l'École des mines de Paris, soit dans son domicile particulier, les preuves sur l'évidence desquelles il s'appuyait pour établir la coexistence probable de l'homme avec l'*Elephas meridionalis*.

Avant de commenter ces preuves, il pourrait être convenable de faire remarquer qu'aucun ustensile d'os ou de pierre n'a été rencontré jusqu'ici dans les couches non remaniées du gravier de Saint-Prest. Si l'on avait fait une pareille découverte, la discussion de la valeur véritable de ces indices, bien qu'elle restât toujours un sujet plein d'intérêt, aurait perdu beaucoup de son importance : en effet, elle aurait cédé le pas à une preuve manifeste d'un ordre plus élevé. Je déclarerai aussi que tous les indices sur lesquels M. Desnoyers appuie son opinion sont aussi anciens que l'époque de l'enfouissement des fossiles dans le gravier dont ils ont été extraits, conclusion que des naturalistes qui avaient examiné les faits avec partialité, ont voulu mettre en question.

Les ossements se rapportent surtout aux genres Éléphant, Rhinocéros, Hippopotame et Cerf; il existe même des os de plusieurs espèces de ce dernier genre. Les os sont dispersés en petit nombre dans la masse entière du sable et du gravier qui présente une épaisseur d'environ 20 mètres et est recouverte d'un dépôt épais de loess : ils se trouvent principalement dans deux lits de gravier, l'un placé à environ 15 mètres, l'autre à 26 mètres au-dessous de la surface ou de la couche de loess.

On a émis l'opinion qu'un assez grand nombre de raies, d'incisions et d'empreintes pouvait être attribué aux outils des ouvriers qui avaient extrait les os de l'excavation et pouvait avoir été fait par les personnes qui les avaient nettoyés et les avaient ôtés de leur matrice. Mais, pour répondre à cette objection, je rappellerai d'abord au lecteur que M. Desnoyers nous dit, dans son mémoire, qu'il a extrait lui-même avec soin du gravier plusieurs ossements sur lesquels on pouvait voir les marques en question, et que, parmi ces ossements, se trouvait un tibia de rhinocéros sur lequel quelques-unes des incisions les plus distinctes pouvaient être observées. On peut encore faire remarquer que le sable adhérent aux ossements est presque invariablement si léger que, lorsqu'il est sec, il se détache spontanément. Dans aucun cas, il n'est besoin de se servir d'instruments durs pour le détacher. De plus, il est assez commun de voir des dendrites cristallines de fer et de manganèse pénétrer les entailles et les stries, ce qui distingue ces marques des incisions fraîches que le pic de l'ouvrier a produites accidentellement. J'ai trouvé en outre que plus des trois quarts des ossements des différentes collections que j'ai examinées, étaient entièrement dépourvus de toute marque superficielle de date, soit ancienne, soit moderne, et, M. Desnoyers et moi nous avons trouvé que ce fait s'appliquait à des ossements d'éléphants et d'autres animaux (dont le nombre s'élevait à plus de quarante) qui avaient été jetés pêle-mêle dans des boîtes par feu M. de Boisvillette, à Chartres. Tous ces os, bien que remaniés sans aucun soin, étaient dépourvus d'incisions, de stries et de dentelures.

Le nombre des raies parallèles existant sur quelques ossements à Saint-Prest, dont les unes, disposées parallèlement, sont souvent entre-croisées par d'autres plus anciennes, est si considérable, qu'il exclut l'idée que leur totalité soit due à l'action de l'homme. M. Desnoyers, exprimant cette opinion, attribue la production d'une partie de ces marques à d'autres causes : il considère quelques marques qui sont courtes et émoussées, comme provenant des coups qui leur ont été portés par des cailloux angulaires roulés contre ces ossements dans le lit de la rivière : en effet, plusieurs de ces ossements ont été évidemment arrondis par frottement. Toutefois je suis d'accord avec M. Desnoyers pour penser que cette explication ne peut pas s'appliquer au plus grand nombre des empreintes rectilignes disposées parallèlement et s'entre-croisant les unes avec les autres sous un angle considérable. Si l'action ordinaire d'un courant fluviatile avait été la cause de ces marques, leur présence serait plus générale tant à Saint-Prest qu'ailleurs.

Pour se rendre compte de quelques-unes des empreintes qui sont réellement rectilignes, M. Desnoyers propose l'action de la glace, et il est certain qu'elles ont une ressemblance frappante avec celles que l'on rencontre sur les surfaces unies et polies des galets des glaciers. Mais les preuves sur lesquelles on s'appuie pour démontrer l'évidence de cette action me paraissent très-discutables. M. Desnoyers m'a donné un spécimen d'environ 3 centimètres de long sur 2 de large qu'il présume être un fragment d'un os d'éléphant : la surface de cet os avait été frottée et usée en sorte qu'elle était parfaitement polie. M. Busk, après l'avoir examiné minutieusement, m'affirma qu'une grande partie de la surface corticale originaire de l'os avait été enlevée et que quelques-unes des cellules de l'os avaient été incisées; sur les portions de la surface horizontale, se trouvaient plusieurs stries et empreintes rectilignes : souvent deux ou trois de ces marques étaient placées parallèlement aux autres et quelques-unes d'entre elles s'entre-croisaient avec les autres presqu'à angle droit, comme cela se présente pour les galets des glaciers. M. Desnoyers appela aussi mon attention sur un fragment d'os plus large, de 16 centimètres de long et 7 de large, dont les rayures et les entailles paraissaient identiques avec celles du spécimen plus petit. Quelques-unes de ces marques étaient entièrement droites, parallèles, de 4 centimètres de long, mais groupées par séries, suivant sur la même surface une direction différente. J'ai éprouvé une grande difficulté à attribuer ces marques à l'action de la glace, à cause de l'absence de toute trace de frottement. Pour ces marques, l'opinion de plusieurs des anatomistes les plus éminents de Paris, spécialement de MM. Lartet et Gratiolet, est que cet os (qui paraît être un fragment du tibia d'un éléphant) conserve sa surface originaire légèrement courbe, sur laquelle on aperçoit les extrémités de quelques vaisseaux qui n'ont presque subi aucune dégradation. Je ne puis pas concevoir comment l'action de la glace aurait donné naissance à des stries et à des empreintes dans plus d'une direction, dans un cas dans lequel il n'y avait ni traces de frottement, ni dégradation de la surface originaire : de plus, l'aspect de ce spécimen est, sous d'autres rapports, si exactement semblable à celui du plus petit spécimen décrit antérieurement, que si les raies et les empreintes ne sont pas dues à l'action de la glace dans l'un des cas, nous pouvons hardiment supposer qu'il en est de même dans l'autre.

Lorsque je suis allé à Saint-Prest, j'ai obtenu aussi un fragment d'os de rhinocéros qui portait de nombreuses traces de frottement et des stries, s'entre-croisant les unes les autres. Dans ce cas, la courbure originaire de l'os avait été partiellement détruite par le frottement ; mais les stries contournaient circulairement la surface convexe en suivant une direction qui ne pouvait pas facilement être conciliée avec l'action de la glace.

On pourrait peut-être énoncer comme objection additionnelle à l'admission de la cause que nous alléguons ici, que l'*Elephas meridionalis* a précédé la période glaciaire : mais M. Desnoyers peut bien répliquer que des hivers vraiment très-intenses et des rivières de glace ont pu exister avant le froid plus intense de la période glaciaire.

Parmi les incisions observées sur les ossements de Saint-Prest qui ont été regardées par M. Desnoyers comme des indices probables de la main de l'homme, il y en a qui, seules et isolées, occupent circulairement environ le tiers de la circonférence de quelques ossements qui paraissent avoir été destinés primitivement à emmancher des instruments de silex : le tibia de rhinocéros, par exemple ; ces incisions coupent dans leur parcours une partie proéminente. D'autres aussi contournent circulairement la moitié des branches cylindriques de quelques bois de cerf. Sur quelques-unes des raies un examen attentif permet de reconnaître qu'elles ne sont pas simples, mais qu'elles présentent plusieurs stries ou lignes fines subordonnées et parallèles comme celles qui peuvent être produites par les irrégularités d'un couteau ou d'une hachette de silex présentant des dentelures. En outre, plusieurs os, et spécialement des bois de cerf, portent des traces de morceaux enlevés de leur place comme celles qui seraient faites par un instrument tranchant enlevant des éclats elliptiques bien unis.

Comme on avait trouvé à Saint-Prest, associés avec les restes de l'*Elephas meridionalis*, des restes d'un grand rongeur d'espèce éteinte (le *Trogontherium*) appartenant à la famille du castor, j'étais curieux d'examiner si la dent d'un tel animal pouvait avoir donné naissance à quelques-unes des marques et des incisions dont il est question ici. Dans ce but, j'ai proposé à M. Bartlett (du *Zoological Garden*), de faire pour moi des expériences dans le but de vérifier le fait. Deux os, le radius (ou plutôt le radius et le cubitus réunis) d'un cheval et l'humérus d'un bœuf, tous deux entièrement exempts de toute rayure à leur surface, ont été placés dans une cage dans laquelle ont été enfermés quatre porcs-épics, deux de l'espèce *Histrix cristata* et deux de l'espèce *Histrix javanica*. Ils étaient approvisionnés de leur ration ordinaire d'aliments végétaux, en plus grande quantité même qu'ils n'en consommaient habituellement : au bout de dix jours, les deux os ont été enlevés. L'extrémité très-développée, de forme sphérique, de l'humérus du bœuf avait été presque entièrement rongée et plus de la moitié de la moelle avait été extraite de l'os. De nombreuses entailles avaient été faites : quelques-unes avaient 27 millimètres de long, d'autres étaient obliques ; mais la plupart étaient exactement transversales par rapport à la longueur de l'os, et quelques-unes contournaient légèrement sa surface convexe. Sur le radius du cheval, j'ai compté près de cent entailles, rayures et marques de dents de 7 à 27 millimètres de long, formant autour d'une petite partie de la courbure de l'os une ligne circulaire continue. Quelques-unes des empreintes formaient plusieurs stries parallèles droites et très-fines, exactement comme celles que le tranchant inégal d'un instrument en silex aurait pu produire. Les porcs-épics avaient donc rongé une portion de la partie proéminente du radius du cheval, dont la partie osseuse était très-dure, et avaient enlevé une portion elliptique, longue de 4 centimètres, large de 2, et profonde de 5 millimètres en son milieu, ressemblant singulièrement par sa forme et son aspect général aux incisions qui pouvaient être observées sur un petit nombre des os fossiles de Saint-Prest, avec cette différence cependant que les marques de dents séparées, qui étaient transversales par rapport à la longueur de l'os, étaient distinctement visibles sur l'os récent. L'*Histrix cristata* avait été vue rongeant l'un des os, et il était resté sur l'aire de la cage une si petite quantité de débris que les porcs-épics devaient avoir consommé une grande partie de la matière osseuse. La cage était entourée de barres de fer destinées à empêcher les rats d'y pénétrer, et je ne pense pas qu'aucune des petites érosions puissent être attribuées à ce qu'ils s'y soient introduits; mais en admettant qu'il en soit ainsi, cela n'affecterait nullement la portée des expériences dont il est ici question : en effet, il est indifférent de savoir à quelle espèce de rongeur les marques peuvent être attribuées. Parmi les incisions parallèles faites par les porcs-épics, j'en ai remarqué quelques-unes qui s'entre-croisaient avec d'autres plus anciennes et également parallèles entre elles sous un angle de 40 degrés.

Personne n'a acquis plus d'habileté pour reconnaître la signification véritable et l'origine des différentes marques et incisions observées si fréquemment sur les ossements trouvés dans les tombeaux et sur les ossements retirés des terrains de transport que M. Lartet, dont l'autorité est souvent citée, comme référence, par M. Desnoyers, dans son mémoire. Quand je lui ai fait voir, à l'époque de sa dernière visite à Londres (août 1863), deux des os partiellement rongés par les porcs-épics, il m'a dit que les incisions, bien qu'elles ne fussent exactement identiques avec aucune de celles des os de Saint-Prest, ressemblaient à quelques-unes de celles que l'on pouvait observer sur les os des cavernes du sud de la France et que l'on était disposé à attribuer à l'action de l'homme. Il m'engagea donc à poursuivre mes expériences en plaçant dans la cage des porcs-épics quelques bois de cerf qui étaient très-durs. Cette expérience fut faite par M. Bartlett, qui plaça dans la cage des rongeurs un andouiller de *Cervus rusa* et un autre de *Cervus Barrasinga*, simultanément avec quelques os frais de cheval et de bœuf. Ces derniers ont subi le même traitement qu'auparavant, avec cette différence que, dans le dernier cas, la presque totalité de la moelle a été extraite de l'humérus du bœuf. En même temps les bois de cerf, qui étaient secs, durs et sans moelle, ont été rongés également et consommés en partie pendant les quatre jours qu'ils sont restés dans la cage. L'andouiller du *Cervus rusa* portait trois branches, dont l'une a été racourcie comme si elle avait été coupée obliquement; les deux autres avaient été rongées au point que leurs extrémités, originairement à pointes mousses, étaient si pointues qu'elles piquaient presque comme des épingles. Près de la base du même bois, à l'endroit où il avait environ 10 centimètres de circonférence, trois surfaces unies avaient été produites par l'érosion : deux de ces surfaces se rencontraient sous un angle aigu. Si l'on avait trouvé ce bois à Pompéi et si l'on avait supposé qu'il avait été travaillé par un coutelier, on aurait pu imaginer naturellement que le coutelier avait eu l'intention de donner à la base du bois une forme pentagonale au lieu de la forme cylindrique. Quelques parties du bois du *Barrasinga* avaient été rongées aussi, et une moitié du premier andouiller était taillée de manière à présenter une surface polie en dessus, tandis que l'autre moitié conservait sa rotondité originaire. Du reste, on pouvait reconnaître dans toutes ces érosions les marques distinctes des dents.

Ayant été informé par M. Lartet qu'il y avait au British Museum quelques ossements du val d'Arno appartenant à l'âge de l'*Elephas meridionalis*, sur lesquels il se trouvait des marques analogues à celles de Saint-Prest, je les ai examinés avec l'assistance de mon ami M. Busk F. R. S. Ils comprenaient des restes de l'*Elephas meridionalis*, du *Rhinoceros etruscus*, de l'*Hippopotamus major*, du bœuf et de quelques autres. Parmi ces ossements, aucun ne nous a paru plus digne d'être noté qu'un tibia de rhinocéros qui n'avait pas été montré à M. Lartet. Sur sa surface intérieure, on pouvait observer plusieurs incisions fines, disposées séparément à des distances irrégulières et s'étendant depuis 10 centimètres au-dessous du sommet jusque près de la base de l'os, qui était long de 37 centimètres. Elles variaient de longueur depuis 14 millimètres jusqu'à 5 centimètres : elles étaient vives, étroites, bien définies, et leur plus grande profondeur se trouvait en leur milieu. Elles suivaient une direction oblique par rapport à l'axe de l'os, et étaient évidemment anciennes, puisque plusieurs d'entre elles étaient pleines de dendrites. Quelle que puisse être leur origine, elles ressemblent aux incisions que l'on voit fréquemment sur les os des cavernes ou des habitations lacustres de Suisse, et que l'on suppose ordinairement avoir été faites par des instruments dirigés par la main de l'homme. Sur l'os pelvien d'un hippopotame, il existe des stries longues et droites qui ne peuvent être rapportées à la dent d'aucun carnivore, ni d'aucun rongeur : en effet, la mâchoire ne peut pas former un orifice assez large pour saisir un os aussi gros. Sur le métatarse d'un bœuf, outre un petit nombre de stries récentes qui étaient restreintes à l'espace recouvert par un dépôt de sable adhérent et superficiel, il y avait encore de nombreuses stries grossières, presque parallèles les unes aux autres, qui pénétraient dans la substance de l'os et qui étaient presque droites. Elles étaient longues d'environ 8 centimètres et suivaient une direction oblique par rapport à l'axe de l'os. Quelques-unes de ces stries contournaient légèrement la courbure de l'os et correspondaient par leur aspect aux empreintes si souvent relatées dans les descriptions des os des cavernes, et attribuées ordinairement aux instruments de silex à dentelure inégale employés pour détacher les chairs et les tendons. Du reste, en ce qui concerne la nature véritable des stries des os du val d'Arno, je ne me considère pas comme apte à émettre une décision. Tous les os d'éléphants et une grande partie du reste des os contenus dans la collection dont il s'agit ne contiennent pas de marque, et les stries qui se trouvent sur d'autres peuvent être dues à des instruments tranchants ou à des brosses dures employées pour en séparer les restes de la matrice dans laquelle ils étaient enchâssés : toutefois, sur plusieurs os il y avait des incisions et des dentelures, courtes, irrégulières, de date ancienne, et dues à quelque cause qui avait agi avant la formation des dendrites qui les recouvrent maintenant. Environ deux cents de ces marques ont pu être comptées sur le cubitus et le radius réunis d'un hippopotame. Elles variaient dans leur longueur de 7 à 27 millimètres ; quelques-unes suivaient le contour de l'os et le contournaient légèrement. Parfois, il y en avait qui s'entre-croisaient avec de plus anciennes. Bien que des parties de cet os eussent échappé à l'action du frottement, nous pouvons supposer que la totalité de l'os étant presque enfouie dans la vase, les portions striées étaient exposées à un courant qui entraînait du sable et du gravier sur ces parties, avec une force assez grande pour former des rayures et des dentelures courtes, à un moment où peut-être l'os était plus mou qu'il n'est maintenant. Un léger changement dans la position de l'os ou dans la direction du courant de l'eau a pu produire une seconde série de stries parallèles qui s'entre-croisait avec une plus ancienne [1].

Aucun des os de l'*Elephas meridionalis* et des espèces trouvées simultanément dans le « Forest bed » de Cromer, qui ont été indiqués dans l'ouvrage, p. 224, aucun de ceux qui ont été examinés dernièrement (1863) par M. Lartet au Norwich Museum, et dans les collections de MM. Gunn et King, ne présentent de marques ressemblant à celles qui se trouvent à la surface des os de Saint-Prest ou du val d'Arno : ce résultat négatif ne doit pas nous surprendre lorsque nous voyons que dans tous les cas, même à Saint-Prest, la présence des stries et des incisions est presque exceptionnelle.

J'ai établi, p. 179, que le colonel Wood avait retiré plus de mille andouillers de renne d'une seule caverne, désignée sous le nom de Bosco's Den, dans le comté de Glamorgan. Sur aucun de ces os, on n'a observé ni incision, ni marque d'aucune espèce. J'ai examiné moi-même environ cent cinquante de ces os dans la collection du colonel Wood, sans pouvoir y découvrir aucune marque. A Bosco's Den, on n'a trouvé ni ossements, ni ustensiles de fabrication humaine ; mais, dans une caverne voisine, dite *Long Hole*, dans laquelle les mêmes observateurs zélés et habiles ont découvert des couteaux de silex, au-dessous d'un crâne de *Rhinoceros hemitœchus*, on a trouvé plusieurs ossements fossiles qui présentent des incisions transversales, comme celles que M. Desnoyers est porté à considérer comme l'œuvre de la main de l'homme. D'autres cavernes de la Grande-Bretagne (Kent's Hole, près Torquay,

(1) M. J. Desnoyers a signalé des stries semblables sur des os du val d'Arno de la collection de M. le duc de Luynes.

par exemple) peuvent être citées, dans lesquelles la présence de marques similaires sur les ossements est associée à la preuve évidente de la présence de l'homme.

Il est bien connu que les racines de certaines plantes, la vigne par exemple, ont une puissance extraordinaire pour produire des réticulations, et quelquefois des rayures droites sur l'extérieur des os à des profondeurs variables, parfois 3 mètres et plus de la surface. Nous devons parler aussi des fentes qui se produisent à la surface lorsque les os se sont d'abord putréfiés dans la terre et se sont ensuite desséchés. M. Desnoyers, après avoir pris tous ces faits en considération et avoir épuisé toutes les hypothèses, s'est convaincu qu'aucune ne donnait une explication aussi naturelle d'une certaine classe de marques que la supposition que les os avaient été taillés et grattés par des instruments de fabrication humaine.

Des incisions transversales profondes et étroites, contournant presque la moitié de la circonférence de l'os ou du bois, des raies et des marques longues, parallèles, non accompagnées de traces de frottement, des cicatrices elliptiques, unies, montrant les endroits dont on avait enlevé des éclats, se trouvent communément, dit M. Desnoyers, dans les os de Saint-Prest et dans ceux qui ont été trouvés dans les tombeaux gaulois, gallo-romains et germains, dans lesquels ils étaient accompagnés d'instruments d'os et de pierre. Le même archéologue attribue certaines dentelures qui se trouvent sur un crâne d'*Elephas meridionalis*, qu'il m'a montré à Paris, aux flèches qui auraient percé le crâne ou l'auraient entaillé en glissant sur sa surface, hypothèse sur laquelle je ne me risquerai pas à émettre une opinion.

On pourrait peut-être se demander pourquoi, dans un dépôt dans lequel il y avait tant de traces supposées de la main de l'homme, aucun instrument de silex ou d'os n'a été découvert, surtout lorsqu'on tient compte de la masse de gravier mise en œuvre à Saint-Prest sur une si grande échelle pour les travaux du chemin de fer, durant les onze dernières années, au point d'avoir fourni aux paléontologistes non moins de cent trente molaires d'*Elephas meridionalis*, ainsi que de nombreux restes d'autres mammifères éteints. En réponse à cette objection, on peut dire assurément que, jusqu'ici, l'attention des ouvriers n'a jamais été spécialement dirigée sur aucun objet, excepté sur les dents et les os fossiles, et plus particulièrement sur les plus gros et les plus complets. On peut aussi observer que les instruments d'une période si éloignée pouvaient avoir été d'une forme si grossière, que l'évidence d'un dessein dans leur structure pouvait ne pas être claire pour des yeux autres que ceux d'un archéologue expert. Dans de telles circonstances, une preuve négative est indubitablement de peu de poids.

Sans pousser plus loin la discussion, je terminerai en avouant que je considère l'art de reconnaître les incisions et autres marques existant sur les os fossiles comme étant actuellement dans un tel état d'enfance, que j'hésiterais beaucoup avant de donner mon assentiment à la proposition de M. J. Desnoyers, que les fossiles de Saint-Prest démontrent « la haute probabilité de l'existence de l'homme avant la période glaciaire. » Mais les faits et la théorie qu'il a mis au jour avec tant d'habileté doivent exciter les archéologues et les paléontologistes à faire de nouvelles investigations, et à rechercher avec soin les œuvres d'art dans les endroits où il se trouve des os recouverts d'incisions et de stries. La découverte de ces marques à Saint-Prest peut conduire à des investigations plus importantes, et nous pouvons être à la veille de grandes découvertes, bien que les preuves puissent nous paraître peu nettes et douteuses. « Les événements qui surviendront dissiperont tous les doutes. » Ces doutes doivent avoir été la cause pour laquelle on a comparé les incisions des ossements avec des incisions de tant d'espèces différentes : mais on ne peut pas nier que la cause assignée par M. Desnoyers est, dans quelques cas, plus naturelle qu'aucune de celles que les critiques, qui font des objections à ses conclusions, sont susceptibles de suggérer actuellement.

B

(Page 151.)

DÉCOUVERTE SUPPOSÉE D'UN OS MAXILLAIRE INFÉRIEUR HUMAIN DANS LA COUCHE SUPÉRIEURE DU TERRAIN DE MOULIN-QUIGNON, DANS LES ENVIRONS D'ABBEVILLE.

En mars 1863, un ouvrier employé à extraire du gravier à Moulin-Quignon a fait savoir à M. Boucher de Perthes qu'on avait vu un os sortir d'environ 27 millimètres en dehors de la surface de la coupe, alors en exploitation, à une profondeur de 5 mètres au-dessous du sol. M. Boucher de Perthes se rendit immédiatement à la sablonnière avec un de ses amis et fut témoin de l'extraction de l'os, qui fut reconnu pour l'un des côtés d'un os maxillaire inférieur humain. Il était enfoui dans une couche noire de gravier et de sable, dite sable noir (black seam), dont la coloration était due à un mélange d'oxyde de fer et de manganèse ; le mélange de sable et de gravier de couleur foncée se trouvait en contact avec la chaux blanche sous-jacente.

Plusieurs éminents géologues de Paris et de Londres ont visité en avril suivant la sablonnière de Moulin-Quignon et ont vu retirer du sable noir, en leur présence, quelques hachettes de silex par une brigade de seize ouvriers. Ces ustensiles de silex, ainsi que quarante autres qui, suivant ce qui a été dit, ont été extraits du terrain de transport d'Abbeville dans le courant du mois précédent, paraissaient, à deux ou trois exceptions près, être de date récente et entièrement dépourvus des preuves ordinaires d'antiquité si caractéristiques pour les ustensiles provenant réellement de Saint-Acheul et d'Abbeville. Ils manquaient, par exemple, de la patine ou lustre superficiel analogue à celui de la porcelaine, ainsi que de tous les indices, l'usure par l'action des eaux sur leurs arêtes, et des incrustations de carbonate de chaux ou des dendrites de fer et de manganèse. Or, les hachettes de date indubitablement ancienne possèdent généralement un de ces caractères ou même la totalité de ces caractères. Dans leur aspect ces ustensiles en différaient aussi quelque peu, et ils n'avaient pas leurs arêtes émoussées comme les hachettes vraiment anciennes.

Des observations subséquentes de M. Evans et d'autres observations de M. Keeping, qui était employé par MM. Evans, Prestwich et autres à fouiller dans les sablonnières à Moulin-Quignon [1], ont mis hors de doute ce fait important que quelques ouvriers étaient dans l'habitude de fabriquer et d'enfouir des instruments en silex et qu'ils avaient en outre une certaine habileté dans l'art de les fabriquer et de les faire passer pour des instruments véritablement anciens, en sorte que nous sommes fondés à mettre en question le verdict des nombreux savants qui ont visité Abbeville en 1863 ; en effet, un petit nombre d'entre eux étaient préparés à traiter avec la suspicion et le scepticisme convenables le témoignage des ouvriers qu'ils employaient; peut-être même n'y en avait-il aucun. Comme le caractère de ces savants est hors d'attaque, on n'est naturellement pas enclin à imputer la fraude à aucun d'entre eux, et il est probable que, parmi le grand nombre de savants qui se trouvaient à Moulin-Quignon, un petit nombre seulement attachaient de l'intérêt à la fraude que l'on sait maintenant avoir été pratiquée. Pour ma part, après avoir lu les deux lettres de M. Evans, je dois confesser que je ne suis pas sûr que je n'aurais pas été trompé moi-même si j'avais été présent en avril, lorsqu'on a retiré de la sablonnière un si grand nombre d'instruments de silex du nouveau type.

Entre autres preuves que les instruments suspects étaient de fabrication récente, M. Evans et M. Lubbock ont indiqué la présence de corps gras, de marques de brosses et de doigts sur les silex à l'époque de leur extraction du gravier : les stries suivaient diverses directions et n'étaient pas disposées

[1] Voyez l'*Athenæum*, 4 juillet 1863, p. 19.

de manière à pouvoir s'être formées en glissant sur le sable. Dans mon opinion, ces marques ont été faites lorsqu'on a enduit les instruments d'un corps gras à la surface pour y faire adhérer la terre provenant du sable noir dans laquelle ils ont été ensuite introduits. M. Prestwich, voulant se rendre compte par l'expérience, a pris cent instruments provenant du sable noir et a trouvé que tous étaient colorés artificiellement, à l'exception de 4 ou 5 petits qui perdaient facilement leur coloration, tandis qu'aucun des instruments suspects, dits du nouveau type, ne pouvait être décoloré de la même manière.

La fraude reconnue par Keeping est de telle nature que son évidence ne peut être manifestée aisément qu'en combinant la dextérité manuelle d'un ouvrier avec les connaissances scientifiques. Lorsque, en introduisant son outil, M. Keeping trouva que le gravier qui environnait un des instruments en silex suspect, cédait plus aisément, ce gravier n'avait pas, du reste, l'apparence d'avoir été récemment remué. Dans une autre occasion, il observa dans le gravier une crevasse suivant la ligne où il travaillait, et en retournant à la sablonnière le lendemain matin, il ne pouvait plus apercevoir aucune trace de la crevasse : la transformation du sol, ainsi qu'il le dit, avait été « bien faite, » si bien que le gravier avait toute l'apparence de ne pas avoir été remanié. En faisant dans le gravier une tranchée à une distance de 1 mètre et demi de la face de la colline dont la base était à 3 mètres 10 centimètres du sommet, il trouva une hachette en silex du nouveau type. Après l'avoir enlevée et avoir examiné l'état du terrain qu'il avait remué, il reconnut que la crevasse qu'il avait faite, correspondait avec celle qu'il avait observée la veille. M. Evans découvrit sur les sept spécimens retirés par Keeping les indices de leur « coloration artificielle » et de leur fabrication récente. Il n'en conclut nullement que Keeping n'aurait pas obtenu un vrai spécimen s'il avait été employé pendant des semaines ou des mois à extraire un nombre suffisant de tonnes de gravier.

Si donc un si grand nombre d'instruments en silex sont de contrefaçon moderne, un doute peut venir naturellement à l'esprit relativement à l'authenticité de l'os maxillaire lui-même. Ne pourrait-il pas avoir été introduit de la même manière dans le sable noir par un de ces fabricants d'instruments falsifiés en silex, afin de satisfaire à la demande de fossiles humains pour laquelle on avait offert une récompense qui devait être doublée si l'os était vu en place? Il est bien connu que l'absence d'ossements humains dans des gisements, aussi riches en œuvres d'art que ceux d'Amiens et d'Abbeville, avait longtemps étonné [1].

A l'appui de l'opinion que l'os maxillaire avait des droits positifs à l'ancienneté géologique qui lui était assignée, on doit dire que sa surface, contrairement à ce qui se présente pour les hachettes en silex d'apparence récente, auxquelles nous avons fait allusion ci-dessus, est recouverte en partie de limonite qui avait eu besoin du temps pour se produire et qui n'avait pas pu y être mise par les ouvriers. Telle est la conclusion à laquelle je me suis arrêté après avoir vu, en juillet 1863, l'os maxillaire confié aux soins de M. le professeur Quatrefages. Des juges compétents avaient déclaré en outre qu'il présentait plusieurs particularités anatomiques que l'on rencontre rarement séparées et encore plus rarement réunies sur un même individu appartenant à la race européenne. Ces caractères comprennent, premièrement l'angle obtus formé par le bord inférieur de la branche horizontale avec le bord de la branche ascendante et, secondement, la grande courbe que l'on observait à l'intérieur du bord inférieur.

Cela posé, on se demande comment un ouvrier ordinaire a pu obtenir un spécimen aussi anormal, afin de pouvoir l'enfouir dans le sable noir? Pour répondre à cette objection, on nous a dit qu'un laboureur de Mautort, connu pour avoir de fréquentes relations avec une personne de Moulin-Quignon, avait été employé en 1862 à extraire du gravier à Mesnières,

[1] *Athenæum Journal*, 4 juillet 1863.

localité distante de 15 milles d'Abbeville et qu'il y avait trouvé deux squelettes dans une tranchée ancienne (celtique?) entièrement comblée. Ces squelettes sont venus en la possession de M. Boucher de Perthes, et ce qui en restait, a été examiné rapidement dans son muséum par M. Busk. Un de ces squelettes appartenait à un homme adulte et l'autre à un individu jeune, ayant peut-être onze à douze ans. Une portion considérable du crâne de ce dernier, comprenant la face entière, était conservée. Lorsque la terre dont les os étaient recouverts, a été enlevée partiellement, M. Busk et les personnes présentes ont observé que l'os maxillaire inférieur présentait une ressemblance tout à fait frappante avec celle de Moulin-Quignon. Les différences existant entre elles ont paru à M. Busk ne pas être plus grandes que celles qui pouvaient être attribuées à la grande différence des âges des individus. L'aspect de la surface des os était tout à fait similaire, autant que les parties mises à nu pouvaient permettre la comparaison. Toutefois la mâchoire de Mesnières n'était pas recouverte du dépôt noir qui recouvrait l'autre.

Des examens successifs de diverses portions des autres os des squelettes de Mesnières, envoyées à M. Busk par M. Boucher de Perthes, ont montré que quelques-uns de ces os étaient légèrement sillonnés de dendrites, et la quantité de matière animale ou organique qu'ils contenaient, était à peu près la même que dans quelques os fossiles non suspects, provenant de Menchecourt. Toutefois, ces derniers contenaient une plus grande proportion de carbonate, et fournissaient des indices plus abondants de la présence du fluor.

Pouvons-nous supposer, d'après cela, comme l'a suggéré M. Evans, que le laboureur de Mautort a procuré un os maxillaire sec de l'ancienne race de Mesnières? L'absence de limonite sur le squelette d'enfant de Mesnières est la principale objection que l'on puisse faire à une pareille conjecture, qui, d'autre part, est vraiment séduisante. Ce que nous croyons devoir demander, dans le but de vérifier l'évidence intrinsèque de l'ancienneté à laquelle l'os maxillaire de Moulin-Quignon peut avoir droit, c'est une analyse minutieuse de l'os lui-même, qui n'a pas encore été faite. Combien contient-il de matière animale pour cent? Il serait aussi intéressant de connaître positivement s'il n'existe pas de limonite sur aucun des os enfouis à Mesnières.

Tant que ce point et d'autres encore n'auront pas été résolus, je ne puis donner d'opinion positive quant à l'authenticité de la mâchoire de Moulin-Quignon. Le doute émis par plusieurs géologues anglais, qui ont visité Abbeville depuis que le véritable état du fossile en question a été discuté, me semble tout à fait naturel. En même temps, l'incertitude dans laquelle on se trouve, relativement à l'étendue que l'on doit attribuer à la fraude commise à Abbeville, ne peut invalider aucunement les preuves citées dans le sixième, le septième et le onzième chapitre, en faveur de la coexistence de l'homme avec quelques mammifères éteints; conclusion importante à laquelle les recherches, dans lesquelles M. Boucher de Perthes a persévéré, depuis un si grand nombre d'années, avec un si grand zèle et une si grande habileté, ont principalement contribué.

C

(Page 170.)

DÉCOUVERTE D'INSTRUMENTS EN SILEX DANS LA COUCHE SUPÉRIEURE DU GRAVIER A FISHERTON, PRÈS SALISBURY.

En juin 1827, dans un mémoire lu à la Société géologique de Londres, j'ai décrit une terrasse peu élevée, en terre à brique, bordant la petite vallée de la rivière Wiley, près Salisbury, située à 10 ou 13 mètres au-dessus de la prairie de formation fluviatile qui existe actuellement. J'ai remarqué que, lorsque cette ancienne alluvion s'est déposée, le fond de la vallée avait dû être à une hauteur plus élevée qu'actuellement. J'ai établi également que, dans le village de Fisherton, appartenant à la même vallée, à un mille à l'ouest de Salisbury, il y avait plusieurs cavités pratiquées dans cette terrasse pour l'extraction de la terre à briques, qui faisaient voir que le dépôt d'argile était entremêlé, dans certaines parties, de quelques couches séparées de sable fin, mélangé d'un petit nombre de silex. Au-dessous du tout se trouvait la chaux blanche, décomposée et brute à sa surface, séparée de la terre à brique par un lit de silex calcaires, de grande dimension, non roulés.

J'ai mentionné également que des os d'éléphant, de rhinocéros et de bœuf avaient été fréquemment trouvés en même temps ([1]). MM. Prestwich et Brown, dans l'addition qu'ils ont publiée en 1855, ont annoncé que les os du cerf rouge (*Cervus elaphus*) aussi bien ceux du *Bos longifrons* et de vingt-une espèces de coquilles terrestres et fluviatiles, ont été retirés du même dépôt ([2]).

Plus récemment, en octobre 1863, M. le docteur P. Blackmore a découvert, dans la même terre à brique, les mammifères suivants : *Elephas primigenius*, *Rhinoceros tichorhinus*, *sus (scrofula?)*, *Selis spelæa*, *Bos primigenius*, *Hyæna spelæa*, *Canis vulpes*, *Equus caballus*, *Equus fossilis*, *Bison priscus*, *Bison minor*, *Cervus Guettardi* (ou individu jeune du *Cervus arandus*), *Lepus timidus*, *lemmus*, très-voisin du *L. Groenlandicus* et *Sermophilus*. Le dernier mammifère mentionné ici appartient à un genre voisin des marmottes. En ce qui concerne ce genre et le lemming du Groenland, il y avait des dents, des os maxillaires et des os appartenant à plusieurs individus différents. Comme les rennes, ils impliquent l'existence d'un climat froid lorsque la couche la plus élevée de l'alluvion a été formée.

Près de l'ancienne église de Fisherton, il existe un dépôt de gravier, de sable et d'argile, qui affecte la forme de couches de 2 à 3 mètres d'épaisseur, qui se trouve à une élévation un peu plus grande que la terre à briques que nous venons de mentionner, et que le docteur Blackmore consi-

([1]) *Proceedings of the Geol. Soc.* London, 1826, vol. I, p. 25.
([2]) *Geol. Quart. Journal.* London, 1855, p. 101.

dère, indubitablement avec raison, comme d'une date un peu plus ancienne. Dans le gravier, on n'a pas trouvé de traces de la main de l'homme, en faisant toutefois abstraction des trois instruments en silex, dont deux, appartenant au type ovale d'Amiens, étaient colorés en jaune comme le gravier ocreux dans lequel ils se trouvaient.

A la surface du gravier, il existe un terrain plus moderne, de 50 centimètres d'épaisseur, du fond duquel on a retiré des poteries romaines, ce qui montre combien la configuration de la surface a éprouvé peu de changements, depuis l'époque où les Romains étaient établis dans le pays.

Nous pouvons conclure de là que la fabrication des instruments en silex était au moins aussi ancienne que les mammifères énumérés ci-dessus (1).

Les silex non roulés, de grande dimension, observés par moi, au-dessous de la terre à brique, et la chaux légère, brute, au-dessus de laquelle ils se trouvent, paraissent indiquer la désagrégation de la chaux par l'action de l'eau chargée d'acide carbonique, désagrégation qui a pu avoir lieu après que l'ancienne alluvion s'est déposée. M. J. Evans, F. G. S., m'a suggéré l'opinion que le creusement de quelques vallées dans la chaux, par l'action de courants coulant doucement, qui n'ont pas de puissance mécanique d'érosion, est constamment surpassé par le pouvoir dissolvant de l'eau qui porte annuellement à la mer un volume considérable de carbonate de chaux, représentant dans le cours des âges d'énormes masses de matière solide qui sont soustraites doucement et insensiblement surtout à la partie basse de chaque vallée.

(1) Voy. *The Geologist Magazine*, oct. 1863. L'auteur a également extrait une partie des informations détaillées ci-dessus d'une lettre qui lui a été adressée par le docteur Blackmore et qui était datée du 7 novembre 1863.

D

(Pages 195, 539.)

NOUVELLES OBSERVATIONS FAITES PAR M. LARTET LORS DE SA TROISIÈME VISITE A LA CAVERNE FUNÉRAIRE D'AURIGNAC.

Des faits signalés dans la relation de cette visite, p. 539, nous pouvons conclure que la race qui était enterrée dans l'ancien cimetière, était de petite stature : mais cette opinion, suivant les informations qui m'ont été données par M. Lartet, n'est pas partagée par le docteur Amiel, maire d'Aurignac, ainsi que je l'avais cru d'abord.

E

(Page 251.)

PHÉNOMÈNES DES ALLUVIONS GLACIAIRES D'ÉCOSSE, PAR ARCHIBALD GEIKIE, ESQ. (1).

Cette œuvre importante, qui traite des terrains de transport de l'Écosse, et qui est le fruit de plusieurs années d'observations originales, a été publiée après que les chapitres que j'ai consacrés au même sujet, ont été imprimés, et j'ai eu le bonheur de trouver que les principaux faits pratiques et les principales conclusions théoriques auxquelles M. Geikie est arrivé, sont toutes en harmonie avec celles que j'avais annoncées. Il rapporte le *till*, dont l'épaisseur dépasse en quelques endroits 50 mètres, non à des montagnes de glace, mais à l'action de la glace sur la terre, limitée aux vallées dans lesquelles le *till* se trouve; en effet, il consiste, dans tous les

(1) *Transactions of the Geol. Soc.* Glasgow, 1863, vol. I, part. II.

cas, en débris de roches qui longent le même bassin hydrographique.

L'auteur attribue l'absence de coquilles marines dans le *till* à ce qu'il a été produit dans l'action glaciaire et sur terre ; toutefois il admet une grande submersion de l'Écosse, durant une partie de la période glaciaire ; submersion qui dépasse beaucoup la plus grande hauteur (170 mètres), à laquelle il avait rencontré des coquilles marines dans le terrain de transport. Il considère les principales vallées de l'Écosse comme plus anciennes que l'argile caillouteuse (*boulder clay*).

Il attribue également une date récente au dernier soulèvement de l'Écosse, en partant de la température froide des stries glaciaires qui passent souvent sous la mer. Il observe que les côtes les plus élevées sont plus tendres que celles qui sont plus basses ; celles de 13 mètres, par exemple, à l'ouest de l'Écosse, sont en effet plus oblitérées que celles de 8 mètres. Les côtes de Glen Roy, d'après cela, n'auraient pas pu rester si tranchées dans tous leurs caractères, si elles avaient été d'origine maritime, et, dans ce cas, leur grande hauteur aurait impliqué une très-haute antiquité relative.

F

Page 278.)

DÉCOUVERTE, DANS LE COMTÉ DE GALLES, DE 54 ESPÈCES DE COQUILLES FOSSILES DANS LE TERRAIN DE TRANSPORT GLACIAIRE DE MOEL TRYFAEN (OU TRYFANE) A LA HAUTEUR DE 455 MÈTRES AU-DESSUS DE LA MER.

Je m'en étais rapporté à l'exactitude des observations de M. Trimmer, confirmées par celles de feu F. Forbes, aussi bien que de M. Prestwich et de M. le professeur Ramsay, relativement à la grande hauteur à laquelle on rencontre des coquilles marines dans le terrain de transport glaciaire du nord du comté de Galles. Mais quelques-uns de mes amis, très-versés en histoire naturelle, ont exploré ultérieurement Moel Tryfaen et les districts attenants situés aux environs de Snowdon sans pouvoir découvrir un seul fossile dans le terrain de transport, et ils m'ont donné à entendre que, partout ailleurs, ni en Europe, ni dans le nord de l'Amérique, on n'a trouvé aucune coquille fossile de la mer Glaciale à la moitié de la hauteur attribuée au terrain de transport de Moel Tryfaen; il m'a paru désirable, avant d'émettre l'opinion qu'un si vaste soulèvement de terre avait eu lieu dans les terrains post-tertiaires, d'obtenir de nouvelles preuves de son authenticité.

Dans l'espoir d'éclaircir tous mes doutes sur ce sujet, je me déterminai à visiter le nord du comté de Galles dans l'été de 1863 : en conséquence, accompagné de mon ami le révérend W. S. Symonds, j'examinai d'abord plusieurs points des environs de Snowdon, où M. le professeur Ramsay avait vu des coquilles marines à la hauteur d'environ 500 mètres. Mais, à ce point, le succès n'avait pas couronné nos efforts; et je suis persuadé que, de même que plusieurs de nos prédécesseurs, nous aurions perdu nos peines à Moel Tryfaen si nous n'avions pas eu le bonheur de gravir cette colline immédiatement après que la compagnie des mines d'Alexandra, nouvellement formée, eut ouvert une nouvelle tranchée, très-profonde, dans le terrain de transport près du sommet de cette colline, probablement dans l'endroit exact où M. Trimmer avait enlevé une certaine quantité du même gravier en recherchant des ardoises.

Dans la tranchée large et profonde à laquelle il est fait allusion ici, nous avons eu le bonheur d'étudier une masse de gravier et de sable stratifiée et sans cohérence, épaisse de 13 mètres, dont la plus grande partie était formée de couches minces et irrégulières et contenait çà et là des fragments de coquilles, mélangées avec un petit nombre de coquilles entières. Les couches portaient des indices d'accumulation graduelles et successives; quelques couches étaient formées de matériaux ténus, d'autres de matériaux grossiers, et, dans les couches inférieures, il y avait plusieurs silex de grande dimension ; un ou deux de ces silex étaient trop lourds pour que nous pussions les soulever; ils étaient formés de portions de rocs transportés au loin, polis par l'action de la glace et rayés sur plus d'un côté. Au-dessous du tout, nous avons pu voir les arêtes des ardoises exposées à la vue.

M. R. D. Darbishire avait déjà appelé l'attention des ouvriers et des surveillants sur les coquilles fossiles. Nous avons reçu des hommes et nous avons réuni nous-même une série de spécimens dont quelques-uns étaient en fragments, mais que M. Jeffreys put, malgré cela, rapporter à vingt espèces, toutes vivant actuellement dans les mers de la Grande-Bretagne et du Nord. Lorsque je les montrai au docteur Torrel, il m'observa que, bien qu'elles formassent une faune septentrionale et constituassent une preuve d'un climat plus froid que le climat actuel des mers de la Grande-Bretagne, elles n'indiquaient nullement un froid aussi intense que l'ensemble des coquilles découvertes récemment sur les bords des estuaires du Forth et du Tay, sur lesquels le Rév. Thomas Brown a trouvé, dans l'ancien terrain de transport glaciaire ou dans l'argile d'Elie, dans le comté de Fife, et d'Erral, dans le comté de Perth, 35 coquilles d'espèces vivantes, habitant toutes actuellement les régions arctiques comme les *Leda truncata*, *Pecten groenlandicus*, *Crenella lævigata* Gray, *Crenella nigra* Gray et autres coquilles trouvées d'abord par le capitaine Parry sur la côte de l'île Melville, 76° latitude nord. La même faune fossile d'Écosse ne présente aucun mélange d'espèces particulières aux mers du sud du Spiztberg et les individus sont des variétés propres aux latitudes les plus froides. Mais comme les fossiles d'Écosse se trouvent sous un parallèle de latitude à 225 kilomètres au nord de Moel Tryfaen, il s'agit de savoir si l'aspect plus méridional de la faune du pays de Galles est dû à la position géographique, ou si cette faune a pris naissance avant ou après l'excessif refroidissement de la période glaciaire. Dans le Massachusetts, sur la côté orientale de l'Amérique du Nord, il est bien connu que le cap

Cod sépare subitement une région septentrionale d'une région méridionale de mollusques, et il peut avoir existé un passage subit similaire d'une faune arctique à une faune plus méridionale quelque part entre l'Écosse et le nord du comté de Galles.

Nous sommes redevables à M. R. D. Darbishire, F. G. S., d'avoir formé une collection de non moins de 54 espèces de mollusques appartenant au terrain de transport de Moel Tryfaen mentionné ci-dessus. Une liste complète de ces coquilles peut être trouvée dans les *Proceedings of the Manchester literary and Philosophical Society for* 1863-1864, p. 177.

Dans une lettre à l'auteur datée du 13 novembre 1863, le même naturaliste observe :

« A côté du *Balanus Hameri* et de traces d'une éponge (*Cliona*), j'ai trouvé 54 espèces de mollusques qui paraissent toutes vivre maintenant dans les mers de la Grande-Bretagne ou dans les mers plus septentrionales, ou bien, en comprenant 3 espèces appartenant d'une manière bien caractéristique aux régions arctiques, 57 espèces de coquilles. »

« Parmi ces espèces, onze sont bien connues comme appartenant exclusivement aux divisions arctiques des mers actuelles ; elle comprennent :

Tellina proxima, Brown,
Astarte borealis et *A. crebricostata*,
Leda pernula,
Natica clausa,
Trophon scalariformis et T. *Guneri*,
Dentalium abyssorum.

4 sont des espèces arctiques qui survivent encore en dehors des limites de la Grande-Bretagne ; ce sont :

Astarte elliptica et *A. compressa*,
Trichotropis borealis,
Trophon elathratus, — *Fusus Bamffius*.

Sur toute la liste, 37 espèces vivent encore dans la mer d'Irlande et en renferment 19 qui appartiennent au vaste espace situé au nord et au sud des îles Britanniques.

Parmi ces dernières, les plus abondantes sont :

Tellina solidula,
Cardium edule et *C. echinatum*,
Turitella communis,
Murex erinaceus,
Nassa reticulata,
Mytilus edulis.

30 sont des espèces abondantes dans les mers de la Grande-Bretagne et s'étendent vers le nord, mais ne se rencontrent pas fréquement au sud ; ce sont :

Mya truncata,
Venus casina,
Littorina littorea,
Lacuna vincta,
Purpura lapillus,
Buccinum undatum,
Fusus gracilis et *F. antiquus*,
Mangelia turricula.

M. Darbishire a mesuré de nouveau avec soin la hauteur du Moel Tryfaen et a confirmé l'estimation de M. Trimmer de 450 mètres au-dessus du niveau de la mer. Le niveau le plus élevé atteint par les coquilles fossiles est 440 mètres.

Comme les coquilles font presque invariablement défaut dans les terrains de transport poreux comme ceux de Moel Tryfaen, nous avons naturellement recherché par quel hasard ils pouvaient avoir échappé, dans cette circonstance, à l'oblitération. M. Darbishire suppose qu'une argile sableuse, brun jaunâtre, de 34 centimètres, d'épaisseur, placée au-dessus, qui se trouvait au-dessous de la couche inférieure du sol superficiel et qui couvrait tous les lits de gravier et de sable contenant des coquilles, avait pu, par sa nature imperméable, préserver les fossiles.

L'ancienneté d'un terrain de transport soulevé à une si grande hauteur doit être très-grande, et nous pouvons difficilement supposer qu'un si grand nombre de coquilles aient pu échapper à l'action dissolvante de l'eau de pluie si elle avait pu s'écouler librement, pendant une quantité innombrable d'années, de la tourbe placée à la surface au travers des lits de sable et de galets d'une texture remarquablement lâche.

G

(Page 354.)

RESTES D'UN SQUELETTE HUMAIN TROUVÉS PAR M. BOUÉ DANS LE LOESS DU RHIN EN 1823.

Mon ami M. Ami Boué m'avait rappelé que, dès 1823, il avait lui-même retiré des os appartenant à un squelette humain, enfouis dans une couche ancienne de loess non remanié, à Lahr, petite ville du grand-duché de Bade, presque en face de Strasbourg, du côté droit de la vallée du Rhin. Je ne pouvais, à l'époque où M. Ami Boué m'avait écrit, me servir de ce renseignement sans retarder de plusieurs semaines la publication de mon livre; il me fallait, en effet, le temps d'examiner au point de vue de la critique les témoignages produits. Ayant lu actuellement les mémoires originaux de M. Boué et ayant échangé avec ce savant une correspondance sur le même sujet, je n'éprouve aucune hésitation à déclarer mon opinion, que les conclusions auxquelles il est arrivé, sont pleinement confirmées par les faits.

En réponse à quelques-unes de mes questions, il a eu la bonté de remonter aux notes succinctes qu'il avait prises sur place, d'abord en 1823, puis en 1829, époque à laquelle il a visité de nouveau la ville de Lahr.

La petite ville que nous venons de mentionner, est à une distance de 4 milles des bords du Rhin et à environ 33 mètres au-dessus du niveau de cette grande rivière. Elle est située près du point où la vallée tributaire, drainée par le petit torrent appelé le Schutter, qui descend de la forêt Noire, rejoint la grande plaine d'alluvion du Rhin.

Dans cette partie de la plaine, le loess a au moins 67 mètres d'épaisseur, et de petites collines s'y sont formées et de petites excavations y ont été creusées. Une portion de cette alluvion passe de la vallée principale dans la vallée tributaire dont les bords sont des escarpements s'élevant à la hauteur de 28 mètres au-dessus du Schutter. Il s'est produit des dénudations à Lahr, de manière à former une succession de terrasses sur la rive droite du petit torrent.

En examinant la plus inférieure de ces terrasses, M. Boué a vu, dans la face d'une coupe perpendiculaire au loess, à environ 1 mètre de hauteur, se projeter un os assez gros qui fut reconnu plus tard pour un fémur humain. En fouillant à l'intérieur de la terrasse, on trouva les os de près de la moitié d'un squelette, consistant en fémur, tibia, péroné, côtes, vertèbres, os métatarsiens et autres; mais il ne s'y trouvait pas de crâne. Ces os se trouvaient dans une position presque horizontale, sans être disposés cependant comme s'ils faisaient partie d'un corps qui eût été enseveli en cet endroit.

Le loess qui les enveloppait, était solide et ne ressemblait pas à de la boue de loess, entraînée par de l'eau de pluie et solidifiée ensuite de nouveau. Les couches placées immédiatement au-dessous des os contenaient quelques silex, et encore plus inférieurement il y avait des pierres arrondies de grès Bunter et de gneiss de la forêt Noire. Dans les couches inférieures du loess, au niveau des os, on a trouvé des coquilles appartenant aux genres *Lymnæa*, *Pupa*, *Physa*, *Clausilia*, *Helix*, et plus rarement au genre *Cyclostoma*. Mais en ce qui concerne le *Lymnæa*, mentionné par M. Boué dans son mémoire, il pense que cela pourrait bien être le *succinea oblonga*, qui prédomine dans le loess.

M. Boué pense que, avant que le loess ait été mis à nu dans cette vallée par le Schutter, une épaisseur d'au moins 25 mètres de loess avait dû être superposée au-dessus des ossements humains. Il considère le dépôt argileux comme formant un tout continu avec le loess du Rhin, et comme provenant de la même source et n'appartenant pas à l'alluvion du Schutter. Il attribue une grande antiquité aux ossements, en partie à cause de leur position dans une portion si inférieure du loess, et en partie par la raison que, dans du loess du même âge, dans le voisinage, on a trouvé des restes de mammifères éteints.

Quand M. Boué, accompagné par M. Cordier, a montré pour la première fois les os à Paris, à Cuvier, ce naturaliste déclara de suite qu'ils appartenaient à l'homme; mais en voyant la surprise des deux géologues, il déclara que, dans son opinion, ils venaient d'un cimetière.

La même explication fut adoptée par Alexandre Brongniart, qui supposait qu'ils avaient été enterrés dans la vase du Schutter, de formation moderne [1]. Même après que M. Boué eut visité de nouveau la localité en 1829 et eut confirmé ces premières observations, le jugement d'un géologue si expérimenté n'eut aucune valeur contre les idées préconçues que l'on entretenait en général en ce qui concerne la date géologique de l'origine de l'homme [2].

La précieuse collection des os de Lahr, remplissant une boîte, fut laissée par M. Boué aux soins de Cuvier; mais, ayant été négligés, ils sont perdus maintenant. Relativement à leur âge, je n'ai aucune raison de supposer qu'ils sont plus anciens que ceux trouvés par Schmerling dans les cavernes de Liége ou que les instruments en silex du gravier de Saint-Acheul. Mais, si les idées que j'ai émises dans le seizième chapitre sont bien fondées, certains mouvements continentaux, étendus, d'élévation et de dépression, qui ont eu lieu immédiatement après le retrait des grands glaciers alpestres, sont de date postérieure à l'enfouissement de ces os dans l'ancienne vase du Rhin.

(1) *Annales des Sciences naturelles*, 1829, vol. XVIII; *Revue bibliogr.*, p. 150.

(2) *Akademie der Wissenschaften.* (*Sitzungsberichte* der) Band. VIII, pag. 89, 1852. Docteur A. Boué. Erlauterungen über die von mir im loess des Rheintales im Jahre 1823 aufgefundenen Menschenknochen.

H

(Page 389.)

SUBMERSION DU SAHARA DANS LA PÉRIODE POST-PLIOCÈNE.

Les nombreuses expériences faites, dans ces dernières années, par les Français, dans le but d'obtenir de l'eau dans le grand désert africain, au moyen de forages artésiens, a montré que le vaste espace occupé surtout maintenant par du sable stérile, était sous l'eau à une époque où les coquilles existant dans la Méditerranée étaient déjà en vie. Un mémoire de M. Ch. Laurent [1], nous apprend que du sable identique avec celui des côtes les plus voisines de la Méditerranée et contenant des coquilles modernes parmi lesquelles la bucarde commune (*Cardium edule*) est très-abondante, a été observé sur un vaste espace qui s'étend de l'est à l'ouest à partir d'une hauteur de plus de 300 mètres au-dessus du niveau de la mer, jusqu'à une profondeur de 100 mètres au-dessous ; en effet, il y a des dépressions de terre, en Afrique comme dans l'Asie occidentale, au-dessous du niveau de la mer. Le *Cardium edule* se trouvait non-seulement à la surface, mais il a été retiré par M. Laurent, à l'aide d'une cuiller artésienne, de plus de 7 mètres au-dessous de la surface; d'autre part, la même coquille peut encore être observée à l'état vivant dans quelques lacs d'eau salée du désert. Une incrustation de sel d'un grand développement paraît aussi être le signe de l'évaporation finale de la mer dans certains districts.

La mer paraît s'être étendue autrefois du golfe de Cabes (ou Gabes), en Tunisie, jusqu'à la côte occidentale de l'Afrique, au nord de la Sénégambie, ayant une largeur de plusieurs centaines de milles, de peut-être 800 milles, dans sa plus grande largeur, suivant M. Tristram. Des terrasses successives ou d'anciennes plages, et des lignes de falaise avec

[1] *Bulletin de la Soc. géolog. de France*, 1856-57, vol. XIV, p. 615.

cavernes à leur base, peuvent être reconnues dans diverses régions, spécialement là où les rochers sont formés de pierre à chaux. Quelques-unes des anciennes plages prennent la forme de conglomérats dans lesquels les coquilles ou leurs moules sont agglutinés simultanément avec le sable et les silex. On voit quelques-uns de ces conglomérats le long des frontières méridionales des possessions françaises en Afrique.

Le Rév. H. B. Tristram, auteur des *Voyages dans le grand Sahara*, m'a donné des coquilles de *Cardium edule* (de la variété, appelée par Lamarck, *C. crenulatum*), vivant actuellement dans la Méditerranée, qu'il a recueillies dans un endroit aussi méridional que peut l'être celui qui présente 32° lat. N. et 6° long. E., dans un cours d'eau appelée *Wid el mia*. Il a trouvé aussi dans un lac salé, appelé le *Wedrhir*, 32° lat. N., 7° long. E., une nouvelle espèce de poisson, *Haligenes Tristrami*, Gunther, qu'on a trouvée, depuis cette époque, vivant dans le golfe de Guinée.

M. le professeur Suess, de Vienne, déduit la preuve de l'existence d'une mer post-pliocène, dans la place actuelle du Sahara, non-seulement de la présence de coquilles fossiles d'espèces vivantes, que nous avons mentionnée ci-dessus, mais encore de la distribution des animaux et des plantes qui vivent dans le nord de l'Afrique, et spécialement du caractère de la faune et de la flore de la Barbarie, comprenant le Maroc, l'Algérie et la Tunisie. Les mammifères et les oiseaux, et, à un bien plus haut degré, les insectes et les reptiles de cette région, appartiennent au sud de l'Europe, bien plus qu'à l'Afrique, par leurs caractères ; les espèces semblent militer en faveur d'une ancienne connexion de la Barbarie avec l'Espagne, la Sicile et le sud de l'Italie, et d'une séparation de ces mêmes terres du reste de l'Afrique, par une mer. A l'appui de ces idées, M. le professeur Suess cite les observations de Moritz Wagner, en Afrique, et l'herpétologie algérienne de Strauch (1).

(1) Suess, *Jahrbuch der kaiserlich-königlichen Reichsanstalt*, Wien, January 1863.

Les coquilles terrestres aussi, auxquelles une si grande importance est attachée, à cause de leur puissance limitée de migrations à travers les canaux d'eau de mer, impliquent, comme l'a très-bien fait ressortir feu Edward Forbes, une connexion ancienne du Maroc avec l'Espagne et de l'Algérie avec la Sicile et le sud de l'Italie.

Je suis, d'après cela, peu enclin à douter que les météorologistes suisses aient raison, en supposant que l'avance ou le retrait des glaciers alpestres, dans la période post-tertiaire, aient été matériellement influencés par les changements dans la température du vent du sud, appelé par eux *Föhn*, qui est bien connu pour transporter, pendant plusieurs jours de l'année, à travers la Méditerranée, des restes de la chaleur brûlante qu'il a prise aux sables brûlants du désert africain. Je pourrais plutôt apprécier de suite la probabilité de cette théorie, ayant moi-même, en Sicile, dans le mois de novembre 1828, observé, pendant trente-six heures, les effets du souffle du sirocco qui dépouillait complétement les sommets et les portions élevées de l'Etna, de la neige qui les couvrait, bien qu'on m'eût dit que la montagne ne perdrait pas son manteau blanc cet hiver-là, et que je devais être détourné, jusqu'au printemps suivant, d'en opérer l'ascension, pour étudier sa structure géologique.

I

(Page 511.)

Dans cet ouvrage, p. 511, j'ai dit que la seule figure donnée par le professeur Owen dans ses « Reade's Lecture », était une reproduction de la figure défectueuse de Vrolik. J'ai reconnu que c'était une erreur, et que c'est seulement dans le troisième mémoire, inséré dans les « Annals of natural History », vol. VII, 1861, que la figure hollandaise du cerveau du Chimpanzé se trouve seule. Dans les « Reade's Lecture », le cerveau du marmose a été donné, comme dans le mémoire original *On the classification of the mammalia*, dans les *Linnœan Society's Proceedings for* 1857.

J

(Page 514.)

STRUCTURE DU CERVEAU CHEZ L'HOMME ET CHEZ LE SINGE.

Le mémoire de Cuvier, auquel il est fait allusion ici, a été reproduit, sept ans plus tard, dans son *Histoire naturelle des Mammifères* (1824), avec deux dessins coloriés de la femme en question, dans lesquels l'expression de sa physionomie n'est aucunement favorable à l'idée qu'elle était idiote. J'ai vu moi-même cette femme boschimen lorsqu'elle était montrée à Londres, et j'ai entendu qu'elle disait un petit nombre de phrases en anglais et en hollandais, pour répondre à plusieurs questions que je lui fis au moyen d'un interprète. Il ne m'est nullement venu à l'idée qu'elle était idiote et je ne me rappelle pas avoir entendu émettre par les autres aucun soupçon d'une idée pareille.

En juin dernier, M. John Marshall, F. R. S., a lu devant la Royal Society, un mémoire « sur le cerveau d'un Boschimen et sur les cerveaux de deux idiots, » dans lequel se trouvent les passages suivants qui résolvent directement la question : « Tandis que, par conséquent, la différence entre le cerveau du Boschimen et celui de l'Européen est vraiment remarquable, non-seulement relativement au volume, mais aussi relativement au développement des circonvolutions, celle qui existe entre le cerveau de la femme boschimen et celui de la Vénus hottentote est très-faible, et, en vérité, si nous regardons le développement général relatif des circonvolutions comme une mesure du rapprochement ou de la séparation, nous arriverons à une ressemblance très-grande, et s'il n'existe aucune suspicion d'idiotie ou d'un autre défaut en ce qui concerne la femme boschimen, cela nous conduirait à la preuve que l'infériorité dans le cerveau de la Vénus hottentote n'est pas due, comme cela a été supposé, à un arrêt dans le développement de nature, individuel ou personnel, mais que s'il est indubitablement vrai que les deux cerveaux présentent une maigreur enfantine ou fœtale, cela doit être attribué partiellement, peut-être, au sexe, mais en général à la caractérisation de la race même. »

Dans le même mémoire, l'auteur compare le cerveau du Boschimen avec celui d'un Européen ; puis il les compare tous deux avec les cerveaux des singes de l'ordre le plus élevé, et il pense que les résultats généraux de ses investigations « justifient l'espérance que des différences de degré du développement cérébral, vraiment caractéristiques, pourront être trouvées dans chacune des principales races du genre humain [1]. »

[1] Marshall, *Proceedings of the Royal Society*, juin 1863, p. 710.

FIN DE L'APPENDICE A L'ANCIENNETÉ DE L'HOMME.

L'HOMME FOSSILE
EN FRANCE

I

L'HOMME FOSSILE A MOULIN-QUIGNON

I. MACHOIRE HUMAINE DÉCOUVERTE A ABBEVILLE DANS UN TERRAIN NON REMANIÉ

PAR

M. BOUCHER DE PERTHES [1]

(20 avril 1863.)

Une longue expérience m'ayant appris qu'une des causes qui empêchent le naturaliste de recueillir des ossements humains dans les terrains qu'il explore, est l'habitude qu'ont les terrassiers de faire disparaître ces débris, j'avais depuis quelques années offert une assez forte prime à ceux qui m'en apporteraient, m'engageant à doubler la récompense s'ils me faisaient voir ces restes sans les déplacer ou dans le lieu même où ils les auraient découverts.

Dès ce moment, il m'en fut beaucoup présenté. On m'en signala d'autres que j'allai reconnaître sur les lieux. Dans ces ossements il y en avait de fort anciens, quelques-uns de curieux, mais pas un seul qui fût fossile.

(1) On trouvera un exposé intéressant et rapide des recherches antérieures sur la question de l'ancienneté de l'homme dans un article de M. É. Littré, intitulé : *Y a-t-il eu des hommes sur la terre avant la dernière époque géologique?* (*Revue des Deux Mondes*, 1858, t. XIV.)

Vers la fin de 1861, en faisant fouiller dans la sablière de Moulin-Quignon, banc situé près d'Abbeville, à 30 mètres au-dessus du niveau de la Somme, je remarquai à 4 et 5 mètres au-dessous du sol un lit de sable brun tranchant très-fort sur les couches supérieures de sable jaune ou gris et reposant sur la craie.

Cette veine argilo-ferrugineuse, presque noire, imprégnée d'une matière colorante s'attachant aux doigts, et qui doit contenir des matières organiques, varie de 30 à 60 centimètres d'épaisseur ; elle ne se confond pas avec les bancs supérieurs, et suit toutes les ondulations de la craie sur laquelle elle repose à une profondeur de 4 à 5 mètres de la superficie.

Pendant l'année 1862 et les premiers mois de 1863, la carrière de Moulin-Quignon étant restée ouverte, je pus y étudier cette couche et j'y trouvai plusieurs silex taillés en hachettes, les unes fort grossières et différant, par la couleur et par leur coupe, de celles des bancs supérieurs; les autres beaucoup mieux faites, rarement roulées et peu endommagées, ce que j'attribuai à la nature du lit moins caillouteux que ceux du dessus.

L'état de conservation de ces haches, dû à l'absence de gros silex dans cette couche, et, comme je viens de le dire, une certaine apparence de matières organiques, me firent espérer d'y trouver des ossements ou des coquilles. Je le dis aux terrassiers, en leur renouvelant ma prescription de laisser en place ce qu'ils pourraient découvrir.

Le 23 mars, l'un de ces terrassiers, Nicolas Halattre, m'apporta dans une masse de sable deux haches en silex trouvées à 4^{m},50 de profondeur. A 15 centimètres plus bas, près de la craie, était, dans ce même sable, un fragment d'os, ou ce qu'il prenait pour tel, mais qu'après avoir dégagé de sa gangue, je reconnus pour une dent humaine.

Une demi-heure après, j'étais à Moulin-Quignon : je vis la place d'où les deux hachettes et la dent avaient été extraites, et l'exposé de Halattre me fut confirmé par les autres terrassiers.

De la découverte de cette dent, j'ai dû conclure que la mâchoire était proche; je fis ouvrir le terrain, j'y trouvai une troisième hachette, mais la nuit vint interrompre mes recherches.

Les jours suivants, les terrassiers étant occupés ailleurs, les travaux furent interrompus.

Le 26, je chargeai deux autres ouvriers, Dingeon et Vasseur, de continuer la fouille.

Le 28, Vasseur se présenta chez moi : il m'apportait une seconde dent, trouvée non loin de l'endroit où avait été découverte la première, ajoutant qu'à côté était un os, ou quelque chose qui y ressemblait, dont on ne voyait qu'une petite partie. Je me rendis immédiatement à la carrière, en me faisant accompagner d'un archéologue de notre ville, M. Oswald Dimpre, habile dessinateur, bien connu des géologues qui ont visité nos bancs.

Arrivé sur le banc, après avoir retrouvé l'excavation telle que je l'avais laissée à 5 mètres au-dessous du sol, j'aperçus, dans la couche noire, le bout de l'os que m'avait signalé Vasseur. Ce terrain étant fort compacte, il fallait user de précaution pour ne rien endommager. Je fis dégager les alentours de l'os, dont je voyais l'extrémité; je pus le tirer de son lit sans le rompre, et, malgré une masse de sable qui y adhérait, je reconnus la moitié d'une mâchoire humaine.

A 20 centimètres de là, dans la même veine noire, était une hachette que M. Dimpre ne put détacher qu'après quelques efforts et avec l'aide d'une pioche.

Près de la mâchoire, je trouvai une seconde hache brisée, et, en dessous, une troisième dent. Enfin, dans une masse du même sable que j'ai fait transporter chez moi, je découvris une portion d'une quatrième dent.

Cette mâchoire humaine était au plus bas de la couche de sable noir, et à quelques centimètres de la craie.

Voici le détail des couches qui la recouvraient, que je mesurai, et dont M. Dimpre fit le dessin :

1° Couche terre végétale.	0m,30
2° Terrain non remanié, sable gris mêlé de silex brisés.	0m,70
3° Sable jaune, argileux, mêlé de gros silex peu roulés, s'appuyant sur une couche de sable gris. .	1m,50
4° Sable jaune, ferrugineux ; silex moins gros et plus roulés, au-dessous desquels est une couche de sable moins jaune. J'ai trouvé dans cette couche des fragments de dents de l'*Elephas primigenius* et des hachettes en silex.	1m,50
5° Sable noir, argilo-ferrugineux, colorant la main et s'y attachant, paraissant contenir des matières organiques; petits cailloux plus roulés que dans les bancs supérieurs; silex taillés de main d'homme; mâchoire fossile humaine.	0m,50
	4m,70

6° Banc de craie sur lequel repose le lit de sable argileux noir, à une profondeur de 5 mètres au-dessous de la superficie.

C'est donc dans la cinquième couche, couche recouverte par quatre autres couches superposées de sable et d'argile mêlés de silex, qu'était cette mâchoire qui m'a frappé tout d'abord par la similitude parfaite de sa teinte noire avec celle des hachettes trouvées à côté ou au-dessous, et les silex roulés ou non ouvrés au milieu desquels elle était.

A la première vue, cette mâchoire me parut présenter certaine différence avec une mâchoire ordinaire. M. Jules Dubois, médecin de l'Hôtel-Dieu d'Abbeville, et M. Catel, chirurgien-dentiste, bon anatomiste, à qui je la montrai, firent la même remarque. M. Jules Dubois trouva que la branche ascendante était plus oblique d'arrière en avant qu'elle ne l'est chez l'homme de nos jours, et que le condyle lui-même est déjeté en dedans et un peu en bas. Sa conclusion fut que cet homme devait appartenir à une autre race qu'à la nôtre.

Son confrère le docteur Hecquet, connu, comme M. Dubois,

par de bons mémoires sur les sciences naturelles et médicales, partagea cette opinion, ajoutant que cette différence avec la forme ordinaire pouvait être une anomalie, mais qu'elle était tellement prononcée, qu'elle devait fixer sérieusement l'attention.

Je joins ici le dessin de la mâchoire fossile et la coupe du banc de Moulin-Quignon, faite sous mes yeux par M. O. Dimpre, et d'après les mesures prises par moi-même.

Comme la première dent trouvée est une molaire de gauche, et que je n'ai que la partie droite de la mâchoire, je suis maintenant à la recherche de l'autre moitié, et je continue les fouilles à Moulin-Quignon.

Sous peu de jours j'expédierai à Paris, pour être mis sous les yeux de l'Académie à l'appui de ce Rapport, la mâchoire que j'ai trouvée et les autres débris que je pourrai trouver encore.

II. NOTES SUR LA MACHOIRE HUMAINE DÉCOUVERTE PAR M. BOUCHER DE PERTHES DANS LE DILUVIUM D'ABBEVILLE

PAR

M. DE QUATREFAGES

MEMBRE DE L'INSTITUT (ACADÉMIE DES SCIENCES)

1re Note. (20 avril 1863.)

Informé de la découverte faite par M. de Perthes, je me suis hâté d'aller en constater la réalité aussitôt qu'il m'a été possible de quitter Paris. J'ai eu la bonne fortune de me rencontrer à Abbeville avec M. Falconer, l'éminent paléontologiste anglais, qui déjà m'avait précédé. J'ai visité le lieu de la découverte avec ce juge si compétent à tant de titres et qui avait déjà étudié la question. Or l'espèce d'enquête que nous avons faite ensemble, nous a conduits, l'un et l'autre, à une conclusion identique. Tous deux nous avons accepté comme incontestables les faits annoncés par M. de Perthes. Néanmoins nous nous sommes quittés avec l'intention de faire subir aux objets eux-mêmes un examen ultérieur.

Il est bien entendu que je laisse de côté la question géologique. N'ayant aucune qualité pour émettre un avis personnel quant aux discussions que soulèvent encore les terrains du diluvium d'Abbeville, je m'abstiens entièrement d'en parler. En parlant de la mâchoire trouvée par M. de Perthes, j'emploierai néanmoins l'expression de *fossile*, qui me semble aujourd'hui consacrée.

Mais jusqu'à présent il me paraît certain que la mâchoire trouvée par M. de Perthes reposait dans la couche qu'il indique, et qu'elle y a séjourné depuis l'époque à laquelle furent déposés à côté d'elle les silex taillés, désignés sous le nom de *haches*. M. Falconer avait déjà retiré de ses propres mains une de ces dernières, et moi-même j'en ai trouvé deux placées à quelques centimètres l'une de l'autre et à 50 ou 60 centimètres au plus du point où reposait la mâchoire, d'après l'évaluation de M. de Perthes. J'ai l'honneur de les placer sous les yeux de l'Académie.

Or il me paraît impossible, d'après l'état de la carrière, que ces silex aient été introduits là récemment. Ils ont été retirés du sol après que j'eus moi-même enlevé quelques déblais qui le recouvraient; le point où ils se montrèrent sous la pioche de l'ouvrier, était au fond d'un enfoncement assez fortement creusé pour faire craindre un éboulement imminent; l'un d'eux, au moment où je l'aperçus, était encore à demi engagé dans le terrain que n'avait pas atteint la pioche; enfin ils sont encore incrustés de la gangue colorée qui enduit les cailloux de la couche entière et qu'on retrouve sur la mâchoire dont il s'agit. En outre, lorsqu'on examine à la loupe la manière dont cette gangue est distribuée à la surface d'une dent encore en place, on voit qu'elle y adhère par granulations fines, exactement comme sur certains cailloux polis de la couche. Enfin, M. Falconer a retiré une certaine quantité de la même gangue de la cavité même de la dent et des alvéoles. Telles sont les raisons qui, indépendamment des précautions prises par M. de Perthes, m'ont fait regarder la *mâchoire d'Abbeville* comme authentique.

On comprend le très-grand intérêt qui s'attache à ce *fossile humain*, à tous les points de vue, et en particulier au point de vue anthropologique. A ce point de vue, le seul que je veuille aborder ici, je n'ai pu encore en faire qu'un examen très-sommaire; mais cet examen conduit déjà à quelques résultats intéressants.

La mâchoire d'Abbeville est dans un état remarquable de conservation. Elle ne paraît pas avoir été roulée. L'extrémité de l'apophyse coronoïde elle-même est intacte. Ce fait doit faire penser qu'elle n'est pas venue de bien loin, et donne à espérer qu'on retrouvera quelque autre partie du squelette dont elle a fait partie.

M. de Perthes a désiré qu'on respectât avec le plus grand soin la gangue qui adhère encore à quelques points de sa surface, toutefois il a lavé l'extrémité de l'apophyse coronoïde et une partie de la tête du condyle. Là on reconnaît que la teinte brune que présente l'ensemble de l'os n'a pas pénétré profondément. Des graviers lavés avec soin m'ont présenté, du reste, une particularité semblable.

La gangue cache quelques détails, surtout à la face interne; mais elle permet pourtant une étude assez complète.

Lorsqu'on examine cette mâchoire, on est tout d'abord frappé de deux particularités.

L'angle formé par la branche horizontale et la branche ascendante est extrêmement ouvert; la quatrième molaire, qui seule est encore en place, est légèrement inclinée en avant. Ces deux traits avaient même été quelque peu exagérés dans un dessin qui m'avait été d'abord communiqué, et peut-être est-ce à cette cause qui est due l'attention qu'ils ont tout d'abord éveillée chez moi.

Faut-il y voir un caractère de race ? Avant de les examiner à ce point de vue, faisons remarquer que pour l'homme, aussi bien que pour les animaux, l'ostéologie comparée des races, en ce qui touche aux détails, est encore bien peu avancée. C'est une étude nouvelle à laquelle vont être obligés de se mettre les paléontologistes, aussi bien que les anthropologistes, par suite même des faits qui tendent à mettre en contact l'histoire des animaux et celle de l'homme.

L'ouverture de l'angle dont je viens de parler est un de ces traits que l'âge et peut-être d'autres circonstances, en dehors même des traits individuels, font considérablement varier. Parmi les pièces de la galerie du Muséum, j'ai trouvé que, sur une tête d'Esquimau, il était peut-être plus grand que dans la mâchoire d'Abbeville, tandis que dans une autre tête de même race il était presque droit. J'ai d'ailleurs trouvé dans diverses races d'autres exemples d'angle aussi obtus et des variations analogues. Une nouvelle étude et des mesures exactes prises sur plusieurs individus, d'âges et de races différents, sont encore ici nécessaires.

L'inclinaison de la molaire est-elle un caractère de race? Peut-on y voir en particulier un signe de prognathisme dentaire?

Il est très-facile de répondre à cette dernière question en examinant les alvéoles des incisives encore intactes. Celles-ci accusent une implantation verticale. L'inclinaison de ces incisives n'était certainement pas différente de celle qu'on observe chez les races le plus franchement orthognathes.

C'est là un fait très-important, car il tend à résoudre définitivement une question controversée.

Quelques anthropologistes, parmi lesquels se trouvent des hommes dont je respecte également le jugement et la science, ont pensé que les races nègres, c'est-à-dire des races essentiellement prognathes, devaient être les plus rapprochées du type primitif de l'humanité, et que les races supérieures avaient pris naissance par suite d'un développement progressif; qu'elles étaient, par conséquent, postérieures au nègre.

Or, dès 1861, dans mes leçons au Muséum, je m'étais efforcé de montrer que la science actuelle ne fournit que des données en petit nombre, très-vagues et très-conjecturales, sur les caractères qu'a pu posséder l'homme primitif; mais qu'elle nous permettait de préciser presque avec certitude quelques-uns de ceux qu'il ne possédait pas. En m'appuyant sur les phénomènes d'atavisme et sur les données de la linguistique, j'avais cru pouvoir affirmer que la race nègre n'avait pas été la première à paraître, que jamais le blanc, pour si haut qu'il remontât dans sa généalogie, ne trouverait le nègre parmi ses aïeux.

L'orthognathisme du fossile d'Abbeville ajoute un argument de plus et des plus sérieux à ceux que j'avais alors à faire valoir. L'homme à qui cette mâchoire a appartenu était contemporain des Éléphants et des Rhinocéros qui ont disparu, si l'on admet l'opinion de plusieurs géologues éminents. En tout cas, il reste jusqu'à présent le représentant des plus anciennes races connues, et rien dans la disposition de ses dents ne rappelle le *prognathisme*, ce caractère essentiel de toutes les races nègres et qu'elles transmettent par le métissage avec une si grande persistance.

Je me crois donc de plus en plus autorisé à répéter que le nègre et le blanc représentent les modifications extrêmes du type primitif, lequel était placé quelque part entre les deux.

Quant à l'inclinaison de la molaire dans le fossile d'Abbeville, elle n'a certainement rien de caractéristique. D'une part, j'ai retrouvé des faits analogues sur plusieurs têtes de diverses races faisant partie des collections du Muséum. D'autre part l'inclinaison me paraît être ici le résultat d'un accident. La molaire placée en avant de celle qui existe encore était tombée du vivant de l'individu. L'alvéole a été comblée par le travail d'ossification qui se fait en pareil cas. On comprend qu'avant ce comblement, la dent placée en arrière de ce vide a dû être poussée ou entraînée aisément dans la direction où elle ne rencontrait plus le point d'appui habituel.

M. Falconer, avec qui j'ai eu l'avantage d'examiner la mâchoire, a été vivement frappé de la particularité suivante. Le bord de l'angle de la mâchoire et la portion postérieure du bord inférieur de la branche horizontale, au lieu d'être verticaux, se recourbent légèrement en dedans. La face interne de l'os présente ainsi au dessous de la ligne oblique une sorte de canal ou mieux de large gouttière s'étendant jusque dans le voisinage du menton et sensiblement plus prononcée qu'elle ne l'était dans une mâchoire moderne, mise par un dentiste à notre disposition.

J'ai recherché à ce point de vue les faits que pouvait m'offrir la galerie d'anthropologie. J'ai trouvé des traces très-marquées d'inversion en dedans de l'angle de la mâchoire chez un Bengalais, un Javanais, un Bellovaque ; des indices seulement chez un Lapon, une jeune négresse et une momie égyptienne; en revanche, une momie égyptienne âgée et un Néo-Calédonien m'ont montré ce trait très-prononcé, et chez un Malais de Batavia, il est aussi caractérisé que dans notre fossile, ou bien peu s'en faut. Ainsi diverses races humaines présentent presque tous les degrés de ce caractère; mais en même temps le caractère inverse se présente chez la majorité des individus de toutes les races (1).

De nouvelles comparaisons sont nécessaires, sans doute, pour apprécier la valeur et la signification de ces traits. A quoi peuvent tenir ces deux dispositions contraires ? Sans vouloir être trop affirmatif, j'y vois, quant à présent, le résultat de l'action et de l'antagonisme du masséter agissant en dehors et des ptérygoïdiens internes agissant en dedans. La faiblesse relative de ces derniers explique fort bien pourquoi le masséter l'emporte d'ordinaire. Leur prépondérance accidentelle tiendrait à l'habitude du *broiement* des aliments, habitude que prennent souvent les personnes avancées en âge (2).

Quant au canal ou gouttière, on peut n'y voir que l'exagération de ce qui existe normalement. C'est en effet sur ce point qu'on trouve la fossette destinée à loger la glande sous-maxillaire. L'inflexion du bord de l'os la rend seulement plus sensible et plus profonde.

Le même savant appela mon attention d'une manière spéciale sur la forme du condyle. Le bord inférieur interne de la

(1) J'apprend que M. Falconer est arrivé à des résultats analogues à la suite des comparaisons qu'il a faites depuis son retour à Londres.

(2) Cette dernière observation est de M. Jacquart, aide-naturaliste de la chaire d'anthropologie.

tête est ici, en effet, assez peu accusé. La tête est en outre peut-être plus arrondie et plus large en dehors que d'ordinaire; mais ces particularités ne peuvent être considérées comme des caractères bien essentiels. Dans la même race, on constate des différences très-grandes. Dans les Tahitiens et les Néo-Calédoniens, la tête du condyle est quelquefois presque triangulaire avec un des côtés du triangle placé en dehors et un des angles en dedans. Enfin, l'âge ne peut-il ici encore exercer une influence? J'én dirai tout autant de la grande ouverture que présente l'échancrure sigmoïde.

On voit combien il faudra faire encore d'études et de comparaisons avant de prononcer sur la valeur réelle des particularités que présente la mâchoire d'Abbeville.

Grâce à M. Lartet, j'ai pu comparer déjà cette mâchoire à une portion médiane du même os, recueillie par lui dans les déblais de la grotte d'Aurignac, et au corps du même os découvert par M. de Vibraye dans la grotte d'Arcy. M. Pruner-Bey voulut bien se joindre à M. Lartet dans l'examen comparatif que nous fîmes de ces précieux restes. Sur tous les points, nous nous trouvâmes être du même avis.

Dans les portions qui leur sont communes, ces trois os présentent de légères différences, mais aussi des ressemblances. Ainsi le canal ou gouttière dont je parlais tout à l'heure, se reconnaît sur la mâchoire d'Aurignac comme sur celle d'Arcy, quoiqu'il paraisse peut-être un peu moins accusé sur la première. Ici même on pourrait n'y voir que la fossette que je rappelais il y a un instant.

Quant à la mâchoire d'Abbeville, elle nous a paru à tous les trois être celle d'un individu très-probablement âgé et en tout cas de petite taille, ou approchant tout au plus de la taille moyenne.

J'ajouterai que, dans cette mâchoire, rien ne vient absolument à l'appui des idées soutenues par quelques esprits aventureux, et qui feraient descendre l'homme du Singe par voie de modifications successives. Cette mâchoire est plutôt faible que forte; tout en elle rappelle l'homme, et elle n'a rien de la *physionomie féroce*, qu'on me permette l'expression, qu'offre parfois la même partie du squelette dans les races actuelles.

En résumé, il est facile de constater, entre les mâchoires inférieures d'individus et de races de nos jours, des différences autant et plus marquées qu'aucune de celles qui distinguent la mâchoire d'Abbeville de plusieurs des mâchoires faisant partie des collections du Muséum. En d'autres termes, ces différences, sur tous les points, rentrent dans les *limites de variation* actuelles.

Il va sans dire que je ne présente la Note actuelle que comme un premier aperçu. L'Académie a pu voir déjà que les questions anatomiques et anthropologiques soulevées par ce fossile humain sont nombreuses et délicates. Pour être résolues avec exactitude, elles exigeront des recherches minutieuses et longues que je ne pouvais faire en si peu de temps et au milieu d'occupations impérieuses. Mais j'ai pensé qu'elle ne s'en intéresserait pas moins à ces quelques détails.

Sans doute, dans une question aussi grave, un fait *unique*, quelque bien démontré qu'il paraisse, ne peut être considéré comme apportant la solution définitive. Mais, j'en ai la conviction, il en sera des fossiles humains comme des *haches* taillées de main d'homme. Dès que l'attention publique a été appelée sur ces dernières, on en a rencontré, non plus seulement à Abbeville, où M. de Perthes les avait trouvées le premier, mais partout. Aujourd'hui que l'existence de restes humains dans ces mêmes couches semble être mise hors de doute, on ne manquera pas d'en découvrir d'autres, s'ils y existent réellement, par cela seul qu'on les cherchera. Mais quelles que soient les richesses scientifiques mises au jour, il y aurait injustice criante à oublier que c'est aux convictions ardentes, à la persévérance infatigable de M. de Perthes, qu'on aura dû cette double découverte, une des plus importantes à coup sûr que pussent faire les sciences naturelles.

Avant de lire la Note qui précède, M. de Quatrefages a mis sous les yeux de l'Académie : la mâchoire même qui en est l'objet et que M. Boucher de Perthes avait bien voulu lui confier; deux *haches* qu'il a retirées de ses mains, l'une des déblais faits par l'ouvrier, l'autre de la paroi même de la brèche ouverte sous ses yeux, et qui portent encore une couche de la gangue qu'on remarque sur la mâchoire; enfin un coffret rempli de cette gangue.

2e Note. (27 avril 1863.)

Depuis la lecture de ma première Note sur la mâchoire humaine trouvée par M. de Perthes dans le diluvium d'Abbeville, j'ai appris que des doutes graves s'étaient élevés sur l'authenticité de cette découverte. Cette circonstance m'engage à préciser quelques faits que je m'étais borné à indiquer dans ma communication précédente.

Je dois faire remarquer d'abord que parmi les personnes qui ont émis ces doutes, pas une, que je sache, n'a étudié de près l'objet sur lequel porte la discussion [1]. La plupart ne l'ont pas même entrevu. C'est sur l'examen des *haches* retirées de la couche où a été trouvée la mâchoire que reposent à peu près toutes les objections. On affirme que celles de ces *haches* qui ont été portées en Angleterre ont *toutes* été reconnues pour être fausses.

On assure, en effet, que les haches de silex sont aujourd'hui devenues l'objet d'une industrie frauduleuse, que certains ouvriers les imitent fort habilement, et que quelques savants distingués ont été dupes de piéges tendus à leur curiosité scientifique et à leur bonne foi.

[1] Je dois excepter M. Falconer. Je reçois à l'instant le *Times* du 25 avril, et j'y trouve une lettre par laquelle ce savant se déclare convaincu de la fausseté du fossile d'Abbeville; il ne voit plus dans toute cette affaire qu'une leçon de prudence et de circonspection. Ces nouvelles convictions résultent pour lui de l'examen de *haches* et d'une dent prise aussi dans les carrières d'Abbeville. — Mais elles ne reposent pas sur *une nouvelle étude de la mâchoire*. — Aussi, quelque grave que soit à mes yeux la déclaration d'un juge aussi haut placé que M. Falconer, je ne trouve rien à changer à la note actuelle, rédigée avant d'avoir reçu son article du *Times*.

Mais de ce qu'*une ou plusieurs* de ces haches ont été reconnues fausses, s'ensuit-il que *toutes* le soient également ? Raisonner ainsi ce serait nier qu'il existât aux environs de Rome des médailles vraiment authentiques, des antiquités véritables, parce que l'art de les contrefaire a été porté assez loin pour tromper parfois les plus habiles connaisseurs.

Quand il s'agit d'une découverte de ce genre, chaque objet exige un examen séparé, et l'authenticité ou la fausseté ressortent de deux ordres de faits : des circonstances mêmes dans lesquelles a été faite la trouvaille ; des conditions dans lesquelles était placé l'objet trouvé ; puis des caractères propres de cet objet. C'est à ce double point de vue que je veux examiner aujourd'hui d'abord les deux haches que j'ai rapportées d'Abbeville.

Rendu sur les lieux avec MM. de Perthes et Falconer, je descendis dans la carrière et enlevai moi-même les quelques déblais restés au pied d'une légère excavation déjà pratiquée dans les graviers. Je voulais ainsi reconnaître si la couche où on allait piocher avait été déjà travaillée. Il me parut que non. Mais cependant mon examen ne fut pas assez minutieux pour qu'une petite cavité préparée à l'avance, et *dans laquelle on aurait pu placer une hache fausse*, n'eût pu m'échapper. — Je laissai donc subsister, je le dis franchement, *une possibilité de fraude*.

L'ouvier donna sous mes yeux un certain nombre de coups de pioche en approfondissant l'excavation, si bien qu'un éboulement pouvait être à redouter par suite du peu de solidité des matériaux. Les derniers coups mirent au jour une *première hache*, que je m'empressai de recueillir.

Cette hache trouvée au milieu des déblais faits par l'ouvrier, pouvait avoir été déposée frauduleusement en terre avant mon arrivée ; car elle s'est montrée au milieu des déblais, et je n'ai pu juger des conditions de son gisement. — *La possibilité d'une fraude* existe donc encore ici.

Mais, en me relevant, j'aperçus dans les parois mêmes de la fouille, *sur un point que l'outil n'avait pas atteint, une se-*

conde hache. Celle-ci ne montrait que 3 ou 4 centimètres de son extrémité; elle était engagée dans des graviers qui n'avaient évidemment subi aucun remaniement récent; en la retirant de mes propres mains, je fis tomber plusieurs de ces graviers qui étaient en contact immédiat avec elle. — Ici existent, ce me semble, toutes les conditions de l'*impossibilité d'une fraude*.

Les circonstances de la découverte établissent donc une différence réelle entre les deux haches. Voyons ce qu'indique l'examen de *leurs caractères propres*.

La première hache, celle qui avait été retirée des déblais faits par l'ouvrier, a été lavée et brossée avec le plus grand soin, et pourtant à la loupe on voit que la gangue adhère encore aux anfractuosités de la taille. Elle montre des arêtes et des tranchants presque aussi vifs que s'ils étaient fait de la veille; sa teinte extérieure diffère très-peu de celle des éclats qu'on en obtient, et ceux-ci, frottés de la gangue colorée qui entoure les graviers de la carrière, prennent une teinte presque identique [1]; enfin sa surface présente des reflets mats, et on y trouve à peine des traces de cette espèce de *patine* regardée jusqu'à présent comme indiquant à coup sûr une hache vraiment authentique. Toutefois, placée à côté d'une hache vraiment fausse, celle dont il s'agit s'en distingue aisément. Tous ces caractères se retrouvent dans certains échantillons dont l'authenticité n'est pas douteuse. M. Gaudry en a déposé de pareils sur le bureau de l'Académie, lesquels avaient été retirés par lui de tranchées ouvertes dans un sol vierge et à une époque où, la cupidité n'étant pas encore excitée, les fraudes actuelles ne s'étaient pas produites. M. Lartet m'a même dit avoir en sa possession une hache qu'il a regardée comme fausse pendant longtemps, et dont l'authenticité ne s'est révélée à lui que lorsque, en employant la loupe, il découvrit des dendrites à sa surface.

[1] Cependant, à la loupe et à un grossissement médiocre, on reconnaît aisément les points fraîchement cassés. Au reste, comme on le verra tout à l'heure, la matière colorante de cette couche est fort peu pénétrante.

Ainsi la hache dont il s'agit *est très-probablement vraie*; mais les conditions de sa découverte permettent de regarder une fraude comme *possible;* ses caractères propres prêtent à des doutes. — J'admettrai donc, provisoirement, qu'elle *peut être considérée comme fausse.* —En agissant ainsi, je vais certainement au delà de la vérité. Cette hache *est tout au plus douteuse* (1).

Les caractères de la *seconde hache*, de celle que j'ai extraite des parois de la carrière, sont différents à certains égards. Les arêtes et les tranchants en sont moins vifs; l'extérieur présente des reflets plus brillants, comme si un commencement de patine le revêtait; les cassures que j'ai pratiquées sur quelques points ont des reflets manifestement plus mats.

Néanmoins la couleur de l'intérieur et celle de l'extérieur de cette hache sont semblables ou très-voisines dans les points que j'ai entamés. Mais des cailloux de la même couche m'ont montré exactement les mêmes particularités.

Une autre circonstance me frappa vivement, et je crus d'abord y voir un signe de fabrication récente. Sur un des points que j'avais lavés se trouve une fissure assez profonde dans laquelle la matière colorante n'a pas pénétré. Mais en examinant des cailloux pris dans les graviers de la carrière, j'en ai trouvé un qui présente sur deux points exactement le même fait. Là aussi deux fissures analogues à celle que porte la hache, fissures bien certainement anciennes, ne montrent aucune trace de matière colorante. — La circonstance que je signale ne peut donc être regardée comme un signe de fausseté (2). Tout, au contraire, indique une hache *parfaitement authentique.*

(1) M. Desnoyers, qui l'a examinée avec soin, n'a pas hésité à la regarder comme authentique. Le même savant a porté le même jugement sur d'autres haches provenant de la même localité et que M. de Perthes a bien voulu m'envoyer.

(2) Je ne sais si un examen comparatif analogue à celui que j'indique a été fait par quelques-uns des savants qui ont déclaré *fausses toutes* les haches retirées de la couche dont il s'agit; mais je n'en ai trouvé aucun indice dans les communications qui m'ont été faites à ce sujet.

J'ai dit que j'avais lavé la hache dont il s'agit sur certains points, mais j'ai conservé la gangue sur la plus grande partie de son étendue; car, à des yeux exercés, cette gangue elle-même devait présenter des caractères propres à faire reconnaître la fraude si elle existait. Un examen minutieux fait par un homme spécial devenait ici nécessaire: M. Delesse a bien voulu s'en charger. Ce juge si compétent a longuement examiné la hache dont il s'agit, et la conclusion a été qu'*il lui paraissait impossible d'imiter ce qu'il voyait sur la hache.* A diverses reprises, je lui ai fait des objections: je l'ai prié d'être aussi sévère que possible et d'*étudier cette hache avec l'intention de la trouver fausse.* Il a repris son examen, et la réponse est restée la même.

Ainsi, en ce qui touche les deux haches que j'ai rapportées de Moulin-Quignon, je crois pouvoir conclure que si l'une d'elles *peut, rigoureusement parlant, être considérée comme douteuse ou même fausse*, l'autre *présente toutes les garanties possibles d'authenticité.*

Reste la mâchoire elle-même. Que doit-on en penser?

Remarquons d'abord que cette question n'est nullement liée à la précédente d'une manière aussi intime que semblent l'admettre quelques personnes. Les haches pourraient être *vraies* et la mâchoire *fausse.* La réciproque est également exacte. La fausseté ou l'authenticité d'une médaille prise sur un point quelconque de la campagne romaine ne préjuge rien pour ou contre l'authenticité d'un buste retiré du voisinage [1].

Remarquons encore qu'en dehors des controverses géologiques dont les terrains dont il s'agit sont le sujet, bien des causes devaient faire admettre avec difficulté tout fait analogue à celui qu'a annoncé M. de Perthes. D'un côté la découverte d'une mâchoire humaine, qui par sa forme et ses proportions rentre complétement dans ce qui se voit aujourd'hui, vient à l'encontre de théories très-chaudement adoptées et soutenues

[1] Ce que je dis des haches s'applique également à la dent dont l'examen a si vivement frappé les savants de Londres.

par des savants qui jouissent de l'autorité la plus haute et la mieux méritée. D'autre part, des consciences se sont très-vivement alarmées en voyant l'existence de l'homme reportée jusqu'à une époque pour laquelle il n'existe, *quant à présent*, aucune date précise possible. Ces deux causes bien différentes et on pourrait dire opposées, ont agi dans le même sens et sont venues évidemment s'ajouter aux doutes exclusivement et franchement scientifiques [1].

Que faire en présence de cet état de choses? Évidemment il n'y qu'à agir pour la mâchoire elle-même comme pour les haches, et à rechercher, en dehors de toute idée préconçue *les faits* qui militent en faveur, soit de son authenticité, soit de sa fausseté. C'est ce que je me suis efforcé, ce que je m'efforcerai encore de faire.

Malheureusement, il manque ici un des éléments essentiels de l'enquête. Nous ne pouvons pas reproduire les *conditions de la découverte*. Sur ce point, nous sommes tous forcés de nous en tenir au récit de M. de Perthes. Sans mettre le moins du monde en doute sa parfaite et incontestable honorabilité, ses contradicteurs pourront toujours regarder *comme possible* que sa bonne foi ait été surprise. En ce qui me concerne, je n'ai pas même à émettre une opinion ; car, en pareille matière, pour avoir le droit de porter témoignage, il faut pouvoir parler *de visu*, et je n'étais pas présent au moment de la découverte.

Reste l'examen des caractères propres. J'ai fait sur ce point les études qui me sont seules permises jusqu'à présent. En voici le résumé.

J'ai lavé avec soin, en le frottant avec du coton, un point de la face extérieure. L'os s'est alors montré d'une couleur d'un jaune peu foncé légèrement teinté de brun. A la loupe,

(1) Tout le monde d'ailleurs n'a pas partagé ces doutes. Pendant l'impression même de ma note, j'apprends que M. Carpenter, *lequel a étudié la mâchoire* chez M. de Perthes avec un grand soin, n'a pas hésité à la déclarer authentique devant la Société royale. Des communications dans le même sens ont été faites à la Société ethnologique et à la Société anthropologique de Londres.

on voit que la gangue générale a pénétré dans les très-petites anfractuosités de la surface et qu'elle continue à y adhérer.

Des graviers pris sur les lieux et présentant des parties blanches, traités de la même manière, m'ont montré exactement les mêmes particularités.

La faible coloration de la mâchoire n'est donc pas un indice de fausseté. Au contraire, elle exclut au moins toute pensée que cet os puisse provenir des tourbières qui communiquent aux ossements une couleur assez semblable à celle que présente le fossile d'Abbeville avant le lavage.

J'ai gratté avec la pointe d'un petit scalpel et d'une manière comparative un point de la face interne de l'os et des graviers blanchâtres. Les traces de l'outil ont produit des résultats presque identiques, surtout en tenant compte de la différence de dureté des corps soumis à cette petite opération.

J'ai examiné avec grand soin la manière dont la gangue adhère aux graviers et à la mâchoire. Il m'a paru qu'il y avait identité avec ce que je trouvais chez plusieurs des premiers. La façon dont cette gangue se désagrége et se détache quand on opère sous la loupe m'a semblé aussi être exactement la même pour certains graviers et pour la mâchoire.

Par contre, des silex taillés ont été lavés avec soin, puis enduits d'une couche de pâte faite avec la gangue de la carrière. Celle-ci a d'abord adhéré, mais sans présenter les caractères qu'on observe, soit sur la mâchoire, soit sur la hache, soit sur les graviers dont j'ai parlé. Puis, une fois desséchée, cette couche artificielle s'est détachée avec la plus grande facilité et en se désagrégeant d'une manière tout autre.

Enfin, j'ai soumis à l'examen de M. Delesse la mâchoire aussi bien que la hache dont j'ai parlé plus haut. Ce savant a trouvé aux deux gangues les mêmes caractères. Pour la mâchoire comme pour la hache, il a résumé ses impressions en disant : *Il me paraît impossible qu'on ait fait artificiellement ce que j'ai sous les yeux* (1).

(1) M. Lartet assistait à cet examen. Comme moi, à diverses reprises, il a invité M. Delesse à y apporter la plus grande sévérité.

Ainsi, rien jusqu'ici ne vient encore confirmer les doutes émis au sujet de l'authenticité de la mâchoire d'Abbeville. — Tout, au contraire, vient à l'appui de ce que M. de Perthes a annoncé quant aux *circonstances de la découverte*.

Mais cette étude, je suis le premier à le reconnaître, n'est pas encore complète. Il faudra maintenant laver la mâchoire en entier et examiner avec soin les eaux de lavage pour voir si elles contiendraient une substance propre à faire adhérer la gangue à sa surface. Il faudra aussi analyser au moins une partie de l'os lui-même, pour s'assurer de sa composition...

Toutes ces recherches devront être faites d'une manière comparative. La dernière, en particulier, n'aura de valeur réelle qu'autant qu'il sera possible d'analyser en même temps un autre fragment d'os pris dans la même couche ou dans une couche entièrement semblable. On sait, en effet, combien la composition du sol influe sur la conservation des ossements, et, pour mon compte, je puis citer à ce sujet un fait bien frappant.

On trouve en Alsace, en particulier sur deux points assez éloignés, dans les environs de Schelestadt et dans les environs de Bischwiller, des tumuli que leur contenu a fait connaître pour être du même âge et de l'époque de bronze. Les premiers sont placés, m'a-t-on dit, dans un terrain tourbeux; les seconds, que j'ai vus, sont dans un terrain entièrement sablonneux. Dans les fouilles qui ont eu lieu près de Schelestadt on a trouvé souvent des squelettes entiers avec leurs parties les plus délicates en parfait état de conservation (1). Or, dans les fouilles exécutées sous mes yeux il y a trois ans, dans la forêt de Schirein, l'absence à peu près complète d'ossements fut remarquée par tous les témoins. On trouva, entre

(1) Malheureusement aucun de ces squelettes n'a été conservé, pas même les têtes osseuses. Espérons que le moment viendra où les archéologues comprendront que les ossements de ces antiques tombes ont pour la science un intérêt tout aussi grand que les objets de bronze ou de fer. Mais combien de richesses anthropologiques ont déjà disparu par la faute même des plus ardents amateurs de l'antiquité!

autres, dans une de ces antiques tombes, la parure entière d'une femme, ceinture, collier, bracelets, pendants d'oreilles, espacés à peu près comme ils devaient l'être quand le corps y avait été déposé. Mais de tout le squelette il ne restait qu'un petit fragment de la portion rocheuse d'un temporal : le reste avait été dissous.

D'après ce fait, on comprend que, pour être concluante dans un cas comme celui dont il s'agit, l'analyse chimique doit porter à la fois sur l'objet en litige et sur un autre objet de même nature, dont l'authenticité est hors de doute et qui sert de point de comparaison. Toutefois, même isolée, une analyse de la mâchoire d'Abbeville offrira un intérêt réel et pourra établir au moins des présomptions.

J'espère donc que M. de Perthes permettra bientôt de séparer un fragment de cet os, de même qu'il permettra de le séparer de sa gangue. Son amour bien connu de la vérité nous en est un sûr garant. Mais on comprend qu'avant d'en venir là il désire faire constater par le plus grand nombre de témoins qu'il se pourra l'état actuel de la mâchoire, car cet état une fois détruit ne pourra pas plus se reproduire que ne le peuvent les circonstances de la découverte.

(Cette Note était rédigée quand j'ai reçu de M. Delesse la la lettre ci-jointe, qui répond au désir que je lui avais exprimé après qu'il eut examiné les pièces dont je viens de parler).

Lettre de M. Delesse à M. de Quatrefages.

Je crois me rappeler que vous m'avez demandé mon avis relativement aux curieux fossiles qui viennent d'être trouvés à Moulin-Quignon.

Il me semble que les haches en silex et surtout la mâchoire humaine sont bien réellement des fossiles authentiques. Leur surface est encroûtée par une limonite brune manganésifère, présentant sur certains points l'éclat métallique, en sorte que son dépôt accuse une œuvre inimitable de la nature. Sur la mâchoire comme sur les silex taillés, cette limonite cimente de l'argile, des débris de silex et des grains arrondis de quartz hyalin. Les fossiles qui ont été trouvés avaient visiblement le même gisement ; ils étaient enveloppés dans l'argile brune dont vous avez constaté l'existence vers la base du terrain diluvien de Moulin-Quignon.

3e Note. (4 mai 1863.)

La dernière Note que j'ai eu l'honneur de lire à l'Académie concernant la mâchoire humaine retirée par M. de Perthes du diluvium d'Abbeville, paraît avoir reçu de quelques personnes une interprétation que je tiens à rectifier. On a cru y trouver la preuve que, moi aussi, je mettais en doute l'authenticité de la découverte.

J'espère que la lecture attentive de ma Note aura déjà montré combien ma pensée avait été mal comprise. Bien loin que mes convictions premières aient été ébranlées par l'examen minutieux et souvent répété que j'ai dû faire de mes haches et de la mâchoire, elles n'ont fait que se fortifier.

La méprise que je tiens à relever provient sans doute du *ton général* des deux Notes que j'ai eu l'honneur de présenter à l'Académie. En effet, lors de ma première communication, je ne savais pas encore que *toutes* les haches provenant de Moulin-Quignon avaient été déclarées fausses ou douteuses, et que, par suite, on se croyait en droit de nier l'authenticité de la mâchoire elle-même. Je m'étais donc borné à indiquer les motifs qui me faisaient admettre cette authenticité et à traiter la question anthropologique qui, à ce moment, primait évidemment toutes les autres.

Mais, du moment où l'authenticité des objets de cette étude a été mise en doute, j'ai dû m'efforcer d'en fournir les preuves. Or, dans une question de cette nature, le savant ne doit pas, selon moi, agir *comme un avocat* qui expose seulement les faits et les arguments favorables à sa cause. Il doit, au contraire, contrôler ses propres observations avec toute la sévérité que pourraient apporter dans cet examen ses contradicteurs eux-mêmes, présenter à ses lecteurs *le pour et le contre*, et les mettre ainsi à même de juger. C'est ce que je me suis efforcé de faire ; mais en même temps j'ai formulé très-nettement mes conclusions personnelles, savoir : que toutes mes recherches avaient pour résultat de confirmer les faits énoncés par M. de Perthes.

J'ai eu le plaisir de voir mes convictions partagées par toutes les personnes qui ont bien voulu vérifier par elles-mêmes l'exactitude des faits sur lesquels elles reposent. M. Delesse, à la suite d'un second examen plus long, plus minutieux encore que le premier, est resté pleinement convaincu de l'identité des gangues qui recouvrent l'une de mes haches et une partie de la mâchoire, de l'ancienneté de cette gangue, de l'impossibilité de l'imiter artificiellement. MM. Desnoyers et Gaudry ont accepté comme parfaitement authentique, la mâchoire, aussi bien que les deux haches que j'ai rapportées d'Abbeville. M. de Vibraye, M. Lyman, qui vient d'étudier les silex du Danemark, m'ont exprimé les mêmes convictions. M. Pictet, après avoir examiné la mâchoire avec le plus grand soin, m'a déclaré qu'il ne s'était pas attendu à « lui trouver des caractères aussi probants, » et m'a autorisé à répéter à l'Académie qu'il partait pleinement convaincu de son authenticité.

A ces témoignages qui commencent à contre-balancer ceux qu'on aurait pu m'opposer jusqu'ici, j'ajouterai quelques courtes considérations.

Et d'abord remarquons que la plus grande objection faite à l'authenticité de la mâchoire repose sur l'examen d'une dent qu'on aurait trouvée, dit-on, très-blanche et conservant au moins une grande proportion de la gélatine normale.

J'ai répondu d'avance en partie à ce dernier argument. Il est évident que les conditions dans lesquelles est placée une partie quelconque du squelette doivent influer considérablement sur sa conservation plus ou moins complète. Il est évident aussi que la texture propre de cette partie exerce une influence analogue. Or aucune, dans tout le squelette, n'est aussi bien protégée que les dents contre les actions des agents extérieurs. On a constaté, si je ne me trompe, la présence de la gélatine dans divers *os proprement dits*, appartenant à des fossiles bien plus anciens que ne peuvent l'être en tout cas ceux du diluvium. Qu'y aurait-il d'étrange à ce qu'*une dent* provenant de ce dernier gisement conservât encore une portion notable de sa substance organique première? Ici, plus que jamais peut-être, les analyses comparatives dont je parlais dans ma Note précédente auraient été nécessaires pour autoriser les expérimentateurs à regarder comme récent l'objet même sur lequel ils opéraient. Or aucune analyse de cette nature n'a été faite, que je sache ; la conclusion, tirée d'une observation isolée, manque donc d'une base positive, lors même qu'on l'appliquerait seulement à la dent mise en expérience.

Mais admettons pour un moment que, dans ces limites, la conclusion, que d'ailleurs je ne regarde pas comme légitime, soit réellement fondée : comment ce résultat autoriserait-il à déclarer que la mâchoire elle-même est fausse? La dent examinée à Londres n'appartient pas à la mâchoire. C'est là un fait constaté avant toute discussion. — On ne peut donc rien conclure de l'une à l'autre.

Bien plus, des détails que m'a donnés M. de Perthes il résulte que cette dent lui laissait à lui-même des doutes, et *jamais*, m'assure-t-il, *il n'a voulu en répondre*. Comment dès lors chercher dans cette dent, *récusée d'avance par M. de Perthes*, des arguments sérieux contre l'authenticité de la mâchoire ?

Pour nier cette authenticité, on se fonde sur la faible coloration de l'os, sur le peu de profondeur à laquelle cette coloration a pénétré.

Mais ce sont là encore des particularités qui dépendent en très-grande partie de la composition du sol et de la nature de la matière colorante. Si celle ci est insoluble, il est clair qu'elle s'arrêtera à la surface des os et ne pénétrera pas leur substance même.

J'ai déjà indiqué des faits qui tendent à montrer que la matière colorante de la couche dont il s'agit ici est très-peu pénétrante. En voici un autre plus significatif encore.

En examinant à la loupe un morceau du plancher de cette couche, M. Desnoyers y aperçut un fragment malheureusement fort petit et fort mince de ce qui nous a paru être une lamelle de dent, peut-être un fragment de coquille. Quoi qu'il en soit, cette petite lame était en entier noyée dans la gangue colorée. J'enlevai sous la loupe et simplement avec la pince une partie de cette gangue, et le petit corps dont il s'agit se montra presque aussi blanc que du papier, bien moins coloré en tous cas que l'os en litige. La matière colorante n'a même pas teint la surface. Comment après cela s'étonner du peu de coloration de la mâchoire [1] ?

Un mot encore au sujet de ma seconde hache, de celle que j'ai retirée *des parois à vif* de la carrière. Sur la demande de M. Delesse, j'ai lavé par affusion avec de l'eau bouillante une de ses extrémités. Un gravier de la carrière a été lavé de la même manière. Tous deux ont été nettoyés avec la même facilité.

On comprend que si, pour faire adhérer une gangue factice, on avait employé la gélatine ou la gomme, l'une et l'autre eussent été faciles à reconnaître sur les surfaces humectées de la gangue. On n'en a pu découvrir la moindre trace.

Au contraire, ce lavage a mis à nu sur la hache un point où la limonite forme une couche mince qui suit les sinuosités du silex et qui présente cet aspect métallique qui avait frappé si vivement M. Delesse, lors du premier examen qu'il fit de de ces objets.

Le lecteur peut voir que, dans l'espèce d'*enquête* à laquelle je me livre, je n'ai à enregistrer aujourd'hui que des faits favorables à l'authenticité de la *mâchoire* d'Abbeville. S'il s'était produit des faits conduisant à une conclusion contraire, je les aurais publiés de même ; mais jusqu'à présent tout milite en

[1] Je conserve ce *petit corps blanc* encore engagé dans sa gangue.

faveur de cette authenticité, tout tend à confirmer la réalité de la découverte de M. de Perthes.

III. NOTE SUR LES RÉSULTATS FOURNIS PAR UNE ENQUÊTE RELATIVE A L'AUTHENTICITÉ DE LA DÉCOUVERTE D'UNE MACHOIRE HUMAINE ET DE HACHES EN SILEX DANS LE TERRAIN DILUVIEN DE MOULIN-QUIGNON

PAR

MILNE-EDWARDS

MEMBRE DE L'INSTITUT (ACADÉMIE DES SCIENCES)

(18 mai 1863.)

Vers 1837, un archéologue d'Abbeville, M. Boucher de Perthes, commença à appeler l'attention des naturalistes sur des silex qui lui paraissaient taillés de main d'homme, et qui se trouvaient en nombre considérable dans un grand dépôt de gravier sur divers points de la vallée de la Somme. Il pensa que la présence de ces silex, façonnés en forme de hache, prouvaient l'existence de l'homme à l'époque où ce dépôt, désigné communément sous le nom de *terrain diluvien* [1], s'était formé, et que ce phénomène géologique était antérieur à la période actuelle. Au premier moment, les opinions de M. Boucher de Perthes ne trouvèrent, il est vrai, que peu de faveur devant le public, et il lui a fallu plusieurs années pour établir que ces objets sont réellement des produits de l'industrie humaine. Pendant longtemps, il exista aussi beaucoup d'incertitude relativement au caractère du terrain qui renferme ces silex, et des bouleversements qu'il pouvait avoir subis postérieurement à l'époque de son premier dépôt. Mais aujourd'hui il n'y a aucun doute possible touchant l'origine de ces pierres en forme de hache. La plupart des géologues s'accordent aussi pour reconnaître, avec M. Prestwich, M. Evans, M. Lyell, M. Desnoyers, M. Lartet, M. A. Gaudry et plusieurs autres observateurs, que les couches où on les découvre n'ont pas été dérangées depuis

[1] Voyez d'Archiac, *Histoire des Progrès de la Géologie*, t. II, 1re partie, p. 3 et p. 134.

l'époque où le continent européen a reçu son relief actuel et qu'elles appartiennent à la période quaternaire. Enfin il paraît résulter aussi des recherches de M. Boucher de Perthes, ainsi que des observations de plusieurs autres paléontologistes, parmi lesquels je citerai en première ligne Schmerling, Tournal, M. Lartet et M. de Vibraye, que les anciens habitants de ce qui est aujourd'hui la France étaient contemporains du mammouth ou *Elephas primigenius*, du *Rhinoceros tichorhinus*, et de quelques autres animaux remarquables dont les espèces sont éteintes. Aux environs d'Abbeville et d'Amiens, où des ossements fossiles appartenant à ces grands mammifères avaient été rencontrés à plusieurs reprises, les haches en silex sont même très-communes; mais dans le terrain de transport de la Somme, si riche en objets fabriqués par des hommes, on n'avait encore aperçu aucun débris de squelette humain, et cette circonstance semblait difficile à expliquer. Beaucoup de naturalistes attendaient donc avec une sorte d'impatience, mêlée d'inquiétude, la mise à jour de quelques fossiles, qui serait une preuve directe de l'existence de l'homme à l'époque reculée où cette partie du globe était envahie par les eaux.

On comprend ainsi tout l'intérêt excité par l'annonce d'une découverte faite le 28 mars 1863, par M. Boucher de Perthes, et relatée page 38. Il avait, disait-on, trouvé dans une des couches inférieures du terrain diluvien, exploité comme carrière de cailloux à Moulin-Quignon, près d'Abbeville, la moitié d'une mâchoire humaine.

Le professeur d'anthropologie du Muséum d'histoire naturelle fut un des premiers à vouloir contrôler, sur place, toutes les circonstances qui pouvaient jeter quelque lumière sur la valeur scientifique des nouvelles observations du persévérant explorateur des antiquités de la vallée de la Somme, et l'on vient de lire, pages 41 et suivantes de ce volume, les résultats de cette investigation, à laquelle avait pris part un éminent paléontologiste anglais, M. Falconer. Notre savant confrère, M. de Quatrefages, déclara que l'os trouvé par M. Boucher de Perthes était bien la mâchoire d'un homme ;

que cet os lui paraissait être indubitablement un fossile de la couche inférieure du terrain, dit diluvien, de Moulin-Quignon; que dans le même dépôt de gravier il avait constaté l'existence de deux haches en silex, et que ces produits de l'industrie humaine, ainsi que la mâchoire, lui paraissaient avoir reposé dans ce terrain de transport depuis l'époque où celui-ci avait été formé ; mais il déclara aussi qu'il ne voulait émettre aucune opinion touchant l'âge de ce grand dépôt géologique. Il avait été confirmé dans cette manière de voir par M. Desnoyers, par M. Delesse et par M. Pictet, à qui il avait montré la mâchoire, et il crut avoir des raisons de penser que M. Falconer avait jugé les choses de la même manière. Mais un examen plus approfondi d'un certain nombre de haches provenant de Moulin-Quignon, et de quelques autres objets, ne tarda pas à faire naître des doutes dans l'esprit de ce dernier savant, et bientôt après, s'appuyant sur l'opinion de plusieurs autres naturalistes habiles de l'Angleterre, M. Falconer crut devoir aller plus loin. Dans une lettre qui fut publiée dans un des principaux journaux de Londres, le *Times*, et qui eut un grand retentissement, ce savant déclara formellement que toutes les haches provenant de la couche noire de Moulin-Quignon, couche dont la mâchoire avait été extraite, étaient fausses, c'est-à-dire de fabrication récente, et que dans cette circonstance les paléontologistes français avaient été victimes d'une supercherie habilement préparée par les ouvriers de la carrière ou par quelque autre personne. M. Falconer ajouta qu'une molaire humaine dont M. Boucher de Perthes lui avait fait présent comme étant un fossile du même terrain, était en réalité une dent *très-récente;* que la constatation d'une pareille fraude devait nécessairement ôter toute valeur à la découverte de la mâchoire humaine trouvée dans les mêmes conditions par M. Boucher de Perthes, et que cette affaire servirait au moins à donner une leçon de prudence aux naturalistes qui s'étaient laissé tromper par des imposteurs.

Partagés ainsi d'opinion, mais également désireux de connaître la vérité, MM. Falconer et de Quatrefages résolurent de reprendre en commun l'examen des points en litige, et d'ouvrir sur ce sujet une enquête à laquelle prendraient part quelques-uns de leurs confrères. M. Falconer annonça qu'il se rendrait à Paris, accompagné de MM. Prestwich, Carpenter et Busk, tous membres de la Société royale de Londres; il engagea MM. Lartet, Desnoyers et Delesse à prendre part au débat, et au nom de tous ces savants, il me pria de diriger les travaux de la réunion, comme modérateur, disait-il, entre les partisans des opinions contraires. Je ne pouvais qu'accepter avec reconnaissance une mission si honorable, car j'étais bien persuadé que nos conférences auraient toujours ce caractère de franchise et de courtoisie, sans lequel les discussions scientifiques ne sauraient être agréables à entendre, quelque instructives qu'elles pussent être. C'est aussi pour me conformer aux désirs de cette réunion d'amis que je viens aujourd'hui exposer les résultats de nos investigations, et je dois ajouter que plusieurs autres naturalistes se sont joints à nous pour poursuivre cette enquête toute scientifique. Ainsi MM. Delafosse, Daubrée et Hébert ont bien voulu nous aider de leurs lumières, et MM. Gaudry, l'abbé Bourgeois, Buteux et Alphonse Edwards ont pris part à nos discussions. Enfin, M. Delesse a eu la complaisance de tenir la plume comme secrétaire, et de dresser un procès-verbal très-détaillé de tout ce qui s'est passé dans nos réunions, pièce qui sera publiée ultérieurement.

Ainsi que je l'ai déjà dit, nos savants confrères de la Société Royale de Londres avaient été portés à révoquer en doute l'authenticité de la découverte de M. Boucher de Perthes, parce que les haches retirées de la couche noire du diluvium de Moulin-Quignon leur avaient paru être fausses, c'est-à-dire fabriquées récemment et introduites frauduleusement dans le dépôt de gravier où ce paléontologiste les avait trouvées. Dans notre première séance, tenue au Muséum le 9 de ce mois, nous avons cru donc devoir procéder d'abord à un examen approfondi des caractères à raison desquels les objets de ce genre peuvent être reconnus vrais ou faux.

Tous les membres de la réunion ont été d'accord pour admettre que dans beaucoup de cas, à raison de l'existence de certains caractères qui semblent ne pouvoir être imprimés que par le temps, on peut, par la seule inspection d'une hache en silex, constater son authenticité, c'est-à-dire son origine ancienne. Mais les avis ont été partagés au sujet des bases d'un jugement légitime en sens contraire.

MM. Falconer, Prestwich, Carpenter et Busk pensaient que l'absence de tout signe évident de vétusté et l'existence de certaines particularités dans la forme ou dans les fractures de ces haches étaient des preuves irrécusables de leur fabrication récente. Ces savants se considéraient, par conséquent, comme fondés à nier l'authenticité des haches dont la surface ne présentait ni patine ni incrustations, dont les arêtes étaient très-vives et dont la forme s'éloignait plus ou moins de celle des haches reconnues vraies. Puis, faisant l'application de ces principes aux haches tirées des diverses couches du terrain de transport de Moulin-Quignon ou d'autres lieux, ils admettaient l'authenticité des unes, tandis qu'ils déclaraient fausses beaucoup d'autres, notamment toutes celles provenant de la couche noire où M. de Perthes avait trouvé la mâchoire humaine.

MM. de Quatrefages, Desnoyers et Lartet, ainsi que les autres naturalistes français qui prirent part à cette partie de l'enquête, soutinrent qu'il fallait être plus réservé ; que très-rarement, peut-être même jamais, des particularités de forme, une apparence de fraîcheur ou d'autres caractères intrinsèques du même ordre, ne pouvaient suffire pour bien établir la fausseté d'une de ces haches en silex ; que des caractères de ce genre pouvaient inspirer des doutes, et qu'à défaut d'autres données ces doutes devaient peser beaucoup dans nos jugements ; mais que les considérations tirées du mode de gisement de ces instruments et des circonstances dans lesquelles leur découverte a eu lieu devaient avoir à nos yeux une valeur bien plus grande ; enfin que des preuves d'authenticité obtenues de la sorte doivent toujours l'emporter sur les soupçons que pourraient faire naître les particularités dont je viens de parler. Ainsi ces naturalistes furent unanimes dans le jugement qu'ils portèrent sur l'une des haches trouvées dans la couche noire de Moulin-Quignon par M. de Quatrefages : malgré la facilité avec laquelle la surface lisse de ce silex se laissait dépouiller de sa gangue, malgré sa forme, la vivacité de ses arêtes, et malgré son aspect de fraîcheur, ils n'hésitèrent pas à en admettre l'authenticité, par cela seul que les circonstances dans lesquelles ce savant l'avait découverte dans le sein de la terre leur paraissaient exclure toute idée de supercherie. Par conséquent, M. Desnoyers, Lartet et Delesse, aussi bien que tous les autres naturalistes français qui assistaient à cette discussion, ont déclaré que dans leur opinion le jugement porté sur les haches de la couche noire de Moulin-Quignon par M. Falconer ne pouvait légitimer aucune conclusion touchant l'introduction frauduleuse de la mâchoire humaine dans le dépôt de gravier où M. Boucher de Perthes avait trouvé cet os.

Après deux longues séances consacrées principalement à un examen approfondi des haches de Maulort, de Menchecourt, de Saint-Acheul et de quelques autres localités, comparées à celles de Moulin-Quignon, nous procédâmes à une nouvelle étude de la dent molaire isolée que M. Boucher de Perthes avait donnée à M. Falconer comme provenant de cette dernière carrière. Mais, à ce sujet, M. de Quatrefages fit remarquer qu'il pouvait y avoir quelque incertitude relativement au gisement de cette pièce, parce que M. Boucher de Perthes possédait plusieurs dents humaines trouvées dans le même terrain, sur différents points des environs d'Abbeville, et que ce savant, ayant retiré tous ces objets de leurs boîtes respectives pour les montrer en même temps à M. Falconer, craignait de n'avoir pas remis chaque chose à sa place, ce qui pouvait avoir occasionné quelque erreur dans l'application des étiquettes fixées sur ces mêmes boîtes.

Quoi qu'il en soit, les résultats de l'examen de cette dent humaine furent semblables à ceux obtenus précédemment par l'étude des haches de Moulin-Quignon, dont l'ancienneté n'était pas évidente, mais, selon nous, ne pouvait être niée. MM. Falconer, Prestwich, Carpenter et Busk pensèrent qu'à raison de la blancheur et de l'éclat satiné du tissu dentaire de cette molaire, de la proportion considérable de matière animale contenue dans sa substance, et de quelques autres caractères du même ordre, on devait nécessairement la considérer comme étant *très-récente*, et dans un article imprimé qui avait été placé sous nos yeux, le premier de ces savants avait déjà déclaré formellement qu'à raison de ces circonstances le débat était clos et la cause jugée. Les naturalistes français ne partagèrent pas cette opinion absolue. Ils virent là des motifs de doute, mais rien de plus. En effet, ils savaient que des fossiles, non moins anciens que le terrain diluvien lui-même, offrent parfois des caractères de fraicheur remarquables. Ainsi un des aides-naturalistes du Muséum qui assistait à nos conférences, et qui avait fait précédemment beaucoup de recherches chimiques sur la composition des os et des dents, plaça sous les yeux de la réunion une canine de l'ours des cavernes qu'il avait trouvée dans le terrain diluvien des environs de Compiègne, et qu'il avait traitée par de l'acide chlorhydrique pour en extraire les sels calcaires ; or cette dent fossile, ainsi dépouillée de sa substance terreuse, contenait assez de matière gélatineuse pour conserver sa forme générale. M. Delesse nous montra aussi des dents fossiles dont la section présentait la blancheur et l'aspect satiné dont M. Falconer avait argué pour établir que la molaire de Moulin-Quignon était tout à fait récente. Enfin un autre membre de la réunion fit remarquer que l'état de conservation des dents et des autres débris d'animaux trouvés dans la croûte solide du globe ne dépend pas seulement du laps de temps pendant lequel ces objets ont été enfouis dans la terre, mais aussi des circonstances qui ont précédé ou accompagné leur enfouissement et des diverses conditions de gisement dans lesquelles ils ont été placés ; que des fossiles de même âge géologique peuvent offrir ainsi des caractères très-différents, et que les particularités dont nos savants confrères de Londres arguaient pour établir que la molaire en question était très-récente ne pouvaient nous convaincre.

Procédant enfin à l'examen de la mâchoire elle-même et des échantillons de la couche noire du diluvium de Moulin-Quignon, les membres de la réunion furent unanimes à reconnaître, avec M. de Quatrefages, qu'il paraissait y avoir identité entre la matière constitutive de ce dépôt et la gangue colorée par du fer et du manganèse qui adhérait à cet os; que sauf sur un point où l'on voyait quelques stries, dues peut-être au frottement des doigts lorsque cette gangue était encore humide, on n'apercevait rien qui fût de nature à corroborer l'hypothèse de l'application factice de ladite gangue; enfin que cette matière terreuse d'un brun noirâtre remplissait non-seulement les alvéoles, mais aussi une cavité produite par la carie partielle de la molaire restée en place, qu'elle bouchait le trou mentonnier et qu'elle obstruait l'entrée du canal dentaire.

A la demande de MM. Falconer, Prestwich, Carpenter et Busk, la mâchoire fut alors sciée verticalement, de façon à mettre à nu le fond de l'alvéole occupée par la dent unique qui était restée en place; puis une grande partie de la surface de la portion antérieure de l'os ainsi séparée du reste de la mâchoire fut à plusieurs reprises lavée très-fortement avec de l'eau chaude et une brosse. Au moyen de ces lavages on parvint à enlever la presque totalité de la gangue sur une étendue assez considérable, et la surface de l'os ainsi nettoyée ne resta que faiblement colorée. Les deux tables de l'os étaient très-compactes, et le diploé ne paraissait être que peu altéré. On trouva que la racine de la dent implantée dans son alvéole était encroûtée de grains ferro-manganésiques, ainsi que la paroi correspondante de la cavité alvéolaire. Enfin on remarqua dans l'intérieur du canal de l'artère dentaire un léger enduit de sable grisâtre qui différait complétement de la gangue noirâtre située à l'extérieur de l'os, et ce dépôt nous a semblé indiquer que la mâchoire, avant d'être enfoncée dans la couche noire du diluvium de Moulin-Quignon, avait dû être exposée à l'action d'une eau chargée de particules arénacées incolores.

M. Falconer plaça sous les yeux des membres de la réunion plusieurs mâchoires provenant de cimetières, et il fit remarquer que l'aspect de ces os était assez analogue à celui de la portion de la mâchoire réputée fossile qu'on venait de laver. Il montra aussi une mâchoire qui avait été trouvée dans une tourbière dont l'âge géologique n'est pas aussi grand que celui du dépôt de gravier de Moulin-Quignon, et il fit observer que cet os était beaucoup plus altéré que ne l'était la mâchoire en question. De l'ensemble de ces faits MM. Falconer, Prestwich, Carpenter et Busk conclurent qu'il y avait eu fraude au sujet de cet os aussi bien que pour les haches de la couche inférieure du terrain de Moulin-Quignon ; que tous ces objets devaient être considérés comme très-récents et que, suivant toute probabilité, les ouvriers de la carrière, après les avoir enduits artificiellement avec de la matière terreuse provenant de cette couche noire, les avaient enfouis dans une excavation de la carrière, où leur présence aurait été ensuite signalée à M. Boucher de Perthes comme une découverte inattendue.

M. de Quatrefages et les autres membres français de la réunion ne crurent pas devoir tirer les mêmes conclusions des faits observés. Ils constatèrent que des cailloux ordinaires tirés de la couche noire de Moulin-Quignon, pour servir à l'entretien des routes, se laissaient quelquefois nettoyer par le lavage non moins facilement que la mâchoire, et que tous les arguments déjà présentés au sujet de l'influence des différentes conditions de gisement sur le degré d'altération des fossiles étaient applicables à cet os aussi bien qu'à la molaire isolée.

La question ne nous sembla pas pouvoir être élucidée davantage par l'examen plus prolongé des pièces ; mais nous avons pensé qu'il serait utile d'étudier de nouveau les lieux où on les avait trouvées et de transporter notre enquête à la carrière de Moulin-Quignon. Par conséquent nous résolûmes de nous y rendre. A notre grand regret, M. Carpenter, obligé de retourner à Londres, ne put assister à cette seconde partie de nos investigations, mais plusieurs paléontologistes qui avaient déjà pris part à nos discussions ou qui étaient, comme nous, désireux d'obtenir de nouvelles lumières sur les points en litige, ont bien voulu nous accompagner. De ce nombre étaient M. Hébert, M. de Vibraye, M. Gaudry, M. l'abbé Bourgeois, M. Delanoue, M. Garrigou, M. Alphonse Edwards, M. Paul Bert et M. le docteur Vaillant.

La valeur d'une pareille enquête dépend beaucoup de la manière dont les investigations sont conduites, et par conséquent j'espère que le lecteur m'excusera si j'entre dans quelques explications un peu minutieuses peut-être au sujet de la marche que nous avons suivie.

Notre projet d'excursion à Moulin-Quignon ne fut arrêté que lundi dernier à deux heures de l'après-midi ; aucun avis ne fut transmis à Abbeville; les parties intéressées dans la discussion furent même les seules à en être informées, et le lendemain matin, longtemps avant le jour, j'étais déjà rendu à Abbeville pour y établir la surveillance qui me paraissait désirable. A cet effet, une personne investie de toute ma confiance (mon fils) alla s'établir à la carrière de Moulin-Quignon avant que notre arrivée à Abbeville eût été annoncée à qui que ce soit. Puis, accompagné de M. de Quatrefages et de M. Desnoyers, je me rendis chez M. Boucher de Perthes pour l'informer de nos intentions et demander son concours. Ce savant répondit avec empressement à nos désirs ; il fit appeler un de ses amis, M. Dimpre, qui avait été témoin de la découverte de la mâchoire ; il obtint de M. Dariotte, propriétaire de la carrière, les autorisations nécessaires pour les fouilles que nous voulions entreprendre, et il nous accompagna immédiatement à la carrière, où nous fûmes bientôt rejoints par MM. Falconer, Prestwich, Busk, Lartet, Delesse et les autres savants dont j'ai déjà cité les noms.

Les travaux furent organisés immédiatement ; le nombre des ouvriers présents ne nous paraissant pas suffisant, nous fîmes venir des environs une douzaine d'autres terrassiers, et il fut convenu que ces hommes seraient payés, non à raison des trouvailles qu'ils pourraient faire, mais à la journée. Enfin nos savants confrères de la Société royale de Londres et plusieurs des naturalistes français qui faisaient partie de la réunion voulurent bien se charger des fonctions de surveillants et se tenir constamment à côté des ouvriers pour en contrôler les mouvements.

Nous fîmes d'abord enlever les débris qui encombraient le front de l'exploitation et mettre à nu la craie blanche sur laquelle repose le grand dépôt, dit diluvien, de Moulin-Quignon. Cela fait, nous étudiâmes la disposition des lieux, pour nous former une opinion sur la facilité avec laquelle des carriers ou d'autres personnes auraient pu pratiquer une fraude de la nature de celle que M. Falconer supposait avoir été effectuée.

La carrière de Moulin-Quignon s'exploite à ciel ouvert, au moyen d'une tranchée d'environ 5 mètres de profondeur sur 40 à 50 mètres de long. Les cailloux que l'on en tire se trouvent dans les parties inférieures et moyennes du dépôt dit diluvien, qui est recouvert par une couche peu épaisse de terre végétale, et pour les extraire on attaque à coups de pioche le front de la carrière, puis, à la pelle, on rejette en arrière tout ce qui s'éboule et on en retire les cailloux, en laissant sur place les autres débris qui remplissent les parties abandonnées de la carrière, à mesure que la tranchée s'avance. Il en résulte que la section verticale de la carrière recule toujours à mesure que le travail avance, et que si l'on voulait y pratiquer une excavation pour y enfouir quelque corps étranger destiné à être remis au jour ultérieurement, en présence des personnes auxquelles on désirerait en imposer, il faudrait interrompre sur ce point les travaux d'exploitation, depuis le moment où les préparatifs de cette fraude seraient commencés jusqu'à celui où on pourrait en tirer parti. En effet, il nous a paru impossible d'admettre qu'une supercherie de ce genre pourrait être pratiquée à l'aide d'un trou percé de haut en bas dans le sol à quelque distance en avant de la tranchée. Il est aussi à noter que les ouvriers carriers de Moulin-Quignon sont payés à la tâche, c'est-à-dire d'après le nombre de mètres cubes de cailloux qu'ils tirent de la carrière ; que le salaire de chaque ouvrier, calculé de la sorte, s'élève ordinairement à 2 francs 50 centimes par jour, et que le prix auquel ils vendent à M. Boucher de Perthes les haches en question, après avoir été pendant longtemps de 10 centimes, est maintenant de 25 centimes pièce; par conséquent, il serait difficile de croire qu'en vue d'un bénéfice illicite de ce genre ils interrompraient le travail plus lucratif de l'exploitation régulière, lors même que le propriétaire de la carrière voudrait consentir à une pareille suspension.

Nous avons étudié également avec soin la disposition des puisards ou cavités naturelles qui parfois existent dans le banc de gravier et qui ont été remplis à une époque très-ancienne par des matériaux provenant de la partie supérieure du dépôt ou par de la terre superposée à celui-ci. Un naturaliste distingué de Harlem, M. Van Breda, avait cru pouvoir attribuer à l'existence de ces puisards l'introduction plus ou moins récente des haches dans un terrain diluvien de la vallée de la Somme précédemment déposé par les eaux ; mais il nous a semblé impossible d'admettre qu'à Moulin-Quignon les choses se soient passées de la sorte, car les puisards sont en très-petit nombre, et les masses de sable et d'argile qui descendaient ainsi vers la craie sont toujours parfaitement reconnaissables, nettement circonscrites, et composées de matières très-différentes de celles des couches du diluvium qu'elles traversaient. Par conséquent un objet qui aurait été enfoui par l'une d'elles serait entouré d'une gangue semblable au contenu du puisard et non d'une gangue analogue à la substance constitutive des couches circonvoisines. Or nous avions déjà constaté que la gangue adhérente à la mâchoire et aux haches attribuées à la couche noire était identique à la matière dont cette couche se compose, et par conséquent très-différente du sable argileux, assez analogue au *lœss*, qui se voit dans les puisards.

En étudiant la section verticale du terrain de Moulin-Quignon, nous fûmes frappés d'une particularité qui, dans les circonstances ordinaires, nous aurait paru sans importance, mais qui en a acquis beaucoup à raison d'un incident dont j'ai déjà parlé. Nous avons vu précédemment qu'en sciant la mâchoire trouvée par M. Boucher de Perthes dans la couche noire, nous avions remarqué, dans l'intérieur du canal de l'artère dentaire, un peu de sable grisâtre qui ne pouvait provenir de cette couche, et cette circonstance avait été considérée par quelques membres de la réunion comme fournissant un argument puissant contre ceux qui pensaient que cet os reposait de temps immémorial dans le terrain diluvien de Moulin-Quignon ; car dans les coupes géologiques de cette carrière qui avaient été placées sous nos yeux, nous n'apercevions aucun dépôt ayant ce caractère. Mais à peine eûmes-nous fait mettre à vif la section, que l'un de nous fit remarquer immédiatement au-dessus de la couche noire plusieurs lits très-minces de sable grisâtre qui nous a paru à tous identique au sable précédemment observé dans l'intérieur de la mâchoire. Cette couche grise se trouvait à quelques centimètres du niveau où la mâchoire avait été rencontrée, et on concevait facilement que si l'os, après avoir séjourné quelque temps dans de l'eau chargée de ce sable, avait été exposé à l'action de quelque petit remous, il aurait pu être enfoui plus profondément dans le gravier noirâtre sous-jacent. Ainsi l'existence de ce sable grisâtre dans l'intérieur de l'os, qui la veille nous avait paru fournir un argument plausible en faveur de la non-authenticité de la découverte de M. Boucher de Perthes, est devenue tout à coup une preuve très-forte du séjour prolongé de l'os dans le lieu où ce savant l'avait trouvé.

Cet incident contribua, je pense, à ébranler beaucoup la conviction des paléontologistes qui avaient attribué à une supercherie la présence de la mâchoire dans le diluvium de Moulin-Quignon, et du reste les résultats de la fouille qui se poursuivait activement sous les yeux de la réunion ne tardèrent pas à convaincre tous les incrédules.

En effet, en enlevant par tranches verticales le gravier et les cailloux accumulés entre la craie et la terre végétale, nous ne tardâmes pas à rencontrer sur place, à une profondeur de plus de quatre mètres au-dessous de la surface du sol, un silex taillé en forme de hache, et avant la fin de la journée nous en découvrîmes quatre autres. Ces produits de l'industrie humaine reposaient au milieu d'une couche analogue à celle dont on avait extrait la mâchoire; quelques-uns d'entre eux se trouvaient à plus de vingt mètres du puisard naturel dont il a été déjà question; enfin les circonstances dans lesquelles nous les trouvâmes ne laissèrent dans l'esprit d'aucun membre de la réunion le moindre soupçon au sujet de leur authenticité. M. Falconer lui-même vint aider M. Alphonse Edwards à retirer du dépôt diluvien encore en place une de ces haches.

Or, sur les cinq haches ainsi obtenues en présence de vingt hommes de science et sous la surveillance active de personnes qui ne sont pas étrangères à l'art d'observer, haches dont l'authenticité était par conséquent indiscutable, il y en avait quatre qui ressemblaient en tout à celles précédemment tirées de la couche noire par M. Boucher de Perthes; elles présentaient tous les caractères à raison desquels, au début de l'enquête, plusieurs membres de la réunion avaient déclaré que toutes ces haches étaient fausses et avaient attribué à quelque fraude habilement pratiquée la présence d'une mâchoire humaine dans le dépôt de gravier où M. Boucher de Perthes avait découvert cet os.

Le désir d'arriver à la connaissance de la vérité était l'unique sentiment dont étaient animés tous les paléontologistes qui, de Londres et de Paris, s'étaient rendus à Abbeville, et dès que l'obscurité dont le sujet était d'abord entouré disparut ainsi, tous les membres de cette réunion d'amis adoptèrent la même opinion. Écartant toute idée de fraude, ils ont reconnu de la manière la plus franche qu'il ne leur paraissait plus y avoir aucune raison pour révoquer en doute l'authenticité de la découverte faite par M. Boucher de Perthes d'une mâchoire humaine dans la partie inférieure du grand dépôt de gravier, d'argile et de cailloux de la carrière de Moulin-Quignon.

Ce n'est pas sans quelque satisfaction que j'ai vu de la sorte les opinions de M. de Quatrefages, de M. Lartet, de M. Desnoyers, de M. Delesse, et des autres naturalistes français réunis à Moulin-Quignon, obtenir la haute sanction d'hommes dont l'autorité est si grande dans la science et dont le jugement est d'autant plus précieux qu'il a été plus lentement formé.

En effet, M. Prestwich, qui doutait encore en arrivant avec nous à Abbeville et qui est parti convaincu comme nous l'étions nous-mêmes, est un des géologues les plus estimés de l'Angleterre, et un des savants qui ont fait de la constitution géologique de la vallée de la Somme les études les plus approfondies. M. Busk, dont l'opinion finale est partagée par M. Carpenter, est aussi un observateur excellent et dont la valeur est incontestée. Enfin, M. Falconer, qui, dans cette occasion comme dans toutes les autres circonstances de sa vie, a fait preuve d'un caractère des plus honorables, d'un savoir profond et d'un amour ardent de la vérité, est sans contredit un des paléontologistes les plus habiles de notre temps ; les naturalistes n'oublient jamais ses longs et beaux travaux sur la faune fossile des montagnes de l'Inde où vivaient jadis le *Sivatherium* et une foule d'autres animaux dont l'étude offrait de grandes difficultés. La dissidence d'opinion qui, pendant un instant, l'a séparé des naturalistes français, ne diminue en rien, à leurs yeux, ses droits à la reconnaissance des hommes de science, et la candide loyauté dont il vient de nous donner de nouvelles preuves l'élève dans l'estime de tous les gens de bien.

La nouvelle découverte de M. Boucher de Perthes pourra donc, sans contestation ultérieure, prendre place à côté de celles de Schmerling, de Tournal, de M. Lartet, de M. de Vibraye, et des autres paléontologistes qui ont constaté précédemment des faits du même ordre.

Le lecteur a pu remarquer que, dans tout ce que je viens

de dire, il n'a jamais été question de l'âge géologique du terrain dans lequel on trouve tant de preuves de l'existence de l'homme à une période bien reculée, mais dont la date nous est inconnue. En effet, nos investigations n'ont pas porté sur ce point de l'histoire du globe, car plusieurs d'entre nous n'auraient pas eu autorité pour en traiter, et nous étions tous désireux de ne pas sortir des limites de la question de fait dont l'examen était le motif de notre réunion. Dans ses communications précédentes à l'Académie, M. de Quatrefages avait déjà fait de sages réserves à ce sujet, et en terminant ce compte rendu je crois devoir ajouter qu'à mon avis on ne saurait montrer trop de prudence dans les conjectures auxquelles on se livre lorsque, par la pensée, on remonte dans la série des temps et qu'on se demande quand ont pu avoir lieu les inondations qui semblent avoir fait périr les hommes, les éléphants, les rhinocéros et les autres animaux dont l'existence à ce moment paraît être prouvée par les vestiges découverts dans le terrain que la plupart des géologues appellent le *diluvium*. On doit croire, ce me semble, que tous ces êtres existaient dans cette région du globe à une époque où le continent européen n'avait pas encore sa configuration actuelle, mais il est peut-être permis de se demander si leur destruction a dû être antérieure aux temps historiques, et si le phénomène qui a modifié si profondément l'état de cette partie de la surface du globe a dû avoir nécessairement quelque retentissement dans les parties de l'Asie où l'histoire place le berceau de l'espèce humaine et où les traditions des premiers âges ont été conservées. Ce sont là des questions que je n'ose effleurer, mais j'ai voulu les indiquer pour motiver la réserve extrême que j'ai cru devoir montrer dans la partie géologique du débat qui vient de se terminer.

IV. SUR LA MACHOIRE DE MOULIN-QUIGNON

OBSERVATIONS

PAR

M. DE QUATREFAGES

MEMBRE DE L'INSTITUT (ACADÉMIE DES SCIENCES)

(18 mai 1863.)

Je demande la permission d'ajouter quelques mots au rapport d'ailleurs si complet de M. Milne-Edwards. Je désire me joindre à mon honorable confrère pour exprimer les sentiments de haute estime que m'ont inspirés la démarche des savants anglais et toute leur conduite pendant les quelques jours que nous avons passés, pour ainsi dire, en discussion permanente. Il est impossible d'apporter dans des débats de cette nature un amour plus désintéressé pour la science, une loyauté plus complète ; d'accepter avec une franchise plus entière les faits une fois constatés. Au début de nos conférences, les convictions opposées étaient également entières, et pourtant la sévérité minutieuse que chacun apportait à l'examen des choses n'a jamais altéré un seul instant la cordialité envers les personnes, et j'ose espérer que cette lutte scientifique aura fait naître entre tous ceux qui y ont pris part une amitié sincère et durable.

Je dois ajouter que la discussion a mis pleinement en lumière un fait facile à admettre, et dont, pour mon compte, je n'ai jamais douté. Il n'a pu venir à l'esprit de personne que des hommes aussi éminents que MM. Falconer, Busk, Prestwich, etc., aient embrassé à la légère, et sans des motifs sérieux, les opinions qu'ils sont venus défendre à Paris ; on comprend que ces mêmes motifs aient dû faire naître quelques doutes dans l'esprit de M. Carpenter. Aussi suis-je le premier à reconnaître que ces motifs existaient. En l'absence de tout autre moyen de contrôle, l'apparence extérieure de certaines haches soumises au lavage, la conservation remarquable de la matière animale dans la dent examinée en Angleterre et les conséquences qu'entraînait cette conservation, pouvaient fort bien paraître motiver pleinement les conclusions adoptées par nos confrères de Londres. Pour contre-balancer l'entraînement qui devait résulter de la constatation de ces faits, pour conserver et défendre des convictions contraires, il fallait avoir par devers soi une base vraiment inébranlable et un terme de comparaison pour ainsi dire absolu. Or, ces deux éléments manquaient à nos savants amis de Londres, tandis que j'avais l'immense avantage de les posséder.

En effet, *seul, je pouvais avoir la certitude entière que l'une de mes deux haches était incontestablement authentique, car moi seul l'avais vue en place, dans les parois à vif de la carrière, sur un point que l'outil n'avait pas même effleuré.* Ici, toute fraude, comme je le disais dans ma seconde Note, était rigoureusement impossible. Dès lors, quels que fussent les caractères propres de cette hache, ils ne pouvaient rien prouver contre son authenticité. Tout au contraire, l'étude de ces caractères devait évidemment m'éclairer sur la valeur de ceux que présentaient les autres objets de même nature et la mâchoire elle-même ; elle devait surtout démontrer si cette dernière avait été frauduleusement introduite dans la couche où l'avait trouvée M. Boucher de Perthes, ou bien si elle datait de la même époque que cette couche.

Or, cette étude, minutieusement faite à tous les points de vue, conduisait toujours à admettre la contemporanéité de la hache servant de point de comparaison, des autres haches de même provenance, et de la mâchoire humaine. — Je ne pouvais donc douter de l'authenticité de cette dernière.

On voit sur quelle base sûre reposait l'opinion que j'ai défendue. Sans elle, je n'hésite pas à le reconnaître, mes convictions premières eussent sans doute été, sinon changées, du moins rudement ébranlées, par les faits graves que leur opposaient des juges aussi compétents que MM. Falconer, Prestwich, Busk, Evans; sans elle aussi, peut-être, les savants qui, les premiers, ont hautement accepté avec moi l'authenticité de la mâchoire, MM. Delesse, Desnoyers, Lartet, Gaudry, Lyman, Pictet, eussent-ils hésité davantage à se prononcer, et je suis heureux de les remercier ici de la confiance qu'ils ont témoignée dans la sûreté de mes observations [1].

Mais le même fait, venant à se reproduire, devait amener chez les autres un résultat tout semblable, et c'est ce qui est arrivé. Dès que nos éminents confrères de Londres ont pu disposer des mêmes éléments d'appréciation, dès qu'ils ont eu *vu* retirer des haches de la carrière, — et surtout constaté la présence de la hache n° 5 dans les parois mêmes de l'exploitation, — dès qu'ils ont pu comparer les caractères de cette hache avec les caractères des haches jusque-là regardées par eux comme fausses ou douteuses, ils se sont ralliés à notre opinion avec la loyale franchise dont ils avaient fait preuve pendant toute la discussion.

Au reste, le désaccord même qui nous a séparés pendant quelques jours aura été très-utile à la science. « Le procès de la mâchoire (*the trial of the jaw*), m'écrit M. Carpenter [2], prendra place parmi les causes célèbres de la science. » Or ce procès a été instruit de telle sorte, qu'il me paraît impossible de ne pas accepter le verdict porté à l'unanimité par un jury naguère si profondément divisé. L'authenticité de la découverte faite par M. Boucher de Perthes est donc désormais hors de doute.

[1] M. Alphonse Edwards, qui vint étudier ces objets chez moi après la lecture de ma troisième note, reconnut aussi leur authenticité avant toute discussion contradictoire.

[2] M. Carpenter, qui du reste n'a manifesté nulle part officiellement les doutes qu'il a pu concevoir, adopte toutes les conclusions de la réunion, et m'exprime son opinion à ce sujet dans une lettre à laquelle j'ai été extrêmement sensible.

V. EXAMEN DE LA MACHOIRE DE MOULIN-QUIGNON AU POINT DE VUE ANTHROPOLOGIQUE

PAR

M. PRUNER-BEY

(25 mai 1863.)

Vu la discordance entre les géologues en ce qui concerne le terrain où la mâchoire a été trouvée, voyons si la science anthropologique nous fournit les moyens de la classer.

Examinée sommairement, cette pièce nous indique par ses proportions et par l'absorption de quelques alvéoles dentaires qu'elle appartenait à un individu de petite taille et d'un certain âge; et j'ajouterai que cet individu était très-probablement brachycéphale. Voici la série des faits qui militent en faveur de cette opinion. M. Morlot (voy. *Étude géologico-archéologique*, etc., 1860) constata dans la section du cône de la Tinière, près Villeneuve, trois âges successifs représentés par étages. La couche la plus profonde représentant l'âge de pierre offrit un crâne brachycéphale ainsi que l'âge de bronze dans les environs. Enfin, j'ai constaté la présence de ce type à l'âge de fer et même parmi les vivants dans les mêmes localités, et j'ai tracé ailleurs le portrait détaillé de ce type par lequel commence, jusqu'à plus ample informé, l'histoire de l'homme dans nos contrées, sans que sa souche se soit éteinte.

En second lieu, les recherches et les découvertes paléontologiques faites en France, bien que le nombre des données en ce qui regarde l'homme soit fort restreint, n'infirment pourtant en rien ce que je viens d'alléguer. Ainsi le menton osseux humain trouvé par M. de Vibraye annonce par ses contours arrondis qu'il n'appartient point à la race celtique, et par ses dimensions que le crâne dont il faisait partie devait être petit et par conséquent brachycéphale. Il en est de même de la pièce dont je dois la connaissance à l'obligeance de M. Lartet.

Le célèbre paléontologue trouva ce demi-rameau externe de la mâchoire inférieure humaine dans la grotte d'Aurignac, associé aux animaux antédiluviens, etc. Cet os nous frappe encore par sa petitesse même pour ce qui concerne les trois dents molaires qui s'y trouvent implantées.

Un dernier fait me paraît pouvoir servir de pierre de touche dans cette question aussi épineuse qu'importante. Je possède une petite série de mâchoires inférieures appartenant à la souche brachycéphale de la Suisse. Ces ossements, se rapportant à l'âge de fer, furent retirés d'un immense tumulus de gravier qui contenait de nombreux *kistvaens* dans lesquels on trouva des squelettes et leurs débris pour la plupart celtiques, et à leur côté quelques-uns au crâne brachycéphale et de petite taille. Eh bien, une de ces dernières mâchoires, à part le prolongement de son apophyse coronoïde, correspond pour tous les autres détails à la mâchoire d'Abbeville. Ceci est applicable non-seulement à la forme, mais même aux dimensions. Maintenant, si nous considérons le peu de stabilité des caractères que présente généralement cet os chez les individus de la même race, et si nous y ajoutons l'immense intervalle de temps qui les sépare, je pense rester dans les limites d'une haute probabilité si j'ose énoncer ceci :

1° La mâchoire de Moulin-Quignon appartenait à un individu brachycéphale, de petite taille, de l'âge de pierre ;

2° On peut suivre la présence de cette même race humaine à travers divers âges successifs ; et enfin

3° Elle a laissé des descendants reconnaissables parmi les vivants du haut nord de l'Europe, en suivant la lisière occidentale de notre continent, jusqu'en Sicile.

VI. OBSERVATIONS A PROPOS DU MÉMOIRE DE M. PRUNER-BEY

PAR

M. DE QUATREFAGES

MEMBRE DE L'INSTITUT (ACADÉMIE DES SCIENCES)

(25 mai 1863.)

Depuis plusieurs années M. Pruner-Bey s'était occupé de réunir les matériaux propres à éclairer la question des caractères que présentait la race la plus ancienne de l'Europe. Il s'est donc trouvé tout prêt à profiter mieux que personne de la découverte de M. Boucher de Perthes. Toutefois, son travail avait été entrepris d'abord seulement à l'aide des photographies que j'avais fait exécuter ; mais en voyant l'importance des résultats auxquels était déjà arrivé mon savant confrère de la Société d'anthropologie, je me suis empressé de mettre la mâchoire de Moulin-Quignon elle-même à sa disposition. M. Pruner-Bey a bien voulu me communiquer en revanche celle qui lui servait de terme de comparaison. Nous avons procédé ensemble à un examen détaillé et rigoureux qui n'a servi qu'à faire ressortir davantage l'exactitude des appréciations de M. Pruner-Bey et la similitude vraiment surprenante de ces deux échantillons appartenant l'un à l'âge de pierre, l'autre à l'âge de fer.

Le lecteur comprendra certainement, d'après ce qui précède, que la mâchoire de Moulin-Quignon, envisagée au point de vue de l'ethnologie et des origines des populations européennes, présente le plus haut intérêt.

VII. OBSERVATIONS SUR L'EXISTENCE DE L'HOMME PENDANT LA PÉRIODE QUATERNAIRE

PAR

HÉBERT

(EXTRAIT D'UNE LETTRE A M. MILNE-EDWARDS.)

1res Observations. (25 mai 1863.)

Vous m'avez fait l'honneur de me citer parmi les géologues

qui se sont rendus avec vous à Abbeville et qui ont rangé le terrain détritique de Moulin-Quignon dans le diluvium. Les observations présentées par M. Élie de Beaumont [1] m'ont fait vivement regretter que les discussions qui ont eu lieu relativement à l'âge de cette portion du terrain quaternaire n'aient point été mentionnées plus explicitement dans votre compte rendu.

L'illustre secrétaire perpétuel aurait vu que notre attention s'était spécialement portée sur cette partie de la question; que nous étions loin de confondre en un seul tous les divers amas de matières détritiques; que nous n'avions voulu éluder aucune difficulté; mais que ces difficultés ne sauraient en rien infirmer le fait, incontestablement acquis, de l'existence de l'homme dès le commencement de ce qui constitue en France la période quaternaire ou diluvienne.

En ce qui concerne plus spécialement le gisement de Moulin-Quignon, j'ai déclaré à Abbeville que cette formation détritique, composée en partie de silex brisés ou entiers, quelquefois volumineux et paraissant arrachés à la craie sous-jacente, souvent empâtés pêle-mêle dans une argile brune, compacte, renfermant, çà et là et sans ordre, des parties sableuses sous forme de portions de couches de peu d'étendue, coupées brusquement par la masse caillouteuse et argileuse, et placées dans toutes les inclinaisons possibles, ne représentait pas à mes yeux le diluvium inférieur de Saint-Acheul, près d'Amiens, ni celui de Menchecourt et des autres localités des environs d'Abbeville, où se rencontrent si fréquemment à la fois des silex taillés de main d'homme et des ossements d'*Elephas primigenius* et de *Rhinoceros tichorinus*.

Je considère le dépôt de Moulin-Quignon comme plus récent, me rapprochant, sous un rapport, de l'opinion de M. Élie de Beaumont; mais l'illustre géologue ajoute que ce dépôt est contemporain des alluvions tourbeuses, ce que je ne saurais admettre : sa position à un niveau bien supérieur, sa

(1) *Comptes rendus de l'Académie des sciences*, t. LVI.

nature indiquant des eaux violemment agitées, ne permettent en effet d'établir aucune liaison entre le phénomène auquel il doit naissance, et les conditions sous lesquelles s'est produite l'alluvion tourbeuse. Dans mon opinion, cette dernière est plus récente; le régime des eaux, à l'époque de sa formation, présente avec le régime actuel des rapports que l'on chercherait vainement dans les conditions que suppose le dépôt caillouteux de Moulin-Quignon.

Je place donc ce terrain dans le *diluvium*, mais j'ai, dès l'abord, déclaré que je ne pouvais en déterminer la position précise, comme il est possible de le faire pour les gisements si connus de Menchecourt et de Saint-Acheul.

Pour préciser davantage, je demande la permission de rappeler brièvement la série des phénomènes quaternaires du nord de la France, telle que je la considère comme établie, d'une manière positive, par les travaux des géologues qui se sont occupés spécialement de cette question.

1° Creusement par voie d'érosion de nos vallées actuelles opération longue et nécessitant l'intervention de masses d'eau considérables.

2° Développement de la faune de l'*Elephas primigenius* sur le sol de la France ainsi accidenté, et qui alors était couvert de forêts, peuplées d'éléphants et de rhinocéros, forêts qui, pour le dire en passant, ont à peine laissé de traces, quand les animaux qu'elles contenaient ont parsemé le sol de leurs débris.

Formation, par voie de courants aqueux, du dépôt erratique inférieur de nos vallées, caillouteux en bas, sableux en haut, avec nombreux ossements d'*Elephas primigenius* et de *Rhinoceros tichorinus*, et quantité de silex taillés de main d'homme dans la vallée de la Somme. Ce dépôt a comblé la vallée précédemment creusée sur une hauteur de 10 à 15 mètres, s'élevant ainsi à une altitude de 35 à 40 mètres au-dessus du niveau de la mer, à Paris. C'est à cette partie du terrain quaternaire que l'on donne souvent, en raison de la couleur qu'il présente, le nom de *diluvium gris*.

3° Dépôt du limon calcarifère appelé *loess*, caractérisé par des concrétions calcaires constantes de forme et de nature, aussi bien sur les bords du Rhin qu'à Paris, recouvrant directement le précédent, et indiquant une phase nouvelle dans la période quaternaire.

4° Formation d'un dépôt caillouteux composé d'argile rouge et de gravier quartzeux empâtant des silex brisés, sans débris organiques, ne présentant presque jamais de stratification bien nette, reposant soit sur le diluvium gris, soit sur le *loess*, comme on peut le voir aujourd'hui bien nettement autour de l'église nouvelle du quartier des Deux-Moulins [1], soit sur le calcaire grossier, comme cela se voit sur le plateau de la Maison-Blanche, de Montrouge, etc.

Le contact de ce dépôt, que nous appelons ordinairement *diluvium rouge*, avec les dépôts sous-jacents, se fait généralement par voie de ravinement. Tous les géologues connaissent ces poches curieuses, qui passent quelquefois à de véritables puits verticaux de 5, 10 ou 15 mètres de profondeur, et qui traversent de la même façon les roches meubles et les roches dures; c'est encore le produit de phénomènes parfaitement distincts de la période quaternaire.

Lorsque le contact de ce dépôt avec les couches diluviennes sous-jacentes ne présente pas de ravinements, on remarque à la base une ou deux couches horizontales d'argile compacte brune ou rougeâtre, comprenant quelquefois entre elles un lit de sable ferrugineux, et lorsqu'il y a des poches, il est assez fréquent de retrouver cette argile tapissant les parois et enveloppant le diluvium rouge, ainsi séparé du loess et du diluvium gris.

Le diluvium rouge s'est étendu d'une manière générale sur le fond et les flancs des vallées déjà en partie comblées, et s'est élevé jusqu'à une altitude qui atteint au moins 65 mètres aux

[1] On a cru jusqu'ici que le *loess* était supérieur au diluvium rouge; c'était une erreur.

environs de Paris, mais qui reste inférieure aux plus grandes altitudes du loess.

5° La surface du diluvium rouge a été soumise elle-même à un lavage par des eaux qui en ont stratifié la partie supérieure et l'ont mélangée avec de l'argile grise. Ce dernier dépôt est visible encore auprès de la porte d'Ivry.

6° Postérieurement à tous ces phénomènes successifs, nos vallées ont été creusées de nouveau, évidemment sous de nouvelles conditions. Les dépôts que nous venons d'énumérer sont restés appliqués contre les flancs des coteaux, et la forme du sol est devenue ce qu'elle est aujourd'hui, bien que, dans ces vallées ainsi creusées à nouveau, il se soit encore passé de nombreux phénomènes géologiques dont l'étude est à peine ébauchée, mais qui reportent incontestablement à une très-haute antiquité l'époque de la dernière érosion générale.

Le diluvium gris et le diluvium rouge se retrouvent avec tous leurs caractères à Saint-Acheul, aussi bien qu'à Menchecourt et dans beaucoup d'autres points du département de la Somme. Le loess lui-même y est représenté, quoique d'une manière rudimentaire.

C'est dans le diluvium gris, recouvert par son double manteau intact, qu'ont été trouvées ces nombreuses haches qui attestent l'existence de l'homme au commencement de la période quaternaire.

Le gisement de Moulin-Quignon ne présente les caractères ni du diluvium gris, ni du diluvium rouge, il semble être le résultat du mélange des deux par des eaux violemment agitées, peut-être celles auxquelles est dû le dernier creusement des vallées.

Peut-être même ce dernier creusement est-il un phénomène multiple, car le dépôt de Moulin-Quignon est traversé, comme cela a été établi, par des puits verticaux naturels, analogues à ceux produits par le diluvium rouge, mais bien distincts cependant, en ce que ces derniers sont remplis, comme on peut le voir à Saint-Acheul, aussi bien qu'à Paris, par le diluvium rouge lui-même, tandis que ceux de Moulin-

Quignon le sont par un dépôt limoneux évidemment plus récent et assez analogue à la terre végétale. Il y a donc là l'indication d'une *septième* phase dans la période quaternaire.

C'est postérieurement à ces diverses époques que, selon moi, doivent venir se placer les alluvions tourbeuses.

Je termine en disant que les puits naturels qui traversent le dépôt caillouteux de Moulin-Quignon ne peuvent, en aucune façon, être considérés comme ayant pu faciliter l'introduction récente de la mâchoire humaine à la base du dépôt. Cette mâchoire appartenait bien, en effet, à une couche de cailloux noirs, complétement indépendante des puits, et la matière ferrugineuse y était descendue par une fissure sans épaisseur, traversant toute la masse, de la surface du sol à la base, encore remplie de la même matière ferrugineuse, et qui lui avait servi de conduit à une époque indéterminée, mais ancienne. Cette coloration, aussi bien que l'incrustation de la mâchoire qui en a été la conséquence, est donc accidentelle, mais c'est aussi une garantie infaillible contre toute idée de supercherie.

Nouvelles observations. (1er juin 1863.)

Il y a deux points sur lesquels je suis obligé de revenir :

Premier point. — Le terrain de transport exploité dans la carrière de Moulin-Quignon a-t-il été formé par des matériaux entraînés sur la pente du coteau par les agents atmosphériques ?

L'étude de la configuration du sol, en ce lieu, et de la nature des matériaux qui constituent le terrain détritique suffit, il me semble, pour répondre à cette question.

Le Moulin-Quignon n'est pas au bas d'un coteau plus ou moins élevé ; il est à l'extrémité occidentale du plateau qui domine la ville à l'est. Ce plateau va, il est vrai, en s'élevant mais en pente tellement douce, qu'on ne saurait en vérité admettre que les orages, les gelées ou les neiges y puissent rien entraîner.

D'ailleurs, quels sont les matériaux qui pourraient être entraînés?

Le plateau est formé par la craie qui en constitue la presque totalité, et qui n'est recouverte que par un dépôt de transport très-peu épais, uniquement composé de silex brisés, empâtés dans une terre argileuse rougeâtre.

Or, le dépôt erratique exploité renferme de gros blocs de grès tertiaire, et quantité de ces petits galets noirs, arrondis comme des dragées, dont la position originaire, à la base du terrain tertiaire inférieur, est bien connue.

Le plateau de Moulin-Quignon ne contient rien d'analogue, pas plus qu'il n'offre de ces sables, dont ma précédente Note signale l'existence au milieu du dépôt erratique en litige.

La cause, quelle qu'elle soit, qui a mélangé ces grès et ces galets du terrain tertiaire inférieur avec les silex et l'argile rouge compacte pour en constituer le terrain de Moulin-Quignon, cette cause a arraché ces débris, soit à des lambeaux de terrain tertiaire alors en place et qui n'existent plus, soit au diluvium inférieur qui en contient de semblables, et qui existe dans le voisinage, à la porte Mercadé et à Menchecourt, mais à un niveau bien inférieur. Cette cause est donc toute autre que celle assignée par M. Élie de Beaumont. Elle rentre exclusivement, par la nature de ses effets, dans le domaine de la période quaternaire ou diluvienne.

Deuxième point. — J'ai dit que l'existence de l'homme, au moment des dépôts qui constituent dans le nord de la France le commencement de la période quaternaire, me semblait un point complétement acquis à la science. Cette doctrine est aujourd'hui enseignée ouvertement, et un membre de l'Académie, qu'on peut compter parmi les géologues qui ont le plus fait pour élucider l'histoire de la période quaternaire, la professe au Muséum.

Cependant M. Élie de Beaumont déclare que ce n'est pas son opinion, et, en présence d'une affirmation aussi nette et partant de si haut, il m'a paru qu'il était de mon devoir de motiver mes conclusions. Je puis le faire avec d'autant plus de liberté, que ces conclusions ne résultent pas de mes propres recherches, mais de celles des savants qui se sont occupés de la question, en France et en Angleterre.

De tous les faits cités sur des points aujourd'hui si nombreux, je n'en retiens qu'un seul, Saint-Acheul.

1° Le terrain de transport de Saint-Acheul est-il du *diluvium?*

Tous les géologues ont été de cet avis, je ne connais pas encore d'exception à cette opinion que je partage complétement. Ce terrain, si riche en ossements d'*Elephas primigenius*, *Rhinoceros tichorhinus*, etc., est du diluvium *ancien*.

2° Les silex taillés qu'on y trouve sont-ils des œuvres de l'industrie humaine? Cela est de la dernière évidence.

3° Se trouvent-ils dans le même dépôt que les ossements?

Est-il permis d'en douter en face des constatations faites par MM. Prestwich, Gaudry, Desnoyers, et tant d'autres observateurs distingués? Ces constatations ont été soumises au jugement de l'Académie, elles n'ont soulevé aucune contradiction.

4° Les débris de l'industrie humaine ont-ils été enfouis en même temps que ceux des espèces perdues?

Cette question, le point capital du débat, a été résolue affirmativement par tous ceux qui ont visité ces gisements. Le dépôt, qui renferme ces débris, étant recouvert par des assises diluviennes plus récentes, quoique antérieures au dernier creusement des vallées, leur intégrité et l'impossibilité de tout mélange postérieur sont, par cela même, démontrées.

S'il en est ainsi, y a-t-il moyen d'hésiter, et ne devons-nous pas considérer l'existence de l'homme pendant la période quaternaire comme l'un des faits aujourd'hui les mieux constatés?

VIII. SUR LE DILUVIUM DE SAINT-ACHEUL ET LE TERRAIN DE MOULIN-QUIGNON

PAR

M. SCIPION GRAS

(8 juin 1863.)

Dans une Note que l'on vient de lire, M. Hébert a dit que tous ceux qui ont visité Saint-Acheul avaient résolu affirmativement la question de savoir si les débris de l'industrie humaine trouvés dans le diluvium de cette localité y avaient été enfouis en même temps que ceux des espèces perdues. Je crois devoir réclamer contre cette assertion : elle suppose une unanimité qui n'existe pas. En ce qui me concerne, après avoir étudié avec beaucoup de soin le diluvium de Saint-Acheul, il m'est resté la conviction que ce terrain avait pu être fouillé à une époque très-ancienne pour l'exploitation des silex destinés à être taillés, et que ces fouilles ayant probablement consisté en galeries de petites dimensions, depuis longtemps éboulées, les traces du remaniement avaient dû s'effacer. Mon opinion motivée a été insérée dans les *Comptes rendus de l'Académie des sciences*, 1862, t. LIV, p. 1126.

Quant au terrain de Moulin-Quignon, il me paraît également possible qu'il ait été fouillé. Le défaut d'usure de la mâchoire trouvée au milieu de cailloux très-durs, tous plus ou moins roulés ou tout au moins émoussés, est un fait d'une grande importance sur lequel on a passé trop légèrement. Il est suffisant, à mon avis, pour faire douter que ce soit un courant diluvien qui ait transporté et enfoui ce débris humain là où il a été découvert.

IX. DILUVIUM DE LA VALLÉE DE LA SOMME

NOTE

DE

M. F. GARRIGOU

(1er juin 1865.)

A Abbeville, la série complète des terrains reposant sur la craie peut être indiquée comme il suit, en partant du sommet des coteaux et descendant dans la vallée :

1° Dépôt des plateaux élevés, probablement tertiaires ;

2° Alluvions du sommet des coteaux qui longent la Somme, les plus anciennes de l'époque quaternaire ;

3° Alluvions du milieu des coteaux, plus récentes que les précédentes ;

4° Tourbe et alluvions modernes dans les bas-fonds des vallées.

Les dépôts tertiaires qui occupent une immense surface des plateaux supérieurs reposent directement sur la craie. Ce sont ces dépôts qui, sur la carte géologique de France, ont été marqués, avec raison sans doute, comme appartenant à l'étage miocène.

Les dépôts les plus anciens de l'époque quaternaire que l'on rencontre sur les coteaux d'Abbeville sont ceux de Moulin-Quignon et de Saint-Gilles, sur la rive droite de la Somme ; à ces dépôts en correspondent d'autres semblables du côté opposé de la vallée.

A Saint-Gilles le terrain quaternaire n'existe que par lambeaux assez faibles, souvent même il n'y est qu'à l'état rudimentaire. Si l'on veut l'étudier avec quelque fruit, c'est à Moulin-Quignon qu'il faut se transporter. Voici la coupe que l'on peut prendre actuellement dans la carrière de M. Denjean :

1° Terre végétale, 0m,40 ;

2° Loess, composé par le loess lui-même, mélangé à des

silex anguleux et quelquefois à des silex roulés, ayant une légère couleur ocreuse, 1m,30 ;

3° Couche argilo-sableuse quelquefois assez dure, légèrement brune, 0m,05 ;

4° Alternances de sable gris et rouge, avec débris de silex non anguleux, quelquefois assez développés, 0m,10 ;

5° Couche de sable argileux assez fortement cimenté pour être brisé avec effort assez violent, 0m,40 ;

6° Conglomérat gris, avec silex de toute dimension, dont quelques-uns sont incomplétement roulés, 0m,40 ;

7° Conglomérat rouge ocreux, avec silex mieux roulés, mais assez difficile à distinguer au premier coup d'œil du précédent quant aux silex roulés ; épaisseur variable, quelquefois 1 mètre ;

8° Couches argilo-sableuses dont la supérieure est rouge et l'inférieur jaune et quelquefois grise, 0m,06 environ ;

9° Conglomérat rouge avec des silex incomplétement roulés et sub-anguleux, contenant par places la couche noire où a été découverte la mâchoire humaine ;

10° Craie.

Disons-le tout de suite, l'étude très-attentive de cette couche et de celle de Saint-Acheul à Amiens, ainsi que la comparaison de toutes les coupes de ces deux couches données jusqu'ici, m'avait fait penser que Moulin-Quignon et Saint-Acheul, occupant le sommet des coteaux à Abbeville et à Amiens, étaient des couches exactement semblables. Je trouvais seulement à Moulin-Quignon les couches supérieures de Saint-Acheul représentées à l'état rudimentaire, tandis que les couches inférieures avaient autant de développement dans l'une que dans l'autre localité. Je crois que tout géologue qui étudiera minutieusement ces couches ne pourra pas s'empêcher d'admettre l'exactitude de ce rapprochement.

Ce sont les couches 6, 7 et 9 qui ont fourni les silex supposés taillés de main d'homme, et les ossements de mammouth et de rhinocéros.

Au-dessous des couches de Moulin-Quignon, en descendant

le coteau, nous en trouvons de plus récentes, telles que celles de Menchecourt, contenant aussi des silex taillés et des ossements d'animaux d'espèces éteintes. Mais les bancs diluviens de Menchecourt présentent une alternance de dépôts marins et de dépôts d'eau douce, ce qui n'existait pas pour Moulin-Quignon, où tout est d'eau douce.

Enfin, dans le fond de la vallée existent les alluvions actuelles de la Somme et les tourbières qui, par les fragments qu'elles contiennent, sont bien contemporaines et de formation récente.

II

L'HOMME FOSSILE AUX ENVIRONS DE CHARTRES

NOTE SUR DES INDICES MATÉRIELS DE LA COEXISTENCE DE L'HOMME AVEC L'*ELEPHAS MERIDIONALIS* DANS UN TERRAIN DES ENVIRONS DE CHARTRES, PLUS ANCIEN QUE LES TERRAINS DE TRANSPORT QUATERNAIRES DES VALLÉES DE LA SOMME ET DE LA SEINE

PAR

J. DESNOYERS

MEMBRE DE L'INSTITUT (ACADÉMIE DES INSCRIPTIONS ET BELLES-LETTRES)

(8 juin 1863.)

Les paléontologistes et les géologues s'accordent aujourd'hui, depuis les savants travaux publiés récemment par M. Falconer et par M. Lartet sur les *Proboscidiens* fossiles, à reconnaître que parmi les espèces d'Éléphants dont les ossements ont été découverts en si grande abondance dans les terrains de transport, trois au moins, parfaitement distinctes par leurs dents et d'autres parties de leurs squelettes, caractérisent, en général, autant d'étages différents.

L'*Elephas primigenius* (Blum.), ou Mammouth de Sibérie, celui auquel on a longtemps rapporté, comme l'avait fait

Cuvier lui-même, presque tous les débris se rapprochant plus ou moins de l'espèce d'Éléphant vivant aujourd'hui dans l'Inde, est le plus anciennement connu, le plus communément répandu dans tous les terrains quaternaires ou terrains de transport diluviens de l'Asie aussi bien que de l'Europe. Il s'y rencontre surtout dans les dépôts supérieurs et moyens, soit dans les vallées, soit dans les cavernes, avec le *Rhinoceros tichorinus* (Cuv.), une espèce d'Hippopotame, l'Aurochs, le Cheval (*Equus fossilis*), le grand Cerf *Megaceros*, le Renne, plusieurs Cerfs, de grands carnassiers, tels que l'*Hyæna spelæa*, l'*Ursus spelæus*, et d'autres, ainsi que plusieurs autres espèces de Mammifères.

L'*Elephas antiquus* (Falconer), beaucoup moins connu, se trouve tantôt seul, tantôt réuni à l'*Elephas primigenius*, soit dans les mêmes dépôts, soit dans les dépôts moyens, soit surtout dans les dépôts plus anciens de ces mêmes terrains quaternaires; on en a constaté depuis peu d'années d'assez nombreux exemples en France, en Angleterre et en Italie. Cette même espèce s'est aussi trouvée, mais plus rarement, avec l'*Elephas meridionalis* (Val d'Arno, en Toscane, *forest-bed* de Cromer en Norfolk) ; elle forme en quelque sorte, au double point de vue géologique et zoologique, un intermédiaire entre les deux autres espèces d'Éléphants.

L'*Elephas meridionalis*, signalé depuis longtemps par Nesti comme l'un des grands Mammifères les plus caractéristiques du célèbre dépôt d'ossements fossiles du Val d'Arno, s'y trouve avec le *Rhinoceros leptorhinus* (Cuv.), l'*Hippopotamus major*, et d'autres espèces de Mammifères distinctes de presque toutes celles des terrains quaternaires. Les géologues sont d'accord pour rapporter ce riche dépôt au terrain tertiaire supérieur ou *pliocène*, et partout où l'on a retrouvé les mêmes espèces, soit en Italie (Piémont, Lombardie, environs de Rome), soit en France (Auvergne, Bourbonnais, Bresse, Bourgogne et bassin du Rhône), soit en Angleterre (*forest-bed* et *crag* ossifère? du Norfolk), on leur a assigné le même âge.

D'un autre côté, on s'accorde aussi à reconnaître trois sortes de vestiges ou indices principaux de la coexistence de l'homme avec les animaux d'espèces détruites, savoir :

1° Les ossements humains eux-mêmes ;

2° Les objets de l'industrie humaine et surtout les instruments de pierre, enfouis dans les mêmes couches qui contiennent les débris des grands Mammifères ;

3° Enfin les traces de la main de l'homme sur ces ossements.

Cette dernière sorte de témoignage offre une valeur peut-être supérieure aux deux autres, puisqu'elle réunit l'action de l'homme et l'indication de l'espèce. C'est ce qu'ont très-bien montré, par de nombreux exemples, les observateurs qui, depuis de longues années, ont signalé dans les cavernes ces sortes d'ossements travaillés. C'est un fait sur lequel M. Lartet a plus particulièrement et plus directement appelé l'attention des géologues pour les cavernes des Pyrénées et pour les ossements des terrains de transport des vallées de la Seine et de la Somme.

Or, si l'on peut démontrer que cette dernière sorte d'indices de la coexistence de l'homme et des Mammifères éteints se rencontre sur des ossements de l'*Elephas meridionalis* et d'autres espèces de Mammifères des mêmes gisements, d'époque relativement ancienne, les incertitudes qui peuvent encore exister sur la contemporanéité de l'homme avec l'*Elephas primigenius*, l'espèce la plus récente des Éléphants fossiles, dans les terrains quaternaires, perdraient, ce me semble, une grande partie de leur valeur.

C'est un fait de ce genre que je vais avoir l'honneur de communiquer à l'Académie, sans aucune idée préconçue ou systématique, car plusieurs fois, depuis trente ans [1], j'ai essayé de montrer à combien d'erreurs pouvait entraîner la

[1] Rapport lu en février 1832 sur les travaux de la Société géologique de France, dont j'étais alors secrétaire ; — *Recherches sur les cavernes*, article publié en 1845 au mot Grottes dans le *Dictionnaire universel d'histoire naturelle* de M. Ch. d'Orbigny.

constatation des mélanges de vestiges humains avec les ossements d'espèces perdues, enfouis dans les cavernes, et quelle réserve exigeait l'admission de ces faits contraires à des opinions anciennes et généralement admises autrefois.

Vers le milieu du mois d'avril dernier, je visitais aux environs de Chartres, dans la vallée et sur la rive gauche de l'Eure, les sablonnières de Saint-Prest, très-connues des géologues comme le gisement le plus remarquable, le seul même connu jusqu'ici dans l'ouest de la France, d'ossements d'*Elephas meridionalis* réunis à des débris de *Rhinoceros leptorhinus*, d'*Hippopotamus major*, de plusieurs grandes espèces de Cerf, de grand Bœuf, de Cheval semblable à celui du Val d'Arno, et d'autres mammifères détruits qu'on s'accorde à reconnaître comme exclusivement propres à l'étage supérieur du terrain tertiaire *pliocène*.

Le nombre des ossements découverts depuis quinze ans dans cette localité est tellement considérable, qu'on peut estimer à plus de vingt individus le nombre des Éléphants, seulement, tous de la même espèce (*Elephas meridionalis*), dont les dents ou d'autres parties du squelette ont été conservées.

Signalé pour la première fois en 1848, par feu M. de Boisvillette, alors ingénieur en chef des ponts et chaussées du département d'Eure-et-Loir, qui, le premier, en réunit le plus grand nombre d'ossements d'espèces diverses, ce gisement a été décrit en 1860 et en 1862, dans le *Bulletin de la Société géologique*, par M. Laugel, alors ingénieur des mines pour le même département, qui en fit connaître les principales espèces, avec le concours de M. Lartet. Ce fut surtout d'après la détermination et l'opinion de ces deux savants et l'examen que M. Falconer fit aussi d'une partie de ces débris, que le rapport du gisement de Saint-Prest avec les terrains *pliocènes* a été généralement admis par tous les géologues qui l'ont cité depuis [1].

(1) « L'ensemble de cette faune, dit M. Laugel, a le caractère éminemment pliocène. » (*Bull. de la Soc. géolog.*, t. XIX, p. 717, séance du 7 avril 1862.)

Ce dépôt est un dépôt de transport, d'aspect fluviatile, comme celui du val d'Arno, avec lequel il offre tant d'analogie ([1]), comme le dépôt quaternaire plus moderne des vallées de la Somme et de la Seine, comme le dépôt tertiaire miocène plus ancien des graviers à Mastodontes de l'Orléanais, qui est contemporain des faluns marins de la Loire ([2]). Il est composé de sables diversement colorés, tantôt ferrugineux, tantôt blancs, purs ou mêlés d'argile, et de graviers de silex de la craie brisés et émoussés sur les angles, avec quelques blocs de grès tertiaires (*ladères* du pays Chartrain).

Les sables en forment la partie moyenne et inférieure, les graviers s'y trouvent entremêlés ; les uns et les autres s'y présentent en lits ondulés et en amas alternatifs très-irrégulièrement répétés et diversement inclinés, dans une épaisseur de 12 à 15 mètres, au moins. Ces sables et graviers sont recouverts par un épais dépôt de *loess* et de terrain de transport plus récent ; ils sont superposés et adossés à la craie dont ils remplissent les anfractuosités et dont ils ne sont séparés, à leur base, que par un lit de gros silex qui peuvent représenter une partie de l'argile à silex du Perche.

Ce dépôt ne peut être, en aucune façon, confondu avec le terrain de transport moderne de la vallée de l'Eure, beaucoup inférieur et plus rapproché de la rivière, et dont les sables de Saint-Prest, plus élevés de 25 à 30 mètres, sont complétements indépendants.

Le terrain sableux de Saint-Prest occupe à la surface de la

([1]) J'ai remarqué des indices ayant beaucoup de rapport avec ceux des os de Saint-Prest, sur d'autres os des mêmes mammifères provenant du Val d'Arno et conservés dans la collection de M. le duc de Luynes. Ce gisement célèbre a été très-bien décrit, après Targioni, Breislak, Brocchi et Nesti, par M. Bertrand-Geslin en 1833 et par M. le marquis Strozzi en 1858.

([2]) Ce fut surtout par l'étude comparative des débris de mammifères des graviers de l'Orléanais avec ceux des faluns que j'essayai, en 1828, de démontrer la contemporanéité de ces deux terrains si différents, l'un fluviatile et continental, l'autre marin et littoral ; cette contemporanéité a été admise depuis par tous les géologues. (Observations sur un ensemble de dépôts marins plus récents que les terrains tertiaires du bassin de la Seine, *Annales des Sciences naturelles*, février et mars 1829.)

craie, dans le département d'Eure-et-Loir, une étendue qui n'est connue que fort imparfaitement, car des ossements analogues n'ont encore été découverts sur aucun autre point. Le calcaire d'eau douce de la Beauce, qui forme les plaines au sud et à l'est, sur la rive droite de la vallée de l'Eure, est certainement plus ancien que les sables de Saint-Prest ; il est même recouvert çà et là par quelques lambeaux d'autres sables et graviers qui paraissent plutôt correspondre aux dépôts miocènes fluviatiles de l'Orléanais. On sait que le diluvium proprement dit paraît manquer sur les plaines calcaires de la Beauce ; mais on le retrouve un peu plus au nord, dans cette même vallée de l'Eure, vers Dreux et Ivry, avec des débris d'*Elephas primigenius*.

Lorsque je visitai la sablonnière de Saint-Prest, les ouvriers venaient d'y découvrir quelques ossements, dont une partie était encore engagée dans le sable sous plusieurs lits de graviers, et à 10 mètres environ au-dessous de la terre végétale. Leur gisement ne pouvait laisser la moindre incertitude : aucun puits naturel de dépôts de transport plus modernes ne se voyait dans le voisinage, et les ossements occupaient l'un des deux niveaux où l'on avait constamment découvert depuis quinze ans ceux d'Éléphants et d'autres grands mammifères. Les os découverts en ma présence et que je pus recueillir étaient surtout de Rhinocéros ; le mieux conservé était une moitié de tibia ; je me procurai aussi quelques dents d'Hippopotame et d'Éléphant, ainsi que la base d'un bois de grand Cerf, trouvés peu de temps auparavant.

Je fus frappé, en dégageant en partie le tibia de Rhinocéros du sable qui le recouvrait, d'y voir apparaître des stries variant de forme, de profondeur et de longueur, qui ne pouvaient être le résultat de cassures ou de dessiccation, qu'on y remarquait aussi, car elles leur étaient évidemment antérieures, coupaient l'os dans le sens de sa largeur et passaient même par-dessus ses arêtes, en en suivant les contours. Ces stries ou traces d'incisions, très-nettes, quelques-unes très-fines et très-lisses, les autres plus larges et plus obtuses, et comme si elles avaient été produites par des lames tranchantes ou dentelées de silex, étaient accompagnées de petites incisions ou entailles elliptiques, nettement limitées, comme les aurait produites le choc d'un instrument aigu.

Des dendrites ferrugineuses et le sable recouvraient une grande partie de ces cavités et stries qui, d'ailleurs, étaient presque toutes un peu usées, par suite du frottement et du roulis que la plupart des os et des dents avaient subis, sans doute avant et pendant leur enfouissement.

Je me rappelai aussitôt les incisions analogues, parfaitement constatées sur des os de Mammifères fossiles des cavernes, des terrains de transport, des tourbières et même des dépôts infiniment plus modernes d'établissements ou de tombeaux gaulois, gallo-romains et germaniques.

L'analogie me paraissait évidente. Mais, craignant d'embarrasser la science d'un fait incomplétement observé, j'attendis pour le faire connaître d'avoir vérifié s'il ne se rencontrerait point de semblables indices sur d'autres ossements recueillis plus anciennement à Saint-Prest.

Je savais qu'il existait plusieurs collections de ces ossements : la première avait été formée à Chartres par M. de Boisvillette ; les objets les plus précieux en avaient été donnés par lui à l'École des mines ; une autre collection existait au Musée de cette même ville, et une quatrième, plus riche encore que les précédentes, avait été recueillie de 1849 à 1855, pour le beau Musée d'histoire naturelle que M. le duc de Luynes a formé dans son magnifique château de Dampierre, par un naturaliste instruit et modeste, M. Gory, digne de toute l'estime que lui montre ce savant et illustre académicien.

Connaissant la part que mon ami, M. Lartet, avait prise à la première détermination des ossements fossiles de Saint-Prest, et sachant qu'il se proposait d'en compléter les descriptions spécifiques dans un travail qu'il publiera prochainement, je lui confiai ma petite découverte et je lui demandai de vouloir bien m'accompagner dans l'examen que je désirais faire de ces collections ; ce qui a eu lieu en effet. M. le duc de Luynes nous a accueillis au château de Dampierre avec sa bienveillance habituelle; les collections de M. de Boisvillette nous ont été très-obligeamment communiquées par son fils; celles du Musée de Chartres, de l'École des mines et du Muséum d'histoire naturelle nous ont été aussi ouvertes avec le même empressement. J'ai pu alors vérifier, successivement, avec une surprise de plus en plus grande, que le fait isolé, dont les premiers indices m'avaient frappé dans la carrière de Saint-Prest et dont je cherchais le contrôle, était pleinement confirmé par l'examen attentif et scrupuleux que je fis de tous les ossements recueillis depuis plusieurs années, sans aucune vue systématique, dans ces précieuses collections; pendant que M. Lartet étudiait, de son côté, les caractères des espèces. Ma conviction s'accrut alors progressivement, avec la surprise qu'un fait aussi évident, quelle qu'en soit la cause, eût échappé jusqu'ici à l'attention des observateurs.

L'examen de plus d'une centaine d'ossements, dont plusieurs ont un mètre de longueur, m'a démontré que les entailles, que les traces d'incisions, d'excoriation ou de choc, que les stries transversales, rectilignes, ou sinueuses, ou elliptiques, plus aiguës à une extrémité qu'à l'autre, tantôt polies, tantôt subdivisées en plusieurs stries plus fines occupant la cavité des premières; en un mot, que des traces tout à fait analogues à celles que produiraient des outils de silex tranchants, à pointe plus ou moins aiguë, à bords plus ou moins dentelés, se voyaient sur la plupart de ces ossements. On pouvait aussi apercevoir sur quelques-uns, et particulièrement sur une portion de crâne d'Éléphant appartenant au Muséum d'histoire naturelle de Paris, qui ne possède presque aucun autre ossement fossile de ce gisement, les traces de flèches qui sembleraient avoir glissé sur la matière osseuse, après avoir traversé la peau et les chairs; on y peut même distinguer la cavité triangulaire aiguë laissée par la pointe, et des entailles latérales produites par les dentelures d'une flèche de silex ou d'os ([1]).

([1]) Toutes ces marques sont parfaitement distinctes de celles qu'auraient pu

Les mammifères dont les ossements présentent ces différents vestiges sont : l'Éléphant (*Eleph. merid.*), le Rhinocéros (*Rh. leptorhinus*), l'Hippopotame (*Hipp. major*), plusieurs espèces de Cerfs, dont deux de très-grande taille (*Megaceros Carnutorum*, Laugel), un grand Bœuf et un autre de plus petite espèce.

Les crânes de ces espèces de grands Cerfs, dont j'ai vu plusieurs échantillons dans les collections, présentent tous une particularité des plus remarquables. Ils paraissent avoir été brisés, près du point d'insertion des deux bois, par un coup violent donné sur l'os frontal, vers leur naissance, ainsi que M. Steenstrup l'a remarqué sur d'autres crânes fossiles de ruminants plus nouveaux et comme le font encore certains peuples du Nord. La base de ces bois porte aussi des traces dirigées latéralement et de haut en bas, analogues à celles qu'aurait laissées un outil tranchant, en en enlevant les chairs et en en détachant les tendons. Les bois séparés sont brisés de la même façon, la plupart à peu de distance de la couronne. Quand ces portions de bois, inférieures à la couronne, sont isolées, elles sont uniformément cassées et rappellent des fragments de bois de cerf destinés à emmancher des instruments de silex, comme on en a trouvé quelques-uns dans des dépôts beaucoup plus modernes, surtout dans les tourbières de Picardie et dans les habitations lacustres de la Suisse. Un de ces bois de cerf du Musée de Chartres et un autre de l'École des Mines montrent les incisions les moins contestables. J'ai aussi observé, mais plus rarement, des os de ruminants brisés en long ou en travers, dans le but présumé d'en retirer la moelle, comme on en a tant signalé dans les cavernes ou dans les tertres littoraux du Danemark.

Les os les plus remarquables, portant des traces d'incisions transversales de différentes profondeurs, sont des os longs d'Éléphant (cubitus, humérus, radius et fémur) de la collec-

laisser des dents de carnassiers, ou des vermiculations sinueuses très-bien décrites par M. Deslongchamps sur des os du diluvium de Normandie, ou le frottement des galets.

tion de M. le duc de Luynes et de celle de l'École des Mines. Les os de Rhinocéros qui m'ont présenté ce caractère sont moins nombreux, cependant j'en possède un parfaitement marqué, et il en existe au moins cinq dans ces deux collections. On voit, dans la collection de M. le duc de Luynes, plusieurs os d'Hippopotame, surtout un métatarse, finement sillonné, dans tous les sens, de stries très-vives que je serais disposé à rapporter moins à l'action de l'homme qu'à une autre cause dont je vais parler.

En effet, à côté de ces empreintes, qui pour la plupart semblent bien indiquer la main de l'homme, on en voit d'autres auxquelles je n'ose attribuer la même origine. Ce sont des stries d'une très-grande finesse, d'une grande précision, se prolongeant dans une longueur de plusieurs centimètres et entre-croisées par d'autres stries non moins nettes et non moins régulières. La vue de ces stries et de ces surfaces qu'on dirait avoir été régulièrement polies avec du sable, et qu'on s'expliquerait très-difficilement si on les attribuait comme les autres à la main humaine, m'a rappelé tout à fait les stries causées par les blocs de glace remplis, à leur base, de grains de quartz et ayant glissé soit dans les glaciers actuels, soit sur l'emplacement d'anciens glaciers, au-dessus de roches ou de galets qui ont été polis et et burinés, par leur mouvement tantôt rapide, tantôt lent, mais presque toujours régulièrement prolongé, soit aussi par l'effet de glaces flottantes (1).

(1) Ces stries des galets et des roches, dues au phénomène glaciaire, ont été parfaitement décrites, surtout par MM. Agassiz, Daubrée, Durocher, Martins, Desör, Dollfus, Hogard, et dans les mémoires de M. Collomb sur les glaciers anciens et modernes. Ce dernier géologue, s'appuyant sur l'étude du bassin du Rhin et des Vosges, avait aussi émis l'opinion qu'une partie des terrains quaternaires, contenant les débris de l'*Elephas primigenius*, pouvait bien être antérieure à la période glaciaire. (*De l'Ancienneté de l'homme*, 1861.) M. Desör a combattu cette théorie. L'opinion la plus générale des géologues, surtout en Angleterre, place la principale et la plus ancienne période des glaces qui auraient recouvert l'Europe, entre les dépôts avec *Elephas primigenius* et les dépôts avec *Elephas meridionalis*. M. d'Archiac a parfaitement exposé, soit dans son excellente *Histoire des Progrès de la Géologie*, t. II, soit dans son cours de paléontologie au Muséum, ces différentes périodes des terrains quaternaires.

Cette explication, qui ne saurait convenir aux autres entailles dont j'ai fait mention, serait peut-être d'autant plus acceptable que, suivant l'opinion à peu près unanime des géologues, opinion développée surtout par M. Lyell dans son ouvrage récent sur l'ancienneté de l'homme [1], l'*Elephas meridionalis* et les grandes espèces qui l'accompagnent seraient antérieurs à la période glaciaire la plus ancienne, celle qui a précédé et accompagné les transports des blocs erratiques, et la formation des terrains nommés *diluviens*, et qui aurait sans doute le plus contribué à la destruction des grands mammifères vivant alors sur le sol de l'Europe.

La conséquence qu'on pourrait tirer de cette coïncidence effrayerait sans doute beaucoup l'imagination, si l'on acceptait avec confiance les estimations de dates presentées avec plus ou moins de vraisemblance, pour cette période, par les géologues les plus renommés, qui, comme MM. Agassiz, Darwin, Vogt, et surtout M. Lyell, portent leurs calculs au delà de cent mille ans. Mais la base de leurs raisonnements est trop incertaine pour qu'il soit possible d'y attacher plus de valeur qu'on ne ferait à des hypothèses tout à fait gratuites et plus ou moins ingénieuses.

Néanmoins, les indices de l'existence de l'homme fournis par le gisement de Saint-Prest seraient les plus anciens, selon l'état actuel des observations géologiques. Les débris humains, signalés depuis plusieurs années par MM. Aymard et Robert dans une brèche volcanique des environs de Denise en Velay, et qui ont suscité tant de doutes et de contradictions, ont été quelque temps considérés comme *pliocènes*, et par conséquent auraient pu être presque aussi anciens que les ossements de Saint-Prest. Mais, même en ayant égard aux espèces de mammifères dont on a trouvé les débris dans les portions de cette brèche dont l'âge est bien certain, on ne remonterait qu'à la période de l'*Elephas primigenius*, tandis que la faune de l'*Elephas meridionalis* et des autres espèces

(1) *L'Ancienneté de l'homme*, p. 136. Paris, 1864.

qui offrent d'assez grands rapports avec celles de Chartres est antérieure en Auvergne, comme dans les autres pays.

Quelques découvertes nouvelles qu'on puisse ajouter, même pour des époques beaucoup plus anciennes, à celles que M. Boucher de Perthes poursuit avec tant de dévouement depuis nombre d'années, il serait injuste de ne pas toujours tenir compte de sa persévérante sagacité et de sa lutte infatigable contre les doutes et les objections. Il ne serait pas moins injuste de ne pas reconnaître que, dès 1823, M. Boué signala dans le loess du Rhin des débris de squelettes humains, qu'avant 1830 MM. Tournal, de Christol, Dumas, pour les cavernes du midi de la France, et surtout en 1833 M. Schmerling pour celles de la province de Liége, ont fait connaître avec précision des mélanges de vestiges humains et d'espèces éteintes de mammifères; que, vers le même temps, M. Jouannet et M. Delpon signalèrent des mélanges analogues, mais probablement plus modernes, dans les cavernes de la Dordogne et du Lot. Plus récemment, les observations se sont tellement multipliées, avec un plus grand degré de précision, qu'on peut regarder comme définitivement acquis à la science les faits constatés dans les cavernes des Pyrénées par MM. Lartet [1], Fontan, Alphonse Milne-Edwards, Filhol, Garrigou, et dans les terrains erratiques de cette contrée par M. Noulet; dans les cavernes du Vivarais, par M. Delbos; dans celles du Châtillonnais, par M. Baudouin; dans celle d'Arcy, par M. de Vibraye; dans la Loire, par le même observateur et par M. l'abbé Bourgeois; dans la Seine, par M. Gosse et plusieurs autres observateurs; dans l'Aisne, par M. de Saint-Marceaux et par M. Melleville; en Italie, par MM. Gastaldi, Forel, Capellini; en Sicile, par M. le baron Anca et par M. Falconer; en Angleterre surtout, soit dans les cavernes, soit dans les terrains diluviens, par MM. Prestwich, Falconer, Evans,

[1] C'est dans le travail de M. Lartet, *Sur la coexistence de l'homme et des grands mammifères* (*Annales des Sciences naturelles*, t. XV), que les faits ont été présentés avec le plus de détails précis.

G. Austen et d'autres géologues distingués. On connaît les observations multipliées et précises dont les mélanges d'Amiens et d'Abbeville ont été le sujet depuis quelques années. La plus grande partie de ces témoignages a été réunie et discutée tout récemment par M. Lyell dans son intéressant ouvrage (¹). M. Pictet (²), et depuis, ainsi que M. Gervais dans sa *Paléontologie française*, ont aussi résumé les faits principaux concernant l'homme fossile (³).

Plus je me suis efforcé autrefois d'exciter le doute et de tenir en garde contre l'interprétation prématurée de faits qui ne me semblaient point encore offrir toute la certitude désirable, plus je me fais aujourd'hui un devoir de reconnaître, après le contrôle fourni par tant d'observations isolées, recueillies de sources si différentes et sans idées préconçues, que la contemporanéité de l'homme et de plusieurs périodes de grands mammifères détruits, en Europe, offre la plus grande probabilité, pour ne pas dire une certitude complète.

Il serait bien désirable que des faits aussi universellement constatés et admis le fussent aussi par un savant dont l'opinion, appuyée sur une longue expérience et tant d'importants travaux, exerce à juste titre la plus grande influence (⁴).

Je résumerai en quelques mots les résultats de l'observa-

(¹) *L'Ancienneté de l'homme prouvée par la géologie*. Paris, 1864.

(²) *Traité de Paléontologie*, 2e édit., Paris, 1853, t. I, p. 145.

(³) Voir pour les débris humains de l'âge de pierre, plus nouveaux que les terrains quaternaires : en Danemark, les mémoires de MM. Thomsen, Worsäae, Steenstrup, Nillson, Lubbock (mémoire traduit en 1861 par M. Alph. Milne-Edwards), et sur les anciennes habitations lacustres de Suisse, recherches de MM. Keller, Troyon, Morlot, Rütimeyer.

(⁴) On remarquera peut-être que j'ai évité de parler, dans cette note, de la découverte récente de la mâchoire humaine de Moulin-Quignon, qui a eu un si grand retentissement des deux côtés de la Manche, et aussi à l'Académie des sciences ; je l'ai fait à dessein, désirant laisser à chacun des deux faits sa valeur isolée. Mais je me reprocherais de ne pas au moins rappeler, en finissant, la part de lumière et de véritable critique scientifique que mes savants confrères, MM. de Quatrefages et Milne-Edwards, ont apportée dans ce débat, où la recherche de la vérité a été le but unique des observateurs réunis pour discuter les éléments de cette découverte, dont l'authenticité et le gisement quaternaire paraissent bien incontestables.

tion que j'ai eu l'honneur de communiquer à l'Académie des sciences :

1° Des ossements fossiles d'*Elephas meridionalis*, de *Rhinoceros leptorhinus*, d'*Hippopotamus major*, de plusieurs grands et petits Cerfs, de plusieurs espèces de Bœuf, et d'autres espèces de mammifères, considérées comme caractéristiques des terrains tertiaires supérieurs ou *pliocènes*, et découverts dans un dépôt non remanié de cette période géologique, portent des traces nombreuses et incontestables d'incisions, de stries, de coupures.

2° Ces entailles et ces stries sont parfaitement analogues à celles qui ont été observées sur des os fossiles d'autres espèces plus nouvelles de Mammifères, les unes détruites et accompagnant l'*Elephas primigenius*, le *Rhinoceros tichorhinus*, l'*Hyæna spelæa*, etc., les autres vivant encore aujourd'hui, telles que le Renne, plusieurs Cerfs, l'Aurochs, trouvés dans les cavernes ossifères et dans les terrains de transport ou diluviens. On a reconnu des vestiges semblables sur de nombreux ossements d'espèces actuelles recueillis dans les fouilles d'établissements ou de tombeaux gaulois, gallo-romains, bretons et germaniques.

3° Ces marques constatées sur les ossements les plus anciens paraissent avoir, en très-grande partie, la même origine que celle des ossements plus modernes et ne pouvoir jusqu'ici être attribuées qu'à l'action de l'homme.

4° D'autres stries plus fines, rectilignes, entre-croisées, qui se voient aussi en grand nombre sur les ossements du terrain pliocène des environs de Chartres et d'autres localités, paraissent être analogues à celles qu'on a observées sur les galets et blocs striés, burinés et polis des glaciers anciens et modernes. L'agitation due à des eaux torrentielles aurait difficilement produit un semblable résultat.

5° Le gisement de Saint-Prest, aux environs de Chartres, unanimement reconnu comme tertiaire supérieur ou *pliocène*, et certainement comme antérieur à tous les dépôts quaternaires qui contiennent l'*Elephas primigenius*, présente de nombreux ossements d'*Elephas meridionalis* et de la plupart des grandes espèces caractéristiques des terrains tertiaires supérieurs, sur lesquelles on remarque ces deux sortes d'entailles et de stries.

6° De ces faits il semble possible de conclure, avec une très-grande apparence de probabilité, jusqu'à ce que d'autres explications plus satisfaisantes viennent mieux éclaircir ce double phénomène, que l'homme a vécu sur le sol de la France avant la grande et première période glaciaire, en même temps que l'*Elephas meridionalis* et les autres espèces *pliocènes*, caractéristiques du Val d'Arno en Toscane; qu'il a été en lutte avec ces grands animaux antérieurs à l'*Elephas primigenius* et aux autres mammifères dont on a trouvé les débris mêlés avec les vestiges ou les indices de l'homme dans les terrains de transport ou quaternaires des grandes vallées et des cavernes.

7° Enfin le gisement de Saint-Prest serait jusqu'ici en Europe l'exemple de l'âge le plus ancien, dans les temps géologiques, de la coexistence de l'homme et de mammifères d'espèces éteintes.

III

L'HOMME FOSSILE DANS LE CENTRE DE LA FRANCE

I. LES SILEX OUVRÉS DANS LE DILUVIUM DE LOIR-ET-CHER

PAR

M. DE VIBRAYE

(30 mars 1863.)

Un savant archéologue se préoccupait, il y a quelque vingt ans, de la présence en quelque sorte accidentelle ou si rarement constatée de l'homme, au milieu des nombreux débris des espèces éteintes appartenant, comme le *Rhinoceros ticho-*

rhinus, *Elephas primigenius* et tant d'autres, aux plus récentes révolutions du globe. Il avait supposé qu'on devait au moins en retrouver la notion par la présence d'instruments appartenant, comme chez les peuples celtiques, à des substances en quelque sorte incorruptibles. Ces vestiges sont apparus dans les assises les plus récentes des couches géologiques ; c'est alors que l'*archéogéologie* prit naissance, grâce à M. Boucher de Perthes et à sa louable persévérance.

Une circonstance peut contribuer à rappeler de nouveau l'attention sur cet ordre d'idées, lorsque la générosité du savant dont je viens de mentionner les recherches enrichit le musée de Saint-Germain d'une précieuse collection.

Mais la science ne pouvait demeurer stationnaire, elle a dû généraliser les études. Abbeville, Amiens, Saint-Acheul et Menchecourt ne lui suffisaient plus; un vaste champ d'exploration s'ouvre aujourd'hui devant elle : c'est toute la France, toute l'Europe, tout le monde! On devra fouiller toutes les cavernes, toutes les brèches osseuses, explorer tous les terrains de transport, tous les sables diluviens.

Depuis cinq années je me suis mis à l'œuvre, et j'appelle de tous mes vœux les collaborateurs.

Dans une question de cette importance on ne saurait toutefois précipiter les jugements : il faut se recueillir et classer les idées comme les matériaux avant de hasarder une solution définitive.

Et d'abord, la stratigraphie doit s'appliquer à toutes les recherches dans le sol. L'archéologue fait de la stratigraphie lorsque, relativement aux différents âges historiques, il étudie la superposition des édifices; lorsqu'il retrouve, comme on l'affirme, l'époque des instruments de pierre au-dessous des monuments assyriens; lorsqu'il a pu constater qu'une construction romaine a servi de base à une crypte romane. Il fait encore de la stratigraphie, lorsqu'il interroge l'intégrité d'une couche de terre ou son remaniement afin de déterminer l'emplacement d'une cité, soit même d'une sépulture gallo-romaine, et l'enfouissement des urnes cinéraires

Qu'est-ce à dire? La stratigraphie, qui sert de guide à l'archéologue dans un si grand nombre de circonstances, peut-elle être négligée dans les recherches qui se rattachent intimement à la géologie, sous prétexte que ces recherches seraient exclusivement paléontologiques? La stratigraphie ne doit-elle pas servir, ou tout au moins aider à circonscrire les faunes? C'est pourtant ce qu'on avait oublié de faire jusqu'à nos jours, notamment dans les cavernes à ossements, et c'est pourquoi, sans doute, cette nouvelle branche de la science, la découverte de l'homme ou de ses œuvres, a dû rencontrer tout d'abord un si grand nombre de redoutables dénégations. Dans les cavernes, les couches appartiennent à des âges très-différents, depuis l'ère gallo-romaine où les aborigènes ont été chercher un refuge contre l'invasion des Césars, jusqu'aux âges correspondant aux habitations lacustres, où se retrouve la faune moderne, c'est-à-dire les dépouilles d'animaux analogues à ceux qui vivent encore aujourd'hui sur les lieux; jusqu'aux brèches osseuses, ou diluvium rouge, caractérisé par une faune d'animaux ayant opéré leur migration vers des milieux plus appropriés à leur organisation, comme le renne entre autres exemples; puis enfin jusqu'au diluvium inférieur, où l'homme s'associe, je crois pouvoir l'affirmer par les débris que j'ai recueillis en place, à un certain nombre d'espèces éteintes : *Ursus spelæus*, *Hyæna spelæa*, *Cervus megaceros*, *Rhinoceros tichorhinus*, *Elephas primigenius*, etc. S'associant encore à des espèces existantes, mais ayant déserté nos climats, le renne apparaît de nouveau; on y rencontre encore le bœuf et le cheval. Cette couche inférieure, comme toutes les autres, semble renfermer partout, soit dans les cavernes, soit à la base des sables diluviens, un certain nombre d'instruments plus ou moins grossièrement fabriqués. C'est l'homme qui se dévoile, c'est la pensée qui se matérialise en quelque sorte.

La France est jonchée de débris de pierres façonnées par la main de l'homme; il ne s'agit plus que d'assigner à ces instruments une époque relative, soit historique ou même géologique, lorsqu'on doit appeler de ce nom les âges ayant immédiatement précédé les dernières grandes révolutions du globe et l'extinction des races que la science a qualifiées d'antédiluviennes.

Sur tous les points où les assises géologiques, directement recouvertes par le diluvium, *affleurent*, on retrouvera, j'ose ici l'affirmer, les *silex ouvrés* : c'est ainsi que M. Boucher de Perthes les signale à la surface des formations crétacées qui les empâtent ; entamées elles-mêmes, sans doute, ou corrodées par le passage des grands courants diluviens. Aussi va-t-il beaucoup trop loin lorsqu'il prétend rendre les instruments contemporains des couches crétacées elles-mêmes, évidemment bien antérieures à l'apparition de l'homme à la surface du globe. C'est ainsi que nous retrouvons encore ces mêmes instruments à la surface du *falun* dans le département de Loir-et-Cher, ou reposant sur le calcaire lacustre de la Beauce, suivant que l'un ou l'autre des deux systèmes se montre subordonné directement et sans intermédiaire aux sables diluviens et se présente en affleurement. Lorsque, d'autre part, la faible épaisseur des sables diluviens permet à la charrue de pénétrer jusqu'à la formation géologique sous-jacente, les *instruments* sont ramenés parfois à la surface. Mais un caractère que j'ai d'abord constaté sur les *haches* de Saint-Acheul, puis sur les *silex ouvrés* recueillis dans la brèche osseuse de Vallières (Loir-et-Cher), peut servir à constater leur position primitive ou normale. Je veux parler de surfaces brillantes, polies comme du jaspe ou de l'agate ; quelques points même, polis en *creux*, dénotant, sur ces instruments ou leurs débris, l'énergie d'un frottement, d'une pression sans égale, qu'on doit attribuer, ce me semble, au passage des blocs erratiques et des sables, débris pulvérisés des roches préexistantes.

Je pourrais citer environ douze localités sur la rive gauche de la Loire, où les silex ouvrés se retrouvent en abondance. Nous sommes encore au début de nos explorations en Sologne, et déjà plus de mille instruments de pierre, ou leurs débris, ont été recueillis à Huisseau, Fontaine, Cheverny, Contres, Oisly, Fougères, Sambin, Phage, Thenay, Pontlevoy, Vallières,

Saint-Georges, etc. A Contres, notamment, à 124 mètres d'altitude, on retrouve à la surface des couches faluniennes subordonnées aux sables diluviens, sur les parties déclives d'une colline, aux expositions nord et sud, où les sables diluviens qui forment le couronnement du coteau disparaissent, un dépôt de silex ouvrés qui semble dénoter un emplacement de fabrication. On y rencontre un certain nombre de silex arrondis portant des traces évidentes d'une percussion réitérée, entourés d'éclats de silex analogues en tous points à ces débris qui jonchent le sol aux bords du Cher, autour des ateliers de fabrication des pierres à fusil. C'étaient sans contredit les marteaux remplacés de nos jours par les instruments de fer. A Contres, un certain nombre de ces débris de silex, fendillés, étonnés, craquelés comme les porcelaines de Chine ou du Japon, semblent dénoter l'emploi du feu pour essayer d'attendrir les matières siliceuses; la loupe a permis d'observer, à la surface d'un certain nombre d'échantillons, des incisions microscopiques.

Tous ces faits ne peuvent s'apprécier individuellement; il faut un échange d'observations, d'objections même, avant d'être dûment coordonnés et jugés impartialement et sainement.

Je réclamais des explorateurs, et je voudrais pouvoir ajouter des collaborateurs, quand je me suis permis d'affirmer, au commencement de l'année dernière, que la brèche osseuse de Vallières, exploitée beaucoup trop exclusivement au point de vue paléontologique, devait renfermer des silex ouvrés. Les anciens explorateurs ont nié tout d'abord, puis sont retournés en arrière, puis, en définitive, *ont trouvé*, comme je l'ai fait moi-même. Toutefois, les recherches exclusivement paléontologiques avaient, en quelque sorte et malheureusement, épuisé la brèche de Vallières dès l'année 1849, c'est-à-dire treize années avant l'époque où les recherches *archéogéologiques* ont été comprises et mises en pratique.

Une autre question va surgir : quelques haches sur lesquelles se manifestent des traces, ou, si l'on veut, des essais de polissage, des haches même entièrement polies, appartiendraient-elles au diluvium? On nous le dira sans doute [1]! Ces questions me paraissent trop graves pour être soulevées prématurément. J'avais jugé prudent jusqu'à ce jour de réserver un jugement, afin de le rendre impartial et consciencieux. Une année s'est à peine écoulée depuis que les explorations ont sérieusement commencé dans le département de Loir-et-Cher, et j'apprends qu'en mon absence d'infatigables explorateurs ont été conviés par un adepte, entraîné sans aucun doute par son zèle, à venir contrôler des recherches en quelque sorte rudimentaires.

Devais-je en cette occurrence demeurer silencieux, attendre encore, lorsque mon nom peut-être devra figurer dans les publications qui auront bientôt un retentissement de l'autre côté du détroit de la Manche?

Vous seriez en droit de vous étonner de ma trop grande réticence.

Je me suis réservé sans doute la faculté de recueillir et de classer les matériaux, avant de publier un travail sur une épineuse question soulevée tout d'abord par les archéologues; j'avais quelques raisons pour désirer un sursis alors qu'on me signalait un certain nombre de points à visiter en France, et que je croyais utile et sage d'explorer avant de me permettre un jugement. Toutefois je ne pouvais consentir à laisser interpré-

[1] Il y a quelques années, je recueillais au bord du lac de Soing, dans une couche diluvienne qui se superpose à un banc d'huîtres falunien (*Ostrea crassissima* d'un mètre environ de puissance, et servant à l'amendement des terres, une hache ébauchée, portant des traces de polissage. La matière de cette hache est un grès lustré fort analogue à certaines pointes de flèches recueillies au Canada, près des lacs Supérieurs. Depuis, le conservateur de mes collections, M. Franchet, jeune savant plein d'espérance et d'avenir, a constaté le même fait aux environs de Contres (les Devidières). Je ne prétends aucunement tirer des conclusions, mais il faut prendre date à côté des empressements qui nous entraînent. Dès ce jour il serait aussi hasardeux de se décider pour une origine antédiluvienne, que de considérer sans raisons déterminantes de semblables objets comme le produit d'une industrie postérieure au grand cataclysme. La prudence exige que la question demeure aujourd'hui pendante. Il en sera de même pour les haches entièrement polies, trouvées enfouies à une assez grande profondeur dans les sables diluviens des rives de la Loire ou du Beuvron, mais sans observations stratigraphiques suffisamment concluantes.

ter mon silence comme un acte d'ingratitude, ou tout au moins un manque de déférence envers l'Académie des sciences, lorsqu'elle a bien voulu m'accorder l'honneur de lui appartenir.

II. NOTE SUR DE NOUVELLES PREUVES DE L'EXISTENCE DE L'HOMME DANS LE CENTRE DE LA FRANCE, A UNE ÉPOQUE OU S'Y TROUVAIENT AUSSI DIVERS ANIMAUX QUI, DE NOS JOURS, N'HABITENT PAS CETTE CONTRÉE

PAR

M. DE VIBRAYE [1]

(29 février 1864.)

L'histoire de l'homme à son berceau présente encore des obscurités qu'il est urgent de s'appliquer à faire disparaître;

(1) J'ai cru devoir céder aux instances qui m'ont été faites en autorisant la reproduction de quelques-unes de mes communications relatives à l'histoire de l'homme à son berceau; mais, fidèle à mes déclarations précédentes, je ne puis admettre sans réserve que les faits légitimement acquis à la science, et dès lors contribuer à laisser dominer les questions par des expressions compromettantes.

La dépouille de l'homme s'associe, d'une part, à certaines races éteintes à des époques indéterminées, d'autre part, à des espèces ayant opéré dans les mêmes conditions d'incertitude leur migration vers des milieux plus appropriés aux exigences biologiques. Cette association ne prouve rien en faveur de l'*antiquité* de l'homme dans le sens absolu de ce mot.

L'expression de fossile est-elle assez rigoureusement définie pour qu'on ne puisse en abuser? Celle d'antéhistorique écarte, si l'on veut, la notion traditionnelle, mais ne pourra servir à déterminer l'âge de l'homme. La solution de ce problème appartient au jour où la science aura fixé définitivement et comparativement l'âge des races qui associent leurs dépouilles à celles de l'espèce humaine.

On n'est pas même aujourd'hui d'accord sur le sens qu'on doit attribuer au mot *diluvium*, expression que chacun applique suivant ses impressions du moment, j'allais même ajouter ses besoins, parce qu'elle est, comme tant d'autres, mal définie. Mais, dans un sens général, *diluvium* est un terrain de transport où les débris s'accumulent : ce n'est pas, à proprement parler, de gisement.

Je crois donc agir dans un intérêt scientifique en écartant les expressions qui introduisent *à priori*, dans la science, les idées théoriques ou préconçues.

Je m'abstiendrai donc ici de proclamer arbitrairement l'antiquité de l'homme; on a compris que cette expression ne saurait être plus autorisée que celle de races *nouvellement* ou *récemment* éteintes, et que l'ordre stratigraphique, le synchronisme ou la superposition des faunes auraient dû seuls aider à trancher la ques-

j'estime donc aujourd'hui servir les intérêts de la science en communiquant brièvement quelques-unes des observations que de nombreux voyages, entrepris dans le cours de l'année 1863, m'ont permis de réunir en explorant les cavernes, les brèches osseuses et les terrains de transport.

Je répéterai, comme je l'exprimais à la Société géologique de France en 1860, que mon témoignage ne saurait être suspect, ayant partagé les doutes à l'endroit de la coexistence de l'homme et des animaux, les uns de races éteintes, les autres ayant opéré leur migration vers d'autres points du globe à la suite probable d'une modification dans les climats et les milieux ambiants, modification dont la cause est encore indéterminée.

J'ai cru devoir étendre mes recherches aux monuments appartenant à cet âge qu'on est convenu de qualifier d'ère celtique. Je n'entreprendrai pas de décrire ici les instruments de silex et les poteries que j'ai pu recueillir, il me suffit d'appeler l'attention sur les obscurités de cette époque. En présence des incertitudes qui nous entravent, il est utile, ce me semble, de favoriser les comparaisons et de préparer un classement en quelque sorte chronologique de l'âge de pierre.

Dans l'opinion du plus grand nombre le moment n'est pas

tion, comme pour les faunes géologiques auxquelles on peut reconnaître une superposition régulière à commencer par les étages inférieurs des formations paléozoïques jusqu'aux grandes alluvions *relativement* si récentes que je regarde comme présentement à l'étude et qui font aujourd'hui le sujet de nos investigations, de nos méditations, parfois même de nos réserves. Mais les races auxquelles on voit s'associer la dépouille de l'homme n'ont pas, jusqu'à ce jour, de milieu suffisamment défini pour qu'on puisse apprécier les phases de leur existence normale ; on ne peut constater que les effets des perturbations qui les ont détruites ; elles n'ont pas, à proprement parler, d'*habitat*, si je puis me permettre d'emprunter à la science botanique une expression qui traduit avec assez de précision ma pensée.

Je n'ajouterai rien, quant à présent, à ces observations. Mon but, en relatant les obscurités, est de légitimer certaines réserves, et de laisser entrevoir que les études et les recherches ont envisagé la question du point de vue trop exclusif de l'antiquité de l'homme, sans admettre comme terme de comparaison la possibilité de rapprocher de nous les races éteintes ou simplement déplacées.

encore venu d'attribuer sans critique aux premiers âges de l'homme certains instruments polis rencontrés à côté de silex ouvrés d'un travail plus rudimentaire. Les sables diluviens nous en offriraient-ils des exemples, aussi bien que les monuments réputés celtiques? Ce que je puis affirmer, c'est que la couche des cavernes caractérisée par la présence de nombreux ossements de Renne incisés, fracturés ou même ouvragés, m'a procuré :

1° Dans la grotte des Fées, à Arcy-sur-Cure (Yonne), une hache ou plutôt un casse-tête en roche amphibolique dont l'ère celtique ne répudierait pas le travail; d'autre part, un calcaire saccharoïde évidemment usé par le frottement.

2° Les gisements ou stations de Tayac et de Tursac (Dordogne) ont fourni dans les mêmes conditions des granites *équarris* ou arrondis sur les bords, évidés au centre, ayant eu sans doute pour destination de broyer les grains. En présence de ces faits avérés, le plus sage est de ne pas consentir à l'élimination systématique de ces objets, des couches réputées diluviennes, et pour ma part je ne puis rejeter *à priori* l'hypothèse de leur antiquité.

Mais avant de se prononcer il faudra recourir à l'étude stratigraphique des cavernes, des brèches osseuses, et de tous les terrains de transport; puissant moyen de contrôle que peut-être on a trop souvent négligé.

J'ai, comme tant d'autres, exploré la vallée de la Somme; c'était un point de départ, mais il fallait aller à la recherche de faits nouveaux et régulariser les observations dans quelques localités explorées trop superficiellement.

Le département de Loir-et-Cher a fourni sur un grand nombre de points des instruments de silex : *nuclei*, couteaux, hachettes, pointes de lances, boules ou rognons ayant fait l'office de marteaux pour obtenir des éclats. Ces différents *outils* se retrouvent dans le sous-sol, ou bien à la surface lorsqu'ils y ont été ramenés par les travaux de la culture. Ils accompagnent invariablement le diluvium qui se développe généralement en Sologne sur les plateaux, et se rencontrent toujours aux points où les formations géologiques sous-jacentes affleurent : ici les sables ou les grès faluniens; sur d'autres points le calcaire lacustre supérieur du système de la Beauce, ailleurs encore les assises crétacées.

Le 19 juillet 1863, mon collègue, M. de Verneuil, me fit observer les mêmes faits au Moulin-de-César, près de Sacy-le-Grand, à cent-dix mètres au-dessus du niveau de l'Oise. Un *diluvium* recouvre les argiles à lignites du Soissonnais. Ici les éclats de silex jonchent le sol; plusieurs d'entre eux sont caractérisés par un travail de retouche assez finement exécuté. Comme partout ailleurs, sans en excepter les bords de la Somme et les cavernes, des traces d'un polissage naturel sur les silex me semblent mériter un scrupuleux examen. Devra-t-on les attribuer à la pression des blocs entraînés par les courants? Le fait est général et réclame une explication.

L'étude la plus utile à faire est d'établir une corrélation entre les silex et les débris d'animaux qui les accompagnent lorsque les agents destructeurs, notamment l'action dissolvante de l'acide carbonique sur les ossements, a permis de retrouver les traces des faunes de l'ancien monde. C'est ainsi qu'à Vallières (Loir-et-Cher), dans une grotte à peu près épuisée, aussi bien que dans une brèche osseuse qui la circonscrit en s'infiltrant dans les fissures des roches crétacées, on a trouvé des ossements d'*Hyæna spelæa*, *Rhinoceros tichorhinus*, *Cervus megaceros*, *Bos primigenius*, *Equus adamiticus*, etc., accompagnés de hachettes analogues aux spécimens recueillis dans la vallée de la Somme (1).

Trois fois, dans le cours de l'année 1863, j'ai fait porter mes investigations sur les départements de la Dordogne et de la Charente, à Bourdeilles, Tayac et Tursac, dans le premier de ces départements; à la Combe-de-Rolland, la Roche-Andry, Montgaudier, la Chaise, dans le département de la Charente.

(1) Je crois devoir faire observer ici que les *couteaux* de silex de Vallières sont plus achevés, mieux retouchés que ceux qui, dans la couche inférieure de la grotte d'Arcy, viennent s'associer à la faune des races éteintes.

Dans la plupart de ces localités on peut constater l'existence de foyers où, sur des assises de formations calcaires (oolitiques ou crétacées), ont été déposées, comme pouvant mieux résister à l'action de la chaleur, des roches cristallines étrangères au pays.

Sur ces foyers on retrouve mélangés aux cendres et débris de charbons, soit même empâtés dans une brèche assez résistante, des milliers d'instruments de silex et une multitude d'objets en os travaillés : aiguilles d'une grande finesse artistement perforées; des poinçons; des hameçons; des flèches barbelées; des cuillers ayant pu servir, en raison de leur forme, à l'extraction de la moelle; des poignards fabriqués avec des bois de Renne; des ornements par *intailles* ou ménagés en relief sur les ossements. Bien plus encore; la représentation d'animaux dessinés à la pointe sur des fragments de bois et des mâchoires de Renne: la représentation du Cerf et de la Biche; du Cheval et du Bœuf, d'une Loutre ou d'un Castor [1]; d'un animal à crinière épaisse dont la tête manque, et enfin de plusieurs Oiseaux et Poissons. Une tête de Renne fait saillie sur le manche d'un poignard; c'est ainsi que nous retrouvons les tentatives rudimentaires de la sculpture, j'oserais même ajouter de la statuaire! Les fouilles de Tayac m'ont procuré quelques fragments de molaires et de défenses d'Éléphant, et je crois devoir attribuer à la dépouille de ce Proboscidien la reproduction d'un type humain; la statuette d'une femme.

Deux observateurs des plus autorisés devront sans doute entretenir le monde savant de leurs fructueuses découvertes. Je n'anticiperai pas sur les précieuses communications de M. Christy, de Londres, et de M. Lartet, le guide si gracieux de mes premières études paléontologiques, le maître que je consulterai toujours dans les cas si nombreux où la prudence aura réclamé de ma part une hésitation.

[1] Laugerie-Basse, commune de Tayac, à quelques centaines de mètres du foyer, a fourni deux os de Castor, un métatarsien et la partie supérieure d'un cubitus

Si l'existence des foyers sur un assez grand nombre de points, mais le plus souvent dans le fond des vallées, comme aux abords des cours d'eaux, et la révélation d'une civilisation qu'on aurait tort de qualifier encore aujourd'hui de rudimentaire, devait servir d'objection à l'antiquité *relative* de ces premiers habitants du globe, je répondrais que les silex ouvrés, fendillés sous l'influence du feu, se rencontrent dans les sables des plateaux, mais les objets qui les accompagnaient sans doute ont été dispersés, entraînés par les eaux. La matière siliceuse a pu seule résister aux grands courants sous le double bénéfice de sa pesanteur spécifique et de son incorruptibilité, lorsque les matières osseuses et gélatineuses ont disparu, comme je l'indiquai plus haut, sous l'influence délétère des agents atmosphériques. Mais, d'autre part, il faut interroger la faune de ces foyers; elle est identique avec celles des brèches osseuses qui les environnent et les recouvrent : le Renne, l'Aurochs, le Bœuf et le Cheval associent leurs débris à de nombreux silex d'un travail assez achevé sur un certain nombre de points, pour être comparés à des instruments de même nature attribués à l'ère celtique. C'est notamment à la Combe-de-Rolland, près d'Angoulême, à Bourdeilles (grotte de l'Ane et Fourneau-du-Diable), que se rencontrent les plus beaux types. Dans les communes de Tayac et Tursac les instruments sont moins parfaits, mais en revanche les ossements utilisés abondent [1]. Le foyer du Roc-Coutteux, à Bourdeilles, les grottes de la Chaise et de Montgaudier, près Montbron (Charente), ont procuré des spécimens analogues, mais en plus petit nombre.

A Bourdeilles les silex ouvrés se rencontrent dans la vallée, mais on les retrouve encore à toutes les hauteurs et dans les brèches [2]. Sans doute ils furent entraînés par l'impétuosité des courants, ceux-là même qui ont corrodé les

[1] Outils, armes ou dessins, 252; bois de Rennes entaillés ou sciés, 260; bois de Cerfs dans les mêmes conditions, 9.

[2] L'exploration de cette brèche a fait découvrir une molaire humaine que j'ai pu extraire de mes propres mains.

roches, non-seulement dans les parties déclives des vallées d'érosion, mais jusqu'au sommet des plateaux.

Si l'on était tenté d'attribuer à quelques remaniements le dépôt de la grotte de l'Ane à Bourdeilles, je ferais observer que les sédiments calcaires se retrouvent jusque dans la partie supérieure de cette grotte et qu'ils empâtent les silex finement travaillés que je mentionnai plus haut. On doit admettre, d'autre part, que pour avoir été précipités par une fissure dont on peut constater la présence à son sommet, les animaux tels que le Renne, le Loup, etc., ont dû peupler le sol à des niveaux plus élevés.

Sur quelques points de ces stations humaines, de ces foyers, on retrouve les dépouilles d'animaux appartenant aux races éteintes; à Montgaudier, quelques rares débris d'*Hyæna spelæa;* à la Chaise, le *Rhinoceros tichorhinus;* dans le foyer de Laugerie, l'Éléphant est représenté par quelques fragments de molaires et un certain nombre d'instruments. Déjà, les années précédentes, j'avais recueilli dans la grotte des Fées des molaires d'*Elephas primigenius* et des objets en ivoire travaillé, qu'une idée préconçue me faisait éliminer trop arbitrairement de la couche moyenne, plus ou moins légitimement qualifiée de diluvium rouge ou supérieur.

L'an dernier, j'ai cru devoir explorer plus scrupuleusement encore la grotte des Fées (Arcy-sur-Cure). Le point capital était d'établir incontestablement la coexistence de l'homme, des races éteintes et des espèces ayant opéré leur migration vers le Nord. Mes dernières fouilles m'ont apporté la confirmation du premier de ces deux faits.

Lorsque je débutais en 1858, j'avais, comme tous les explorateurs inexpérimentés, procédé par voie de tâtonnement, et je m'étais vu contraint, en présence d'obscurités nombreuses, de suspendre mon jugement. Le moyen le plus efficace de faire disparaître les causes d'hésitation était d'explorer successivement la superposition des couches et notamment, pour étudier le diluvium inférieur, d'épuiser les couches supérieures. C'est dans ces conditions, et lorsque la couche intermédiaire (*diluvium rouge*) avait entièrement disparu, qu'un intelligent et savant collaborateur, M. Franchet, qui m'accompagnait aux grottes, retira de ses propres mains, à la base de la couche inférieure et presque sur le rocher même, un atlas humain s'associant à de nombreux ossements d'Ours et d'Hyène des cavernes. Le *facies* de cette dépouille humaine, à défaut même du gisement, servirait à dénoter sa provenance. Voici le cinquième exemple en six années d'ossements humains retirés de cette couche inférieure et recueillis sur des points éloignés, mais *toujours* en relation directe avec les races éteintes et dans les mêmes conditions d'enfouissement, sans aucune trace d'un remaniement postérieur.

Le plafond de la grotte des Fées s'est écroulé sur un certain nombre de points et sépare l'assise inférieure de la couche moyenne. Après avoir soulevé péniblement au moyen de pinces en fer les dalles appartenant à l'oolite inférieure et parfois au coral-rag, les fouilles changent de nature, et ce n'est plus avec le Renne, mais avec l'Ours et l'Hyène, l'Éléphant et le Rhinocéros, que j'ai moi-même extrait de cette assise inférieure les silex ouvrés et les os fracturés que les ouvriers ne pouvaient découvrir au milieu des matières argileuses humides et grasses qui empâtent les silex et les ossements.

En présence de ces assises que partage un éboulement, je me suis demandé si l'on pouvait séparer chronologiquement les deux étages? La superposition des couches en cette occurrence appartient-elle à l'ordre géologique? L'existence de cendres et de charbon, des ossements travaillés et des silex ouvrés accumulés en si grand nombre dans la couche supérieure, aussi bien que la rareté des ossements intacts, ne semble-t-elle point dénoter ici l'intervention toute exclusive de l'homme pour la formation de ces dépôts, comme les kjœkkenmœddinger de la Norvége et certaines accumulations de débris accompagnant les stations lacustres? Jusqu'au jour où les races éteintes avaient semblé circonscrites dans la couche inférieure, on aurait pu repousser absolument cette hypothèse : mais si, d'une part, les races encore existantes, bien qu'ayant opéré leur migration, se trouvent appartenir aux deux étages; si, d'autre part, les dépouilles des races éteintes viennent s'associer aux espèces encore existantes au sein des ateliers de l'industrie primitive de l'homme, que penser de cette double association?

En tous cas, la couche artificielle, soit même naturelle, où les ossements de Renne abondent, où se rencontrent les foyers, a précédé l'une des perturbations du globe, témoin la présence des nombreux débris anguleux des roches environnantes et les cailloux roulés empruntés aux roches cristallines, empâtés pêle-mêle dans une brèche avec les instruments de silex et les ossements travaillés. Cette couche est bien différente, soit dit en passant, des stations lacustres où les débris animaux appartiennent sans exception à la faune moderne et locale qu'aucune révolution du globe n'autorise à séparer de notre époque.

Je dois signaler ici la découverte de métaux bruts associés aux ossements des cavernes.

Le fait négatif de leur absence au sein des couches diluviennes avait fait admettre *à priori* que les hommes de ces temps reculés en ignoraient complétement l'usage, lorsqu'ils n'étaient peut-être que dépourvus des moyens d'utilisation, tout en ayant conservé la notion traditionnelle de leur valeur (1). J'ai recueilli dans la couche inférieure des grottes d'Arcy (couche de l'*Ursus spelæus*) un rognon de fer hydraté géodique (œtite) analogue à un échantillon de même nature que m'a procuré la fouille d'un dolmen à la Birochère, près de Pornic (Loire-Inférieure); la même couche recélait en outre une substance que je crois pouvoir attribuer au péroxyde de manganèse. Deux échantillons analogues proviennent du

(1) Les peuplades qui, sans doute, afin de les suspendre en guise d'ornement ou d'amulette, perforaient les bois de Renne (Tayac et Tursac), les incisives du Cheval et du Bœuf; les canines de Loup, de Renne (Tayac); d'*Ursus arctos* (Arcy); d'*Ursus spelæus* (Aurignac), pouvaient bien attribuer également aux métaux quelque vertu curative ou même surnaturelle.

Fourneau-du-Diable à Bourdeilles (couche du Renne). Enfin le foyer de Laugerie (commune de Tayac) m'a rendu possesseur d'une petite masse de cuivre, recouverte presque en entier d'un enduit de cuivre carbonaté vert, et de cristaux cubiques de protoxyde de cuivre. La *facies* de ce minéral, que je crois pourtant naturel, est analogue à celui de *fibules* gallo-romaines en bronze, renfermant dans une cavité de semblables cristaux de cuivre oxydulés. Sans nul doute les peuplades primitives ont eu des relations lointaines, témoin les débris de coquilles marines retrouvés parmi les objets travaillés; à Bourdeilles, les genres *Patella* et *Dentalium;* à Montgaudier, *Buccinum* et *Dentalium;* aux Eyzies, le genre *Cassis*. C'est ainsi que M. Lartet avait découvert, à Aurignac, certains disques perforés, empruntés à des valves de *Cardium*. De semblables disques provenant de la fouille d'un dolmen, à 6 kilomètres de Mende, font partie de ma collection.

Je ne veux pas terminer cet exposé sans mentionner la présence d'éclats de quartz hyalin parmi les instruments de silex accompagnant les ossements travaillés. J'ai recueilli le premier échantillon dans la couche inférieure des grottes d'Arcy (1862). Le même fait s'est reproduit en 1863 à Montgaudier, puis ultérieurement aux Eyzies. Ce dernier fragment de cristal de roche, légèrement enfumé, semble retouché sur les bords [1].

Pour ajouter un nouveau fait à mes propres observations, je mentionnerai les intéressantes recherches d'une double génération de savants. En explorant les bords de la Charente, MM. de Rochebrune, père et fils, ont pu soustraire au vandalisme des ouvriers de magnifiques molaires d'*Elephas antiquus* accompagnées de molaires d'*Elephas primigenius*, d'un remarquable fragment de défense et de quelques os des membres, malheureusement en trop petit nombre. Sur l'un de ces derniers on reconnaît la trace la plus évidente d'une incision. Parmi les cailloux roulés et les débris de roches cristallines

[1] Des éclats de cette nature appartiennent aux stations lacustres de la Suisse

accompagnant ces ossements, j'ai constaté la présence d'un instrument de silex d'un travail assez achevé (1).

En résumé, trois faits principaux, fruits de longues et persévérantes recherches, appartenant à un grand nombre d'observateurs, viennent aujourd'hui se contrôler et se grouper : l'homme des premiers âges se dévoile par ses œuvres; l'homme s'associe par sa dépouille aux races éteintes; l'homme enfin se fait révélateur de sa propre existence en reproduisant lui-même son image.

Longtemps on avait prétendu nier l'intervention de l'homme dans les ébauches des premiers instruments de pierre : plus tard on s'efforça d'atténuer la valeur des fractures intentionnelles et des incisions observées sur un si grand nombre d'ossements appartenant aux genres Cheval, Bœuf ou Renne. Mais aujourd'hui les ossements se convertissent en instruments nombreux; des figures d'animaux se trouvent reproduites sur leur propre dépouille; le Renne vivant a servi de modèle à la sculpture d'un manche de poignard engagé dans une brèche osseuse (Laugerie-Basse).

Bien plus encore, la statuaire des premiers âges a reproduit l'espèce humaine dans une sorte d'idole impudique dont la matière appartient à la dépouille d'un Éléphant.

Je me suis efforcé de retracer ici les faits les plus concluants : à mes yeux la cause est entendue. Je veux toutefois poser une dernière question, que plus haut j'ai laissé pressentir. Doit-on séparer l'époque du Renne, que je prends ici comme type de la migration des espèces, de la faune des races éteintes à laquelle d'autre part le Renne se retrouve associé? Dans la double hypothèse de l'association ou de la superposition des faunes, l'homme se révèle par sa présence ou par ses œuvres. Un avenir prochain nous apprendra la plus ou moins intime corrélation de ces deux étages. C'est à

(1) Ce fait confirmerait la découverte d'incisions observées par M. Desnoyers sur des ossements d'*Elephas meridionalis* et autres espèces recueillis à Saint-Prest ; indice le plus ancien jusqu'à ce jour de la contemporanéité de l'homme et des espèces éteintes.

mon sens aujourd'hui l'unique obscurité véritablement sérieuse de cette intéressante question.

III. NOTE ACCOMPAGNANT LA PRÉSENTATION DES OBJETS RECUEILLIS DANS LES TERRAINS DE TRANSPORT, LES CAVERNES ET LES BRÈCHES OSSEUSES

PAR

M. DE VIBRAYE

(14 mars 1864.)

J'ai regardé comme un devoir de présenter à l'appui de la communication que j'avais l'honneur d'adresser il y a quinze jours à l'Académie des sciences les pièces justificatives. J'ai tout d'abord à m'excuser de cette volumineuse exposition que j'ai réduite autant que possible en choisissant les spécimens dans plus de quatre-vingts tiroirs.

Je dois en outre faire ici bien comprendre que je cherche à m'effacer complétement devant l'autorité des faits. Je m'efforcerai toujours de me prémunir contre les idées préconçues ; j'appelle de tous mes vœux les observations et *même* les objections. Je comprends l'utilité d'écarter au début les idées théoriques et l'esprit de système, de se contenter d'enregistrer loyalement tous les faits acquis à la science, et d'attendre patiemment l'époque de leur interprétation.

D'autre part, j'écarterai le reproche d'avoir essayé de pousser trop loin les investigations. Qu'est-ce à dire? Le fait acquis et dûment constaté pourrait-il donc porter atteinte à la vérité? Celle-ci n'est-elle point immuable dans son essence, et son interprétation seule sujette à l'erreur?

J'écarte donc jusqu'à nouvel ordre, je le répète, l'appréciation théorique. Je me suis contenté d'enregistrer les faits et de soumettre à votre illustre contrôle l'examen des échantillons que sept années de recherches m'ont permis de recueillir.

Dans mon explication verbale des objets déposés sur le bureau de l'Institut je ne signale qu'un fait nouveau, la présence, dans la couche inférieure des grottes d'Arcy, d'un sacrum d'*Ursus spelæus* présentant une entaille nette et profonde. D'autre part, j'ai fait observer incidemment qu'un certain nombre de mâchoires inférieures d'*Ursus spelæus* adultes sont pourvues de leur première et même de leur deuxième prémolaire, ce qui tend à prouver que la caducité de ces dernières n'est pas un caractère assez constant pour consentir à l'adopter sans réserve.

IV. NOUVELLES OBSERVATIONS RELATIVES A L'EXISTENCE DE L'HOMME DANS LE CENTRE DE LA FRANCE A UNE ÉPOQUE OU CETTE CONTRÉE ÉTAIT HABITÉE PAR LE RENNE ET D'AUTRES ANIMAUX QUI N'Y VIVENT PAS DE NOS JOURS

PAR

MM. E. LARTET ET CHRISTY

(29 février 1864.)

Je viens en mon nom, et aussi au nom de M. H. Christy, membre de la Société géologique de Londres, signaler plusieurs faits relatifs à l'existence de l'homme dans le centre de la France à une époque où cette contrée était par le Renne et d'autres animaux qui n'y vivent pas de nos jours [1]. Nous nous bornerons toutefois à mentionner, quant à présent, les découvertes faites par nous pendant les cinq derniers mois de l'année 1863, dans cette partie de l'ancien Périgord qui forme aujourd'hui l'arrondissement de Sarlat (Dordogne).

Une des grottes de cette région, celle des Eyzies, commune de Tayac, nous a montré, dans une brèche recouvrant le sol en plancher continu, un amalgame d'os fragmentés, de cendres, de débris de charbon, d'éclats et de lames de silex taillés sur des plans divers, mais toujours dans des formes définies et souvent répétées, avec une association d'autres outils et armes travaillés en os ou bois de Renne. Tout cela

[1] Ces faits viennent à l'appui des remarques de M. Milne-Edwards au sujet de figures d'animaux gravées sur os et trouvées dans la caverne de Bruniquel (Tarn-et-Garonne). Voyez plus loin la communication de M. Milne-Edwards.

avait dû être saisi et consolidé en brèche dans l'état originel du dépôt, et avant tout remaniement, puisque des séries de plusieurs vertèbres de Renne et des assemblages d'articulations à pièces multiples se trouvent maintenus et conservés exactement dans leurs connexions anatomiques ; les os longs et à cavités médullaires sont seuls détachés et fendus ou cassés dans un plan uniforme, c'est-à-dire évidemment à l'intention d'en extraire la moelle. Ce que nous avançons peut d'ailleurs être constaté par tous les observateurs compétents, car nous avons pris soin de faire extraire cette brèche par grandes plaques, et, après avoir déposé les plus beaux spécimens au musée de Périgueux et dans les collections du Jardin des Plantes, à Paris, nous en avons adressé à divers musées de France et de l'étranger des blocs assez considérables pour que l'on y puisse vérifier l'exactitude des observations que nous consignons ici.

Cette grotte des Eyzies, dont l'ouverture se trouve à trente-cinq mètres au-dessus du niveau du cours d'eau le plus voisin, la *Beune*, renfermait aussi beaucoup de cailloux et de fragments de roches étrangères au bassin de cette petite rivière, et qui ont dû y être introduits par l'homme. Quelques-uns de ces cailloux assez volumineux, principalement ceux de granite, sont aplatis dans un sens, arrondis dans leur contour et creusés en dessus d'une cavité plus ou moins profonde, laquelle porte les traces d'un frottement répété.

Il y avait aussi dans la grotte des Eyzies de nombreux fragments d'une roche schistoïde assez dure, et, sur deux plaques de cette roche, nous avons pu discerner des représentations partielles de formes animales gravées en profil. Ce sont, nous le supposons, les premiers exemples observés de la gravure sur pierre, dans cette phase ancienne de la période humaine où le Renne habitait encore les régions tempérées de notre Europe actuelle [1].

[1] Des figures d'animaux, datant de cette même époque, ont été reproduites par l'un de nous en 1861 (*Annales des Sciences naturelles*, IVe série, *Zoologie*, t. XV, pl. XIII); mais l'une de ces figures, très-reconnaissable comme tête d'Ours,

Sur l'une de ces plaques, qui nous est parvenue incomplète par suite d'une cassure ancienne, on peut distinguer l'avant-train d'un quadrupède, probablement herbivore, et dont la tête aurait été armée de cornes, autant du moins qu'on en peut juger par des lignes de gravure indécises et peu pénétrantes dans cette roche relativement assez dure.

Dans l'autre plaque, on reconnaît plus facilement une tête à naseaux nettement accusés, à bouche entr'ouverte, mais dont les lignes de profil se trouvent interrompues dans la région frontale, par une sorte d'oblitération résultant d'un frottement en apparence artificiel et postérieur au travail de la gravure. A côté et un peu en avant, sur la même plaque, on distingue le dessin d'une grande palme qui, si elle se rattache en réalité à cette tête, nous conduirait, comme vous l'avez le premier suggéré, à la rapporter à l'Élan.

Outre les dépôts ossifères de l'intérieur des cavernes, qui sont si nombreux dans le Périgord, on peut aussi y étudier des accumulations analogues de débris organiques qui sont adossés aux grands escarpements des calcaires crétacés de cette région, et quelquefois simplement abrités par des saillies du rocher en surplomb plus ou moins avancé. Ces dépôts extérieurs abondent également en silex taillés et en ossements concassés d'animaux (Cheval, Bœuf, Bouquetin, Chamois, Renne, Oiseaux, Poissons, etc.) qui ont évidemment servi à l'alimentation des peuplades indigènes dans cette période ancienne de l'âge de la pierre. Les restes du Cerf commun y sont très-rares, aussi bien que ceux du Sanglier et du Lièvre. Nous y avons trouvé quelques dents isolées du Cerf gigantesque d'Irlande (*Megaceros hibernicus*) et des lames détachées de molaires d'Éléphant (*E. primigenius*), absolument comme nous en avions observé dans le foyer des repas

est gravée sur bois de Cerf. L'autre est également gravée sur un os de Ruminant; elle représente deux animaux entiers que l'on a cru pouvoir rapprocher du Renne. Ce dernier morceau, qui provient de la grotte de Chaffaut, commune de Savigné (Vienne), a été déposé au musée de Cluny par M. Mérimée, au nom de M. Joli le Terme, architecte à Saumur. Il est accompagné de silex taillés et d'os de Renne de la même provenance.

funéraires de la sépulture ancienne d'Aurignac, sans pouvoir non plus expliquer pour quelle destination usuelle étaient réservées ces lames dentaires ainsi isolées (1).

C'est aussi dans ces stations extérieures que nous avons recueilli les plus beaux silex taillés, particulièrement à celle de Laugerie-Haute, où semblait établie une fabrique de ces belles têtes de lances taillées à petits éclats sur deux faces, et à bords légèrement ondulés. Mais nous n'y avons probablement retrouvé que les rebuts de cette fabrication, car peu de pièces se sont montrées entières sur plus d'une centaine de fragments que nous en avons retirés.

A Laugerie-Basse, un demi-kilomètre en aval, et toujours sur les bords de la Vezère, il y avait probablement une autre fabrique d'armes et outils en bois de Renne, à en juger par l'énorme quantité de restes de cornes de cet animal qui s'y trouvaient accumulés et qui, presque toutes, portent des traces d'un sciage au moyen duquel on en détachait les pièces destinées à être mises en œuvre. C'est là surtout que nous avons pu nous procurer, outre des flèches et des harpons barbelés qui se retrouvent dans presque toutes les stations de cet âge, cette grande variété d'ustensiles qui seront mis sous les yeux de l'Académie, et dont quelques-uns sont ornés de sculptures élégantes et d'un travail véritablement étonnant, eu égard aux moyens d'exécution que pouvaient avoir ces peuplades dépourvues de l'usage des métaux. On y remarquera ces aiguilles en bois de Renne, finement appointées par un bout et percées à l'autre extrémité d'un trou ou chas destiné à recevoir un fil de nature quelconque.

Il y a aussi des outils relevés à leur extrémité de crans émoussés qui laisseraient soupçonner leur emploi pour la fabrication des filets (?)... Des dents de divers animaux (Loup,

(1) Ceci nous rappelle que dans la grotte des Eyzies, nous avons trouvé une portion d'enveloppe corticale d'une défense d'Éléphant portant des traces de travail humain; nous y avons aussi recueilli un métacarpien du petit doigt d'un jeune *Felis* de grande taille [*Felis spelæa* (?)] où se voient de petites entailles et de nombreuses rayures produites par un outil tranchant, absolument comme celles que l'on remarque sur les os de Renne ou de Cheval mangés par l'homme.

Bœuf), percées dans leur racine, ont dû servir d'ornement, ainsi que d'autres objets façonnés en pendeloques, quelquefois avec la partie éburnée des os de l'oreille du Cheval ou du Bœuf.

Un autre objet, déjà trouvé par l'un de nous dans la sépulture d'Aurignac et sur lequel il avait cru devoir garder le silence, par défiance de la valeur d'une observation encore unique, s'est représenté aux deux stations de Laugerie et à celle des Eyzies. C'est une première phalange creuse chez certains herbivores ruminants, et qui se trouve percée artificiellement en dessous, un peu en avant de son articulation métacarpienne ou métatarsienne; en plaçant la lèvre inférieure dans la cavité articulaire postérieure et en soufflant ensuite dans le trou, on obtient un son aigu analogue à celui que produit une clef forée de moyen calibre. C'était, on n'en peut douter, un sifflet d'appel d'emploi usuel sans doute chez ces peuplades de chasseurs, car, jusqu'à présent, nous en avons observé quatre exemplaires, dont trois sont faits avec des phalanges de Renne et le quatrième avec une phalange de Chamois.

C'est encore à Laugerie-Basse que, grâce à la surveillance intelligente et aux précautions minutieuses de M. A. Laganne, chargé de la direction de nos fouilles, nous avons obtenu plusieurs parties de bois de Renne qui, malgré leur altération de vétusté, conservent encore, en tout ou en partie, des représentations très-distinctes de formes animales. Quelques-unes sont simplement gravées au trait sur la palmature ou expansion terminale des prolongements frontaux du Renne, d'autres sont véritablement sculptées, soit en bas-relief, soit même en ronde-bosse ou plein relief, sur des tiges ou portions de merrain du même animal préparées à cet effet.

L'une de ces palmes, dont la troncature ancienne a fait disparaître une partie du dessin, nous donne encore les contours exacts et tracés d'une main sûre, de l'arrière-train d'un grand herbivore. La gracilité de la queue, le peu de flexion des jarrets, et surtout la position très-avancée de l'indication du sexe mâle ne permettent pas d'y reconnaître un Cheval, on y retrouverait mieux des formes bovines, et le brusque relèvement de la ligne du dos en approchant du garrot semblerait devoir nous conduire à l'Aurochs (?)... Malheureusement l'interruption du dessin par la fracture du morceau se rencontre juste au point où devrait commencer la villosité touffue ou crinière caractéristique des espèces du sous-genre *Bison*.

Dans une seconde palme plus dilatée, nous retrouvons une autre forme évidemment bovine, à en juger par les jarrets et les ergots placés en arrière du sabot bisulqué. Ici, la queue plus grosse, la ligne du dos en prolongement plus horizontal et un fanon lisse et pendant entre les jambes antérieures accusent des tendances plus prochaines vers le Bœuf proprement dit [*Bos primigenius* (?)] ; une fracture a fait encore disparaître la région de la tête où s'attachaient les cornes, et l'artiste, pour utiliser les divisions de l'empaumure, a dû donner à l'animal une attitude tourmentée qui nuit à l'effet général du dessin.

Une troisième palme, où le dessin en gravure est conservé à peu près intégralement, nous montre un animal dont la tête est armée de deux cornes montant d'abord verticalement et se courbant ensuite en arrière vers leur pointe ; derrière ces cornes on aperçoit une indication peu accusée des oreilles, et sous le menton celle d'une touffe de poils ou d'une barbe, particularités qui nous ramèneraient assez bien vers un Bouquetin femelle, si elles ne se trouvaient contrariées par un chanfrein sensiblement busqué et un renflement de l'encolure derrière les oreilles qui sembleraient démentir ce rapprochement. Dans cette figure encore, le dessinateur a, sans nécessité apparente, replié les extrémités postérieures sous le ventre de l'animal, de façon à ce que ses sabots nettement bisulqués touchent à l'abdomen.

Parmi les pièces sculptées provenant de cette même localité de Laugerie-Basse, nous citerons une tige ou hampe arrondie, faite du merrain d'un bois de Renne et terminée, par un bout, en pointe de lance avec un crochet latéral récurrent ;

était-ce un outil, une arme ou un signe d'autorité? Nous ne saurions le dire. Immédiatement au-dessus du crochet on aperçoit sculptée en demi-relief, sur trois de ses faces, une tête de Cheval à oreilles couchées et un peu longues pour l'espèce, mais pas assez pour que l'on puisse faire l'attribution de cette figure à l'Ane. En avant, toujours sur la continuité de la hampe, on rencontre une seconde tête à museau effilé et armée de cornes à ramures. Les andouillers basilaires sont sculptés en avant sur le prolongement horizontal de la hampe, tandis que le merrain et l'empaumure sont rejetés en direction inverse, en arrière; la forme effilée de la tête, où l'on ne trouve pas l'indication d'un mufle, la dilatation apparente de l'un des andouillers basilaires et la physionomie d'ensemble de cette figure porteraient à l'attribuer au Renne plutôt qu'au Cerf élaphe. En avant du museau de cette tête, on trouve encore une autre figure simplement gravée au trait, et que l'on pourrait assez bien accepter comme une forme de poisson.

Il y a un autre morceau capital où le sentiment de l'art se révèle surtout par l'habileté qu'a mise l'artiste à plier des formes animales, sans trop les violenter, aux nécessités d'une destination usuelle. C'est un poignard ou courte épée en bois de Renne et dont la poignée tout entière est formée par le corps d'un animal : les jambes de derrière sont couchées dans la direction de la lame; celles de devant sont repliées sans efforts sous le ventre; la tête, qui a son museau relevé en haut, forme avec le dos et la croupe une concavité destinée à faciliter l'empoignement de cette arme par une main nécessairement beaucoup plus petite que celles de nos races européennes... La tête est armée de cornes ramées qui se trouvent accolées aux côtés de l'encolure sans gêner nullement la préhension; mais les andouillers basilaires ont dû être supprimés. L'oreille est plus petite que celle du Cerf et, dans sa position, plus en rapport aussi avec celle du Renne; enfin l'artiste a laissé subsister, sous l'encolure, une saillie en lame mince et déchiquetée sur son bord, qui simule assez bien la touffe de poils que l'on retrouve souvent dans cet endroit chez le Renne mâle. Il est regrettable que ce morceau nous soit arrivé à l'état de simple ébauche, comme on peut en juger par le travail de la lame non terminée et par certains détails de sculpture à peine indiqués.

Maintenant, s'il fallait ajouter de nouvelles évidences à celles déjà fournies pour la preuve de la contemporanéité de l'homme et du Renne dans ces régions devenues notre France centrale et méridionale, nous pourrions mentionner des bois assez nombreux de cet animal à la base desquels on distingue des entailles faites en en détachant la peau. Nous appellerions aussi l'attention sur d'autres coupures ou entailles transverses que l'on remarque fréquemment au bas des canons de nos Rennes des cavernes et qui ont été produites par la section des tendons opérée, comme le font encore de nos jours les Esquimaux, à l'intention de fendre ces tendons et de les diviser en fils qui servent à coudre les peaux d'animaux et aussi à tresser des cordes d'une grande solidité.

Enfin nous pourrions encore montrer une vertèbre lombaire de Renne, percée de part en part par une arme en silex qui est restée engagée dans l'os, où elle est d'ailleurs retenue par une incrustation calcaire.

Après cela, comme circonstances archéologiques propres à caractériser la période du Renne en France, nous nous bornons à mentionner celle-ci : c'est que sur dix-sept stations où nous avons relevé la présence de cet animal dans un état de sujétion à l'action humaine, il n'en est pas une où nous ayons observé des traces de polissage sur les armes de pierre ; et, cependant, c'est par plusieurs milliers que nous y avons recueilli des silex taillés dans toutes les variétés de types et passant par tous les degrés de perfectionnement du travail, depuis la forme grossièrement ébauchée des haches du *diluvium* d'Abbeville et de Saint-Acheul, jusqu'aux têtes de lances à facettes multipliées et à bords élégamment festonnés des plus beaux temps de l'âge de la pierre en Danemark.

Quant à l'époque où le Renne aurait cessé d'habiter notre

Europe tempérée, nous n'aurions sur ce point aucune donnée historique ou de chronologie positive. Le Renne n'a été vu ni clairement décrit par aucun auteur de l'antiquité. César en a parlé seulement par ouï-dire, et comme d'ùn animal existant encore quelque part, dans une forêt dont on n'avait pu atteindre les limites extrêmes, même après une marche de 60 jours. Nous n'avons point reconnu le Renne parmi les animaux figurés sur les anciennes monnaies de la Gaule. Nous n'avons pas trouvé ses ossements dans les dolmens et autres sépultures dites celtiques, où se trouvent fréquemment associés des restes d'animaux sauvages et domestiques, et où nous avons même pu observer par deux fois, aux environs de Paris, des ossements de Castor. Le Renne n'a pas, que nous sachions, été encore retrouvé dans les tourbières de la France. MM. Garrigou et H. Filhol ne l'ont pas non plus signalé dans certaines cavernes de l'Ariége, qu'ils ont justement assimilées, par leurs caractères zoologiques et aussi par la présence des instruments en pierre polie, aux plus anciennes habitations lacustres de la Suisse. On sait que le Renne manque aussi jusqu'à présent dans la faune de ces pilotis lacustres, et cependant nous avons pu étudier ses restes, provenant d'une caverne du voisinage, celle du Mont-Salève, où l'association des silex simplement taillés et des mammifères afférents à la même période, s'est montrée dans les mêmes conditions que dans nos grottes du Périgord.

Ainsi, que la disparition du Renne de notre Europe tempérée soit le résultat de l'extinction régionale de cette espèce ou bien de son refoulement par le développement progressif des sociétés humaines, ou bien encore, si l'on veut, de sa récession graduelle et spontanée par suite de changement dans les conditions climatériques, il n'en est pas moins probable que cette disparition remonte à une phase des temps préhistoriques antérieure à l'introduction des races domestiques et à l'emploi des métaux dans notre Europe occidentale.

Note de M. MILNE-EDWARDS.

On remarquera que, dans les observations de MM. Lartet et Christy, ainsi que dans ma communication au sujet de la caverne de Bruniquel, il n'a pas été fait mention des ossements humains trouvés tant dans cette dernière localité que dans la grotte des Eyzies. Cette réserve tient à ce que l'époque de l'enfouissement de ces débris nous semble pouvoir être moins ancienne que celle dont date l'amoncellement des os de Renne et d'instruments en silex ou en os travaillés.

IV

L'HOMME FOSSILE DANS LE PÉRIGORD

SUR DES FIGURES D'ANIMAUX GRAVÉES OU SCULPTÉES ET AUTRES PRODUITS D'ART ET D'INDUSTRIE RAPPORTABLES AUX TEMPS PRIMORDIAUX DE LA PÉRIODE HUMAINE

PAR

ED. LARTET ET H. CHRISTY (1)

(Avril 1864.)

AVEC DEUX PLANCHES

L'étude des cavernes à ossements réclame une attention réfléchie et aussi un peu de cette expérience que la pratique des explorations peut seule procurer. L'observateur s'y trouve souvent en présence de faits si complexes qu'il est bien difficile, même avec un esprit dégagé de toute préconception, de

(1) Nous devons à la bienveillance de MM. Lartet et Christy et à l'obligeance de MM. Didier et Cᵉ, éditeurs de la *Revue archéologique*, l'autorisation de reproduire cet intéressant travail publié dans le numéro d'avril 1864. Qu'il nous soit permis de signaler à nos lecteurs cet important recueil que des savants éminents enrichissent de mémoires relatifs à l'étude des monuments de l'antiquité et du moyen âge. — *Note des Éditeurs.*

ne pas tomber dans quelques erreurs d'appréciation quant aux circonstances qui ont déterminé ou accompagné l'introduction des ossements. Il faut aussi tenir compte des événements consécutifs qui ont pu modifier la répartition des matériaux constituant les dépôts ossifères, et quelquefois même intervertir l'ordre de leur superposition originelle.

Il y a de ces excavations souterraines dont la découverte est amenée par l'exploitation des masses rocheuses dans lesquelles elles se trouvaient creusés par la nature ; ces cavités n'avaient antérieurement d'autres communications avec l'extérieur qu'au moyen de fissures ou crevasses étroites par où s'y étaient introduits les ossements d'animaux et les matières terreuses qui, d'ordinaire, les accompagnent. Lorsque le mode de remplissage a été interrompu à une époque de beaucoup antérieure à la période historique, la caverne ne renfermera guère que des ossements de mammifères éteints ou originairement sauvages. Si, au contraire, le remplissage s'est continué jusqu'aux temps modernes, on y trouvera probablement, en plus, des débris d'animaux domestiques et quelquefois aussi des restes de l'homme ou des produits de son industrie.

Certaines cavernes à double issue ont pu servir anciennement de passage souterrain à des cours d'eau qui, après avoir charrié des débris organiques dans leurs anfractuosités, seront plus tard descendus à des niveaux plus inférieurs. Si, dans leurs plus grandes crues actuelles, ces mêmes cours d'eau peuvent atteindre leurs anciens passages, des effets analogues de remplissage se reproduisent alors à des intervalles plus ou moins éloignés.

D'autres cavités ouvertes à l'extérieur ont pu, dans des temps très-anciens, servir de repaire à des animaux carnassiers, les hyènes, par exemple, qui y entraînaient les carcasses de bêtes fauves dont elles rongeaient même les os après en avoir dévoré les chairs ; mais si l'entrée de ces retraites n'est pas rendu impraticable par les difficultés de leur accès, il est bien rare que l'on n'y retrouve pas quelques traces du séjour ou du passage de l'homme dans un temps ou un autre.

Il y a même de ces grottes, plus ou moins spacieuses, qui paraissent avoir, dès l'origine, servi d'habitation à l'homme, et dans lesquelles des accumulations considérables de débris d'ossements d'animaux sauvages sont exclusivement dues à son intervention. On y remarque alors des emplacements d'anciens foyers, autour desquels les ossements se montrent presque toujours cassés, fendus ou fragmentés dans un plan uniforme. Avec ces restes organiques se trouvent associés des produits d'une industrie grossière, tels que silex taillés, outils en os ou en cornes solides d'herbivores, etc.

Enfin, dans certains cas plus rares, des cavernes ayant servi primitivement de refuge à des animaux carnassiers, ont été ensuite habitées par des peuplades indigènes remontant aux premiers temps de la période humaine, celles-là même qui ont dû y accumuler ces masses d'ossements d'animaux alimentaires mêlés avec les produits de leur grossière industrie; plus tard, après l'introduction d'une civilisation plus avancée, dans la même contrée, ces grottes ou cavernes ont été utilisées comme lieux de sépulture, d'où est résulté quelques fois un remaniement partiel des dépôts préexistants; enfin, après un temps plus ou moins long et suffisant pour avoir fait perdre le souvenir et les traditions de respect dû à ces sépultures, d'autres occupants, intéressés à donner une nouvelle appropriation à ces abris naturels, auront cherché à les déblayer, soit en entraînant au dehors et indistinctement tout ou partie des matières qui s'y trouvaient accumulées, soit en les rejetant dans des points surbaissés de l'intérieur des grottes ou en les relevant en ados de leurs parois. On conçoit que le résultat de cette opération peut très-bien être de faire trouver dessous ce qui auparavant était dessus; les assises les plus inférieures ayant naturellement été ramenées en recouvrement des masses remaniées, déterminent ainsi un nouvel ordre de superposition en sens inverse de la succession chronologique des divers dépôts. Nous voyons par là combien la théorie des cavernes à ossements peut devenir complexe, et comment l'observateur le plus en garde contre de fausses impressions, peut cependant être exposé à des méprises dont les déductions raisonnées se trouveraient nécessairement en contradiction avec la réalité des faits.

Mais nous n'avons pas l'intention de faire ici l'histoire ou la théorie des cavernes à ossements ; il existe d'ailleurs, pour ce genre d'étude, un travail très-complet et où la méthode et l'érudition se trouvent heureusement alliées à l'élégance et à la clarté du langage ; c'est celui de M. J. Desnoyers, à l'article : *Cavernes* du *Dictionnaire universel d'histoire naturelle.*

Notre objet principal étant de faire connaître le résultat des explorations par nous faites dans quelques cavernes du Périgord, pendant les cinq derniers mois de l'année 1863, nous nous hâterons d'entrer en matière, en commençant par celles de ces grottes qui avaient déjà été signalées par d'autres observateurs.

GROTTE DE LA COMBE-GRANAL, COMMUNE DE DOMME, ARRONDISSEMENT DE SARLAT (DORDOGNE).

Cette grotte, qui est située sur la rive gauche de la Dordogne, est ouverte dans la pente d'une éminence qui fait face à la montagne au sommet de laquelle est bâtie l'ancienne ville fortifiée de Domme. Elle avait été anciennement décrite par M. Jouannet et, plus tard, mentionnée par M. Desnoyers comme renfermant des silex travaillés en armes et des ossements d'animaux insuffisamment étudiés. Des recherches plus récentes de M. l'abbé Audierne sont venues confirmer les premières observations (1). Nous avons nous-même, en octobre 1863, fait faire quelques travaux de fouille dans le fond de cette caverne, alors utilisée par son propriétaire, M. Salvat de Domme, pour emmagasiner de la

(1) *De l'origine et de l'enfance des arts en Périgord,* par l'abbé Audierne. Périgueux, 1863.

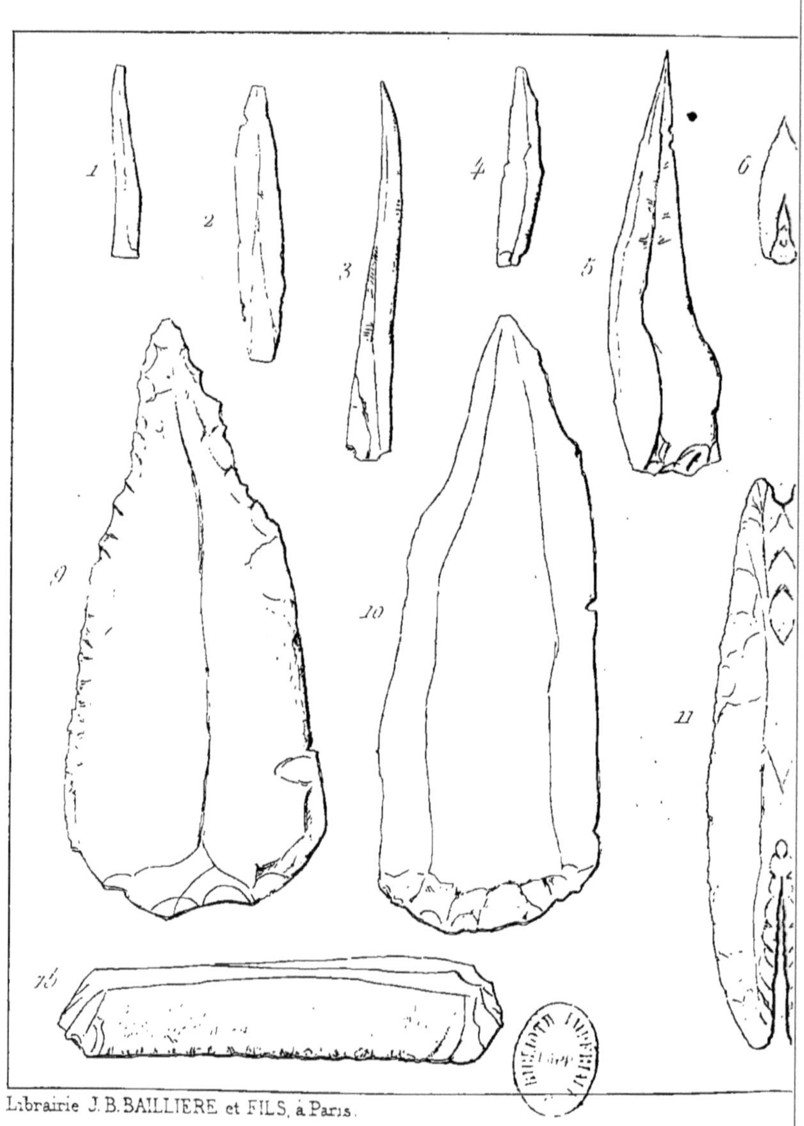

Librairie J. B. BAILLIERE et FILS, à Paris.

I ___ SIL[…]
de diverses sta[…]

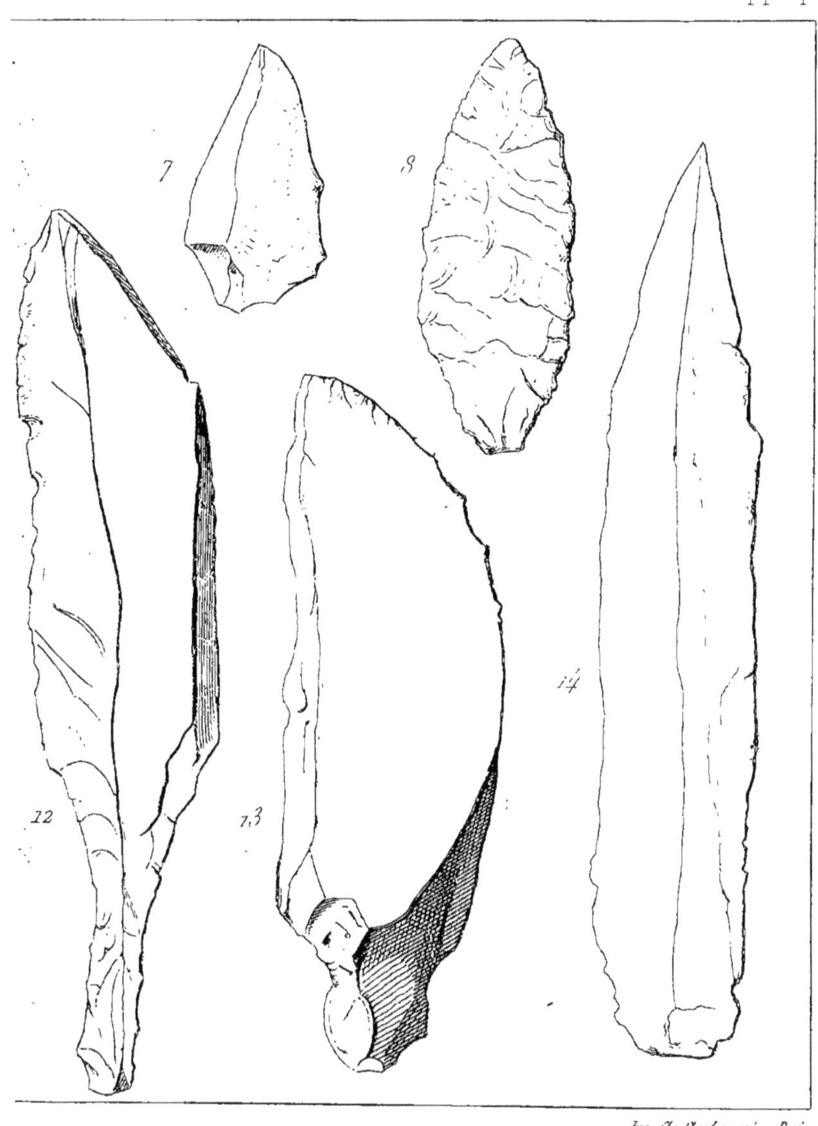

Imp. Ch. Chardon ainé Paris.

TAILLES

ıe du Périgord.

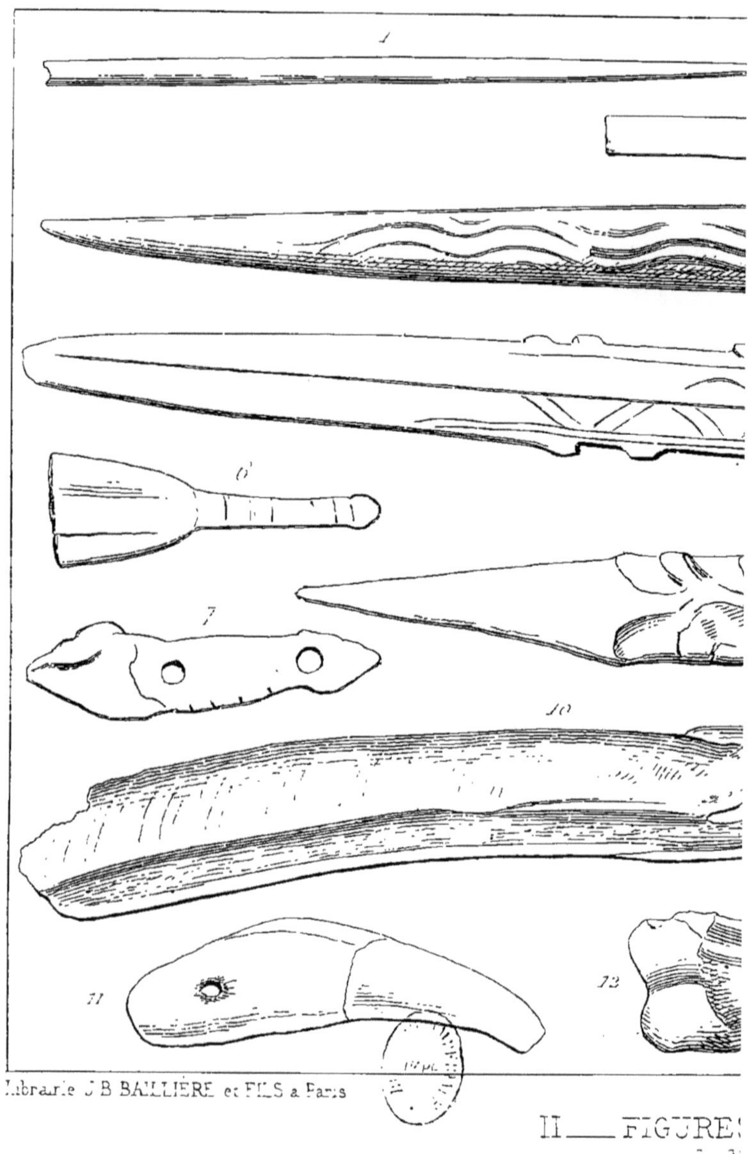

Librairie J.B. BAILLIÈRE et FILS à Paris

II___FIGURES
de di

Pl. II

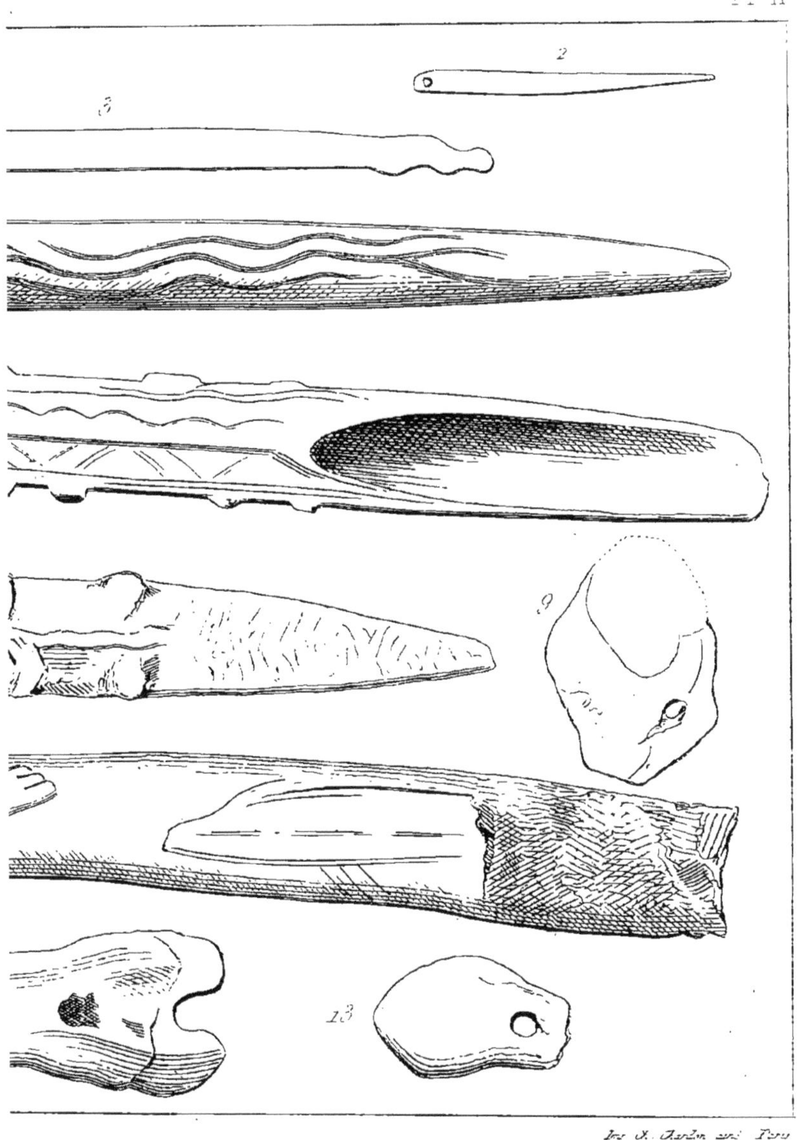

EMENTS ET USTENSILES
stations du Périgord

chaux et une certaine quantité de fourrage. Elle a dû, en effet, être en grande partie déblayée à une époque plus ou moins éloignée, et ce qui y restait de l'ancien dépôt ossifère ne nous a pas permis d'asseoir une opinion bien arrêtée sur la manière dont s'est opéré le mélange d'ossements et de silex taillés, confusément entassés dans la partie explorée sous nos yeux. Nous y avons recueilli des os d'Hyène (*H. spelæa*) de Loup, de Renard; de Lièvre, de Cheval, de Sanglier, de Cerf (*C. elaphus*), de Bœuf, de Bouquetin et de Chamois indistinctement mêlés à des silex taillés; ces derniers, d'un travail généralement peu soigné, s'y sont montrés presque tous de moyenne dimension et peu variés dans leur forme. En fait d'os travaillés, nous n'avons recueilli qu'une sorte d'ornement ou pendeloque (pl. II, fig. 9) faite avec l'os de l'oreille d'un bœuf ou d'un cheval réduit à sa partie la plus compacte et la plus éburnée. Il est à remarquer que c'est la seule des cavernes de la Dordogne explorées par nous où nous n'avons pas rencontré de débris de renne. Il y avait quelques ossements d'oiseaux, entre autres une phalange onguéale de grand rapace, mais pas de débris de poissons. Cette grotte, du reste, se trouve à une assez grande distance de la Dordogne.

GROTTE DU PEY DE L'AZÉ, COMMUNE DE LA CANÉDA, ARRONDISSEMENT DE SARLAT.

La grotte du Pey de l'Azé, également citée par MM. Jouannet et Desnoyers, et, plus tard, par M. l'abbé Audierne, est une des plus grandes que nous ayons visitées dans le Périgord. Sur quelques points de son périmètre interne on aperçoit une brêche osseuse remontant le long de ses parois, quelquefois jusqu'à une hauteur de un mètre cinquante centimètres; la même brêche adhère au plafond là où la voûte surbaissée descend à ce niveau. On peut en induire qu'antérieurement au déblayement de la grotte, l'accumulation ossifère y atteignait une grande épaisseur au centre et dans une certaine étendue de sa surface. Il n'y a nul souvenir dans le pays ni de l'époque où elle a été vidée, ni à quelle intention cette opération s'est effectuée. Quelques gros blocs de roche disposés près de son entrée sembleraient placés là comme moyen de défense contre une agression extérieure, peut-être dans des temps peu éloignés du nôtre. Le sol de la caverne est aujourd'hui parsemé de fragments de roche calcaire mêlés à une sorte de limon terreux très-meuble et renfermant aussi des silex taillés. Ceux-ci sont plus abondants sur les côtés de la grotte, là où le limon relevé et adossé contre les parois y a acquis une sorte de consistance, par suite sans doute d'infiltrations d'eau calcarifère. Ces silex offrent une apparence de taille plus soignée et des formes plus variées que ceux de la Combe-Granal. Il s'y est même trouvé quelques types assez rares en général dans les cavernes, et analogues à ceux que nous aurons bientôt l'occasion de signaler en très-grand nombre dans la grotte du Moustier.

La faune de la grotte du Pey de l'Azé est assez riche en mammifères; le Renne y reparaît accompagné du Bœuf, du Bouquetin, du Cerf élaphe (très-rare) et du Cheval. Le Lièvre, le Sanglier et le Renard y sont à peine indiqués; c'est la seule des grottes visitées par nous où nous ayons trouvé le grand Ours des cavernes (*U. spelæus*); il y était représenté par un certain nombre de dents et d'ossements. L'état des os des herbivores et le mode de leur cassure ne laissent point de doute que ces animaux n'aient subi l'influence directe de l'homme, et, très-probablement, servi à sa nourriture. Nous n'oserions pas en dire autant de l'*Ursus spelæus*, bien que ses ossements se soient trouvés parfaitement mêlés à la fois aux silex taillés et aux os d'herbivores. Nous avons également observé dans la grotte du Pey de l'Azé quelques restes d'un animal du genre *Canis*, intermédiaire par sa taille au Loup et au Renard; il est permis de supposer que c'était un Chien domestique; mais ce Chien aurait-il été le compagnon des aborigènes de l'âge du Renne? Ceci devient plus douteux.

GROTTE DE LIVEYRE, COMMUNE DE TURZAC, ARRONDISSEMENT DE SARLAT.

Nous arrivons maintenant dans le bassin de la Vezère, où l'on rencontre à chaque pas des traces des populations primitives du Périgord. La grotte de Liveyre est située à une courte distance de cette rivière et s'ouvre presque au niveau de la basse plaine. Elle conserve quelques vestiges d'habitation ancienne; mais son plancher presque entièrement dénudé annonce qu'elle a été vidée à une époque antérieure à tout souvenir local. On remarque sur quelques points de son pourtour interne, des concrétions de brèches à ossements. Nous y avons reconnu des restes de Renne, de Bœuf et de Cheval, avec quelques silex en petit nombre et également peu variés de caractère. Un seul morceau présente une sorte de poignée naturelle pouvant être maniée à la main et paraissant avoir été taillée par l'autre bout à une intention quelconque.

GROTTE DE MOUSTIER, COMMUNE DE PEYZAC, ARRONDISSEMENT DE SARLAT.

En remontant la Vezère, après avoir passé sur sa rive droite, on trouve dans la commune de Peyzac, à deux cents mètres de la rivière et à vingt-quatre mètres au-dessus de son niveau, la grotte dite du Moustier. Les fouilles que nous y avons fait pratiquer dès le commencement de novembre 1863, nous ont procuré un ensemble d'évidences à certains points de vue distinctes de ce que nous avons observé partout ailleurs dans le Périgord; disons d'abord que la faune y conserve le facies général des cavernes de la contrée, mais avec une prédominance moins accusée des restes du Renne. On y a recueilli des lames disjointes de molaires d'Éléphant (*El. primigenius*), fait qui avait été antérieurement observé à Aurignac et que nous verrons se reproduire dans d'autres stations de cette même région du Périgord. Nous y avons également trouvé quelques restes de la Hyène des cavernes (*H.*

spelæa); mais sans accompagnement de circonstances qui puissent justifier une induction de contemporanéité avec l'homme. Des os assez nombreux de lapins, trouvés presque à la surface, peuvent être rapportés à une époque relativement récente.

Le caractère le plus distinct de la grotte du Moustier ressort de la forme et des dimensions comparatives des armes et outils en pierre que nous y avons recueillis en très-grand nombre. La nature des silex mis en œuvre a aussi quelque chose de particulier, et, si l'on devait établir une distinction chronologique entre les diverses stations de l'âge de la pierre dans le Périgord, c'est assurément sur la considération des silex taillés du Moustier que l'on pourrait s'appuyer.

Nous y avons, en effet, retrouvé plusieurs des types fréquemment observés dans le *diluvium* d'Abbeville et de Saint-Acheul, entre autres celui que nous figurons, parce que sa forme doit être familière aux personnes qui ont visité les célèbres gisements de la vallée de la Somme (fig. 1).

Le type en tête de lance convexe sur ses deux faces y est représenté par des spécimens d'un travail quelquefois très-soigné. On y trouve aussi de grandes lances à face plane ou légèrement concave d'un côté, la face opposée étant relevée d'arêtes longitudinales, ou simplement bombée, avec des bords tranchants unis ou bien retaillés en festons. Les types les plus répandus dans les autres stations, tels que les grattoirs simples ou doubles, les lames allongées en couteaux, les pointes de flèches, y sont relativement peu communs et d'un travail assez négligé.

Ce qui donne principalement un cachet propre à cette station, c'est la rencontre de plusieurs instruments tranchants dont la partie restée brute peut être aisément tenue en main; leur tranchant, allongé en courbe peu sensible, ressemble assez bien à celui des haches de nos charpentiers. Il est soigneusement taillé en biseau tantôt simple, tantôt double. Quelques-uns de ces outils sont de grande dimension et constituaient de puissants instruments our fendre ou couper des substances ligneuses, et peut-être aussi les grands os de mammifères. C'est la première fois que nous avons eu

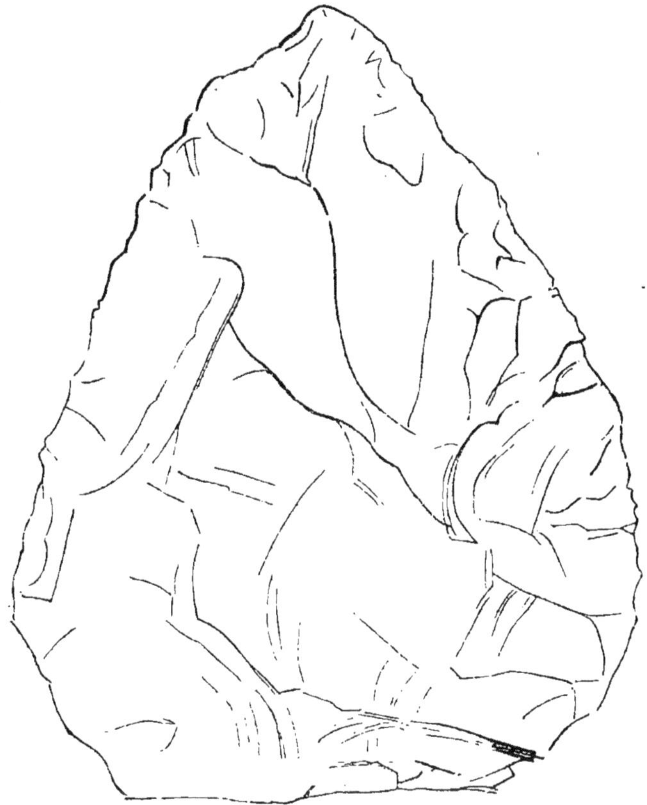

Fig. 1. — Silex taillé de la grotte du Moustier : forme analogue à l'une de celles du *diluvium* de la Somme.

l'occasion d'observer des spécimens de ce type particulier, qui, dans ses diverses dimensions, conserve des formes nettement accentuées.

Le gisement du Moustier ne nous a fourni jusqu'à ce jour aucun os ou portion de corne travaillée pour une destination usuelle quelconque.

GROTTES DE LA GORGE D'ENFER, COMMUNE DE TAYAC, ARRONDISSEMENT DE SARLAT.

Ce sont les premières grottes que nous avons visitées à notre arrivée dans le Périgord, en août 1863. Il y en a plusieurs dans la gorge d'Enfer, sur la rive droite de la Vezère. La première que l'on rencontre, en pénétrant dans la vallée et à gauche du ruisseau, a son ouverture très-grande; son sol rocheux, presque entièrement dénudé, laisse supposer qu'elle a pu être vidée, comme le furent en 1793, bien des cavernes en France, à l'intention d'utiliser les dépôts animalisés et salpétrés qu'elles renfermaient, pour la fabrication de la poudre, la ressource des importations de l'étranger manquant à cette époque ([1]). Nous avons remarqué, sur les parois de cette grotte et dans ses fissures, des efflorescences salines que nous avons supposées pouvoir être du nitrate de potasse. Du reste, on conserve dans le pays le souvenir confus d'une salpêtrière établie temporairement pendant la révolution, aux Eyzies, dans cette même commune de Tayac ([2]).

La seconde grotte de la gorge d'Enfer, plus enfoncée d'une cinquantaine de mètres dans le vallon, est d'une étendue beaucoup moindre. Il en a été évidemment extrait de grandes masses de débris organiques; car on y voit les concrétions de brèche osseuse, habituellement persistantes en pareil cas, se relever jusqu'à soixante et quatre-vingts centimètres le long de ses parois. Nous y avons remarqué des os de Renne, de Bœuf et de Cheval, avec des silex taillés de formes diverses; entre autres deux portions de tête de lance aplaties, soigneusement taillées à petites facettes sur les deux côtés et à bords légèrement festonnés. En dehors de la grotte, on aperçoit des restes de déblais ramenés de l'intérieur, et l'on

([1]) Lors de l'exploration faite par M. Alph. Milne-Edwards et l'un de nous, en 1861, de la grotte de Lourde, dans les Hautes-Pyrénées (voy. *Ann. des Sciences naturelles*, IVe série, *Zool.*, t. XVII), le propriétaire d'une maison voisine nous dit avoir entendu raconter par son grand-père que l'on avait, en 1793, extrait beaucoup de matériaux de cette caverne, pour la fabrication de la poudre.

([2]) Cet article était à l'impression lorsque M. l'abbé Audierne nous a dit que l'enlèvement des terres salpêtrées des cavernes s'était longtemps continué dans le Périgord, et qu'elles étaient centralisées dans un dépôt principal à Périgueux. La prétendue salpêtrière de Eyzies n'était probablement qu'un lieu de dépôt provisoire.

en remarque particulièrement sous un bloc de roche qui paraît s'être écroulé postérieurement à l'extraction des déblais de la caverne.

GROTTE DES EYZIES, COMMUNE DE TAYAC, ARRONDISSEMENT DE SARLAT.

La grotte des Eyzies n'est pas non plus rigoureusement dans la vallée de la Vezère; pour y arriver, il faut remonter, sur quelques centaines de mètres, la rive droite d'un affluent de cette rivière, le grand ruisseau de la *Beune*, dont le volume d'eau, assez considérable en toute saison, suffit pour l'alimentation de plusieurs usines. C'était là que fonctionnait encore, il y a quelques années, la grande forge des Eyzies, dont le chômage trop prolongé est grandement préjudiciable à la population de cette localité.

A peu de distance des bâtiments de cette forge, et dans l'escarpement si pittoresque des roches crétacées qui bordent à droite le vallon de la Beune, la grotte des Eyzies s'ouvre sur une saillie du roc en plate-forme, à trente-cinq mètres au-dessus du niveau de la petite rivière.

L'ouverture de la grotte est large et assez élevée pour laisser pénétrer la lumière dans tout son périmètre intérieur. Elle est approximativement circulaire, sa profondeur en face de l'ouverture étant de douze mètres, sur seize mètres de plus grande largeur transversale. Au centre, la voûte atteint six mètres de hauteur. Cette élévation était moindre lorsque le propriétaire actuel de la grotte, M. Richard, Anglais d'origine, en prit possession, il y a plusieurs années. Il existait alors, en recouvrement du plancher solide, une assise de dépôts meubles de soixante centimètres environ au milieu, et se relevant sur les côtés à quatre-vingt-dix centimètres ou un mètre au plus. C'est également la hauteur qu'atteignent le long des parois les concrétions ossifères qui y sont restées adhérentes, et qui témoignent encore ici qu'à l'origine, c'est-à-dire à l'époque où cette caverne cessa d'être habitée par les aborigènes chasseurs du Renne, l'accumulation des débris de leurs festins était beaucoup plus considérable vers le centre [1].

Nous croyons devoir mentionner ici que l'on aperçoit près de l'entrée de la grotte, sur le prolongement latéral et extérieur de la plate-forme, des traces de constructions artificielles d'une époque relativement très-récente. Il nous a semblé y reconnaître l'emplacement d'une écurie en quelque sorte suspendue dans les airs et recouverte, à n'en pas douter, par des appentis en toiture s'appuyant au rocher dans des trous qui subsistent encore. Nous y avons mesuré l'emplacement de quatorze Chevaux attachés côte à côte. Les crèches, que quelques observateurs ont pu prendre pour d'anciennes tombes, sont en effet creusées dans le roc avec des divisions pour chaque paire de Chevaux. Elles ont un mètre soixante-quinze centimètres de longueur, sur vingt-sept centimètres de large et quinze de profondeur en contre-bas; espace évidemment insuffisant pour loger un corps humain. Il y a d'ailleurs, de l'un et de l'autre côté de ces crèches, une cavité hémisphérique, ou mangeoire, pour chaque Cheval, au-dessus de laquelle, sur certains points, on trouve encore percé, dans la roche, le trou par lequel passait la longe du licol d'attache [2] : tout cela se rapportant indubitablement à une époque de civilisation peu ancienne et tout au moins postérieure à la domestication du Cheval. La grotte des Eyzies pourrait donc avoir été en partie déblayée à cette

[1] On aurait quelque peine à comprendre que des familles d'aborigènes aient pu habiter ces grottes, où s'accumulaient progressivement tant de restes organiques en décomposition plus ou moins avancée. Mais nous voyons, par les descriptions que nous a laissées le missionnaire danois, Hans Egedes, des huttes d'hiver des Esquimaux, que c'étaient de véritables charniers où se trouvaient entassées de la graisse et des chairs crues de mammifères, des poissons, etc.; le tout associé à d'autres résidus répandant une odeur insupportable pour un Européen, mais de laquelle ces indigènes ne paraissaient nullement incommodés... (Voy. Hans Egedes, *A description of Groënland, translated from the Danish*. London, 1745.)

[2] Peut-être serait-il plus correct d'appeler *mangeoire* ce que nous désignons par le nom de *crèche*, et alors les cavités arrondies placées à côté de chaque Cheval pourraient être considérées comme étant destinées à recevoir l'eau pour abreuver ces animaux.

seconde époque de l'habitation de l'homme dans les rochers du vallon de la Beune, qui en conservent bien d'autres vestiges. Peut-être aussi en aurait-on extrait d'autres déblais comme terres salpêtrées, à cette époque de 1793, où l'on fit appel à toutes les ressources indigènes pour subvenir à la fabrication de la poudre.

Les premiers produits archéologiques provenant de la caverne des Eyzies ont été montrés à l'un de nous, en 1862, par M. J. Charvet, qui, par son activité et ses recherches intelligentes, a beaucoup contribué à enrichir cette branche de notre archéologie nationale. Il les tenait de M. Abel Laganne, dont le plus jeune frère a surveillé et dirigé depuis lors, avec une si louable intelligence, nos travaux de recherches dans le Périgord. C'étaient des silex taillés, principalement en forme de couteaux, et quelques fragments de brèche dans lesquels nous reconnûmes des ossements de Renne. Pressentant dès ce moment tout l'intérêt que pourrait offrir cette découverte, et nous promettant d'user plus tard des indications que M. Charvet eut l'obligeance de nous fournir, nous l'engageâmes alors à ne pas négliger d'utiliser les relations qui lui faciliteraient l'acquisition de nouveaux matériaux. D'autres envois lui furent faits, tous confirmant les premières données sur l'association des circonstances archéologiques et paléontologiques de cette station. Toutefois, ce fut seulement en août 1863, que, prenant occasion d'un voyage projeté dans le Midi, en passant par la Dordogne, nous nous arrêtâmes dans les environs de Tayac. Nous ne tardâmes pas à nous apercevoir que, dans cette contrée, les vestiges de l'homme des temps préhistoriques se montrent presque partout. Guidés par les renseignements pleins d'obligeance de M. Dessalles, archiviste du département, de M. de Beauroyre, et, toujours aidés du concours bienveillant de M. Mercier-Papeyral, ancien élève de l'école polytechnique et maire de Tayac, nous fîmes fouiller, presque simultanément, dans les derniers jours d'août 1863, les stations de la gorge d'Enfer, de Laugerie-Haute et de la grotte des Eyzies.

Du premier moment que nous eûmes constaté l'état intérieur de cette dernière caverne, nous pressentîmes le parti que nous pourrions en tirer pour la démonstration la plus rigoureuse de la coexistence de l'homme et des espèces animales dont les ossements y avaient été introduits. Nous remarquâmes que le sol rocheux de la grotte était recouvert, à peu près en continuité, d'un plancher de brèche osseuse d'une épaisseur variant, comme nous avons pu le vérifier plus tard, de dix à vingt-cinq centimètres. On y distinguait, empâtés pêle-mêle, des ossements fragmentés, des silex taillés de formes et de dimensions diverses, des cailloux arrondis ou anguleux et des plaques schistoïdes de roches pour la plupart différentes de celles que l'on trouve dans le vallon de la Beune et même dans le bassin de la Vezère. Sur quelques points on pouvait reconnaître, à la quantité de cendres et de débris de charbon que renfermait la brèche, l'emplacement d'anciens foyers. Nous jugeâmes dès lors que cette assise, la plus inférieure et aussi la plus ancienne, devait avoir conservé, en quelque sorte stéréotypées par leur consolidation en brèche, les circonstances originelles du dépôt ainsi soustrait à tout remaniement ultérieur.

Nous résolûmes donc de faire diviser ce plancher de brèche par plaques ou compartiments tracés avec la pointe du pic, et que l'on souleva ensuite, tant bien que mal, suivant que le plus ou moins d'épaisseur ou de solidité de l'assise concrétionnée se prêtait à cette opération.

Le premier examen des plaques de brèche amenées au jour nous y fit remarquer que, bien que tous les os longs fussent invariablement fendus ou cassés, il y restait néanmoins des séries osseuses de la colonne vertébrale dans leur succession normale, et que les pièces multiples formant l'ensemble de certaines régions articulaires, telles que celles du carpe et du tarse, s'y trouvaient saisies et maintenues exactement dans leurs connexions anatomiques.

Ceci nous montrait que ces peuplades de chasseurs primitifs, si friands de la moelle des animaux herbivores, n'avaient pas la même prédilection pour les cartilages inter-articulaires ([1]). Nous y trouvions aussi une sorte d'évidence négative de la présence de tout Chien domestiqué chez nos aborigènes de l'âge du Renne, car il est probable que si le Chien eût été leur commensal, il n'aurait pas, comme ses maîtres, dédaigné les cartilages du Renne et des autres herbivores. Du reste, nous n'avons remarqué, dans la grotte des Eyzies, aucun os rongé par des carnassiers, et les os d'oiseaux n'y sont pas non plus dépourvus de leurs extrémités articulaires comme dans les kjöckkemmöddings du Danemarck. On sait que cette particularité avait surtout servi au professeur J. Steenstrup à deviner la présence du Chien parmi les aborigènes de l'âge de la pierre sur les bords de la Baltique.

Une autre induction qui ressort pour nous de cet état de conservation des séries articulaires osseuses, est celle-ci : la caverne des Eyzies avait dû nécessairement être abandonnée pendant un temps assez prolongé par les chasseurs de Renne qui, à leur départ, y avaient laissé un certain nombre de carcasses ou membres d'animaux non désarticulés. Il avait fallu, en effet, une longue interruption de toute habitation humaine pour que la brèche pût se former sur toute l'étendue du sol de la grotte, et pour que les assemblages articulaires du squelette fussent saisis et incrustés avant la destruction des ligaments qui les retenaient en connexion ; sans cela, on conçoit que, quelle que fût l'activité incrustante des infiltrations d'eaux calcarifères, le piétinement journalier de l'homme aurait empêché la formation de la brèche, et surtout désuni et dispersé les pièces articulées, avant leur empâtement dans la concrétion.

Notre premier soin, après l'extraction d'un certain nombre de carrés ou plaques de la brèche des Eyzies, a été de faire déposer l'un des meilleurs spécimens au musée de Périgueux,

([1]) Dans d'autres circonstances se rapportant à une phase encore plus ancienne des temps préhistoriques, nous avons cru reconnaître, aux traces d'excision restées dans des surfaces articulaires d'os de Rhinocéros (*Rh. tichorhinus*), que les cartilages en avaient été soigneusement détachés.

chef-lieu du département, en y adjoignant, comme accessoires, des dents et des ossements de toute sorte et des silex taillés de différents types. Deux autres spécimens de premier choix ont été adressés au Muséum d'histoire naturelle à Paris, et un quatrième, plus spécialement intéressant au point de vue archéologique, est mis en réserve pour être offert au musée de Saint-Germain. Après cela, les autres plaques ont été, sans distinction, attribuées à divers musées de France, d'Angleterre et d'autres contrées de l'Europe ou en dehors, avec simple recommandation aux destinataires de se bien assurer, par un lavage fait avec précaution, si ces blocs de brèche ne renfermeraient pas des pièces de quelque intérêt restées inaperçues, et non indiquées sur des notes d'envoi faites à la hâte et après examen incomplet [1].

Outre ces évidences résultant de l'état même de la brèche osseuse, la grotte des Eyzies nous a fourni bien d'autres matériaux se rattachant aux mêmes circonstances de son habitation primitive.

Les silex taillés s'y sont trouvés en nombre très-considérable, particulièrement les *nuclei* ou blocs-matrices d'où l'on détachait, sans doute par percussion, les éclats façonnés à diverses intentions. Parmi ceux-ci, le type dit *couteau*, y est très-commun et aussi le mieux travaillé; il y a une forme particulière à laquelle conviendrait peut-être mieux cette appellation et que l'on voit représentée dans la planche I, figure 11. C'est une lame aplatie et sub-concave en dessous; la face supérieure est convexe et relevée dans son milieu d'une arête longitudinale qui se continue jusqu'à la pointe; les bords sont retaillés à petites facettes, et, à son tiers

(1) Cette recommandation n'a pas été sans porter ses fruits. Déjà M. Francks, conservateur du département archéologique au British Museum, nous a informés qu'en faisant laver la plaque adressée à cet établissement, il y avait découvert une petite aiguille en bois de Renne finement travaillée et percée d'un chas. D'autre part, M. Haidinger, directeur de l'Institut impérial géologique de Vienne (Autriche), nous écrit que M. le professeur Peters a dégagé une incisive humaine du morceau de brèche des Eyzies dévolu à son musée.

postérieur, l'outil se contracte comme pour recevoir un manche.

Les figures 12 et 13 sont des formes toutes nouvelles pour nous et dont nous n'essayerons pas pour le moment d'expliquer la signification usuelle.

Les grattoirs à tête arrondie et retaillée à petites facettes obliques, figure 10, y sont bien représentés, de même que ceux à tête double, figure 15; d'autres ont leur extrémité atténuée à pans coupés, comme pour un emmanchement, figure 9; dans certains types de dimensions très-diverses, figures 7 et 14, on croirait trouver des armes plutôt que des outils; il y a aussi des petites lames très-effilées, quelquefois aplaties, d'autres fois triangulaires et terminées par des pointes aiguës. Ces types, variables dans leurs formes,

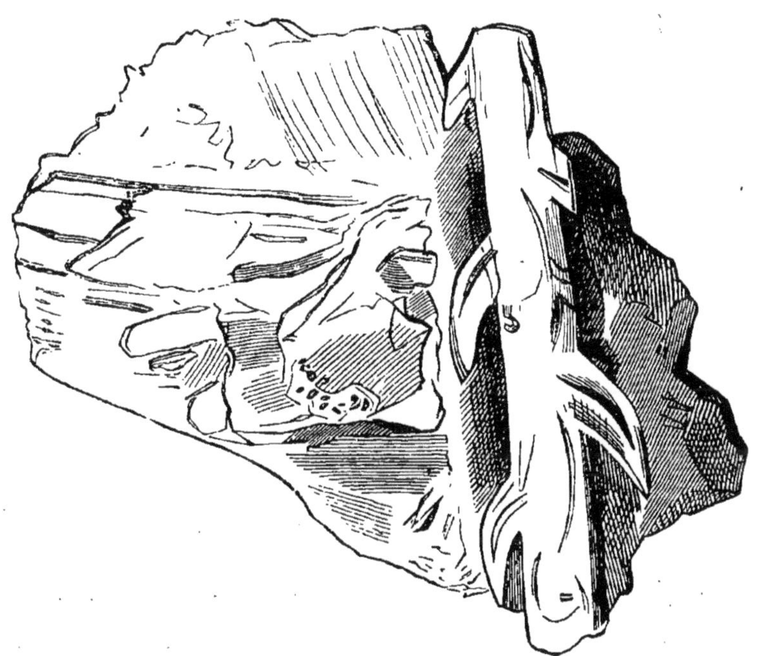

Fig. 2. — Brèche des Eyzies avec tronçon de flèche ou harpon barbelé en bois de Renne.

peuvent avoir été employés comme poinçons, aiguilles ou autres instruments d'un usage difficile à deviner, figures 1, 2, 3, 4, 5 et 6.

Les flèches faites avec le bois de Renne et relevées de chaque côté de plusieurs barbes récurrentes et alternes se sont montrées aux Eyzies comme dans beaucoup d'autres stations du même âge. Nous en donnons ici une qui est restée engagée dans un morceau de la brèche (fig. 2).

Fig. 3. — Brèche des Eyzies avec petit harpon en os et dents de Renne.

La pointe y manque; on peut, du reste, très-bien distinguer, sur les barbes, ces entailles que l'on a supposées avoir été destinées à recevoir une substance vénéneuse (1).

Dans un autre morceau de brèche, dont nous donnons ci-

(1) *Ann. des Sciences naturelles*, IVe série, *Zool.*, t. XV, p. 210.

après la figure, on aperçoit deux prêmolaires inférieures de Renne, et, un peu à côté, un outil pointu avec deux crochets, espèce de harpon en miniature, qui est fait avec un os à tissu très-compacte; peut-être un os d'oiseau (fig. 3).

La pièce que nous figurons à la suite et représentée sur deux faces, a été détachée d'un bloc de brèche des Eyzies : c'est une vertèbre d'un tout jeune Renne qui est percée de part en part par une lame de silex dont l'une des extrémités, restée en saillie hors de l'os, a été cassée et perdue dans le travail de la fouille. Il est assez difficile de se rendre compte de la manière dont cette arme s'est introduite dans la vertèbre, qui paraît être une troisième lombaire. En effet, la lame du silex a pénétré par la face inférieure du corps de l'os, comme on le voit en *a* dans la première figure, pour ressortir en dessus au point *b* de la seconde figure. Si l'arme a été lancée sur l'animal vivant et debout, le chasseur devait se trouver sur un plan en contre-bas, pour pouvoir la faire entre par le flanc droit, et elle a dû traverser une partie des entrailles. L'effet produit s'expliquerait mieux si l'on supposait que le jeune Renne était déjà abattu et tombé sur le côté gauche. Quoi qu'il en soit, l'os était nécessairement à l'état frais pour que le silex ait pu s'y enfoncer aussi profondément. Il a même, après coup, subi une sorte d'écrasement qui a brisé l'apophyse épineuse et fait écarter les lames osseuses du canal vertébral (fig. 4).

Nous pouvons aussi mentionner, comme venant de la grotte des Eyzies, un instrument resté longtemps unique, et dont pour cela nous n'avions pas osé parler dans une de nos précédentes publications : c'est une première phalange du pied, toujours creuse dans les ruminants du genre cerf (pl. II, fig. 12); elle est percée en dessous d'un trou rond, un peu en avant de son articulation métatarsienne. En plaçant la lèvre inférieure dans la concavité transverse de cette articulation et en soufflant dans le trou, on obtient un son aigu semblable à celui produit par une clef forée employée à la même intention. Le premier exemple de ce sifflet des chasseurs aborigènes avait été trouvé, il y a bientôt quatre ans, dans la sépulture primordiale d'Aurignac. Depuis lors, nous en avons eu un second de la grotte des Eyzies, et un troisième de la station de

Fig. 4. — Vertèbre lombaire de jeune Renne vu d'abord en dessous par la face où a pénétré la lame de silex *a* et ensuite par sa face supérieure où l'on aperçoit en *b* la pointe du silex qui a percé l'os de part en part.

Laugerie-Basse, tous faits avec des phalanges de Renne; nous pouvons en citer un quatrième, de la collection de M. J. Charvet; ce dernier, qui est fait avec une phalange de Chamois, a été trouvé dans la grotte de Chaffaut, commune de Savigné (Vienne).

La grotte des Eyzies, pas plus que celles précédemment décrites, n'a fourni aucun spécimen d'arme ou d'outil quelconque en pierre sur lequel nous ayons pu distinguer des traces de polissage; car nous ne pensons pas que l'on puisse considérer comme ayant été polis des blocs ou cailloux de granit arrondis, déprimés et portant à leur face supérieure une cavité plus ou moins profonde. Il y a de ces cailloux de plusieurs dimensions, depuis cinq centimètres jusqu'à vingt centimètres de plus grand diamètre. Le trou creusé au-dessus est quelquefois à peine indiqué, et d'autres fois assez profond pour simuler une sorte de petit mortier; il paraît avoir subi l'action d'un frottement répété, mais en restant toujours rugueux, ce qui tient à la structure cristalline et grenue de la roche granitique. Du reste, il n'est jamais assez grand pour faire supposer qu'il a servi à triturer des grains ou même toute autre substance. Nous accepterions plus volontiers l'hypothèse suggérée par le docteur Roulin, qui serait porté à voir dans ces prétendus mortiers un moyen de se procurer du feu, analogue à celui employé par les sauvages de l'Amérique du Sud [1], c'est-à-dire en faisant tourner rapidement dans la cavité, toujours rugueuse, de ces cailloux de granit, un bâton de bois sec et inflammable par ce genre de frottement.

Passons maintenant à un autre ordre de faits d'où ressortent des évidences bien autrement directes; car il s'agit d'images ou représentations d'animaux de ces temps préhistoriques qui nous ont été transmises par des traits gravés sur une roche relativement assez dure, un schiste ou phyllade quartzifère. Ce sont, nous le supposons, les premiers exemples de la gravure sur pierre, remontant à des temps si éloignés de notre époque.

La grotte des Eyzies nous a déjà donné deux de ces plaques de schiste gravées très-probablement avec la lame aiguë d'un silex taillé, à moins que ce ne fût avec la pointe d'un cristal de roche, dont nous avons aussi la preuve que ces aborigènes savaient faire usage.

L'une de ces plaques, dont on voit ici la reproduction, nous est parvenue incomplète, et elle ne nous montre plus que la moitié antérieure du corps d'un animal probablement herbi-

[1] Oviedo, *Historia generale de las Indias*, lib. VI, cap. VI.

blement herbivore, et dont la tête aurait été armée de cornes, autant du moins qu'on en peut juger par les lignes assez confuses de cette gravure, qui laisse d'ailleurs beaucoup d'indécision quant à la détermination générique de cette forme animale (fig. 5).

Fig. 5. — Fragment d'une plaque de schiste quartzifère où l'on voit gravée au trait la région antérieure du corps d'un mammifère.

Dans une seconde plaque, que nous ne faisons pas figurer, on distingue assez bien une autre tête à naseaux bien accusés et à bouche entr'ouverte, mais dont les lignes postérieures sont en grande partie effacées par l'effet d'un frottement en apparence artificiel et postérieur au travail de la gravure. En sorte que l'incertitude des rapports zoologiques resterait même plus grande que dans le morceau précédent, à moins qu'on ne pût rattacher à cette tête, comme nous l'a suggéré M. Milne-Edwards, une grande palme figurée sur le côté, et dont la direction et les digitations profondes rappelleraient assez bien l'empaumure des bois de l'Élan [1].

[1] Ce serait pour nous le premier témoignage de l'existence de l'Élan constatée cette époque de nos cavernes. M. le professeur Gervais (de Montpellier) a, il est vrai, cité deux fois l'Élan en France, dans des circonstances de cet âge, mais avec expression de doute. En Angleterre, des cornes d'élan, provenant des environs de New-Castle, sont conservées dans le musée de cette ville, et l'un de nous, dans une visite faite en août 1863 au musée de l'université d'Oxford, a pu y reconnaître,

Du reste, la faune des Eyzies a beaucoup de rapport avec celle des stations précédemment décrites ; c'est toujours la même prédominance des restes du Renne avec l'accompagnement habituel du Cheval, du Bœuf, du Bouquetin, du Chamois ; le Cerf commun était à peine représenté par quelques débris, et l'Éléphant par un fragment de défense portant des traces de travail humain. Nous devrions aussi citer quelques vertèbres de Lièvre et d'Écureuil, et une canine de Lynx percée, à la racine, d'un trou de suspension pour ornement.

Mais le morceau véritablement exceptionnel, dans cette station, est un métacarpien de petit doigt d'un jeune *Felis* de très-grande taille (*F. spelæa?*), qui présente des traces nombreuses d'entailles et de rayures, absolument de la même façon que les os des autres animaux mangés par les aborigènes. Cette espèce n'était-elle pas encore éteinte à cette époque que nous ne considérons pas comme étant la plus ancienne de la période humaine? Aurait-elle même survécu jusqu'à nos temps historiques? On peut, en effet, se demander à quelle espèce bien déterminée appartenaient ces lions de la Thessalie qui, d'après Hérodote, attaquèrent l'armée de Xerxès, dont ils dévorèrent les chameaux. L'habitat de ces lions, suivant l'historien grec, était rigoureusement limité entre l'Achéloüs et le Nestus, région froide et plus comparable pour sa température à notre Europe post-glaciaire, qu'à celle des zones intertropicales où vivent aujourd'hui leurs congénères ; il est vrai qu'il existe encore un grand *Felis* au nord de la Chine et sur les pentes de l'Altaï ; la plupart des zoologistes pensent que c'est le même que le Tigre du Bengale; mais notre ami, le docteur Falconer, qui a pu, mieux que personne, apprécier les conditions de distribution géographique des animaux des deux côtés du grand massif otrographique de l'Asie centrale, estime qu'il ne peut y avoir communauté d'origine entre le Tigre du Bengale et celui du nord

avec le concours du docteur Falconer et du professeur Philipps, un maxillaire d'élan trouvé à Lhandebic-Lhandilo, avec des restes de Cerf, d'Ours et un crâne huma

de la Chine. Dans son opinion, qu'il nous autorise à citer ici, ce dernier pourrait bien n'être autre que le *Felis spelæa* de notre Europe quaternaire, refoulé dans cette région extrême, comme aussi l'ont été bien d'autres espèces, par le développement progressif des sociétés humaines (1).

Nous avons trouvé dans la grotte des Eyzies beaucoup d'os d'oiseaux dont nous n'avons pas cherché à déterminer les espèces, M. Alphonse Milne-Edwards ayant bien voulu se charger de cette étude, qui ne pouvait être remise en de meilleures mains.

Les débris de poissons y abondaient également, et nous supposons que certaines espèces, qui vivent encore aujourd'hui dans la Vezère et dans la *Beune*, s'y trouvent représentées. Nous avons cru y reconnaître des restes de grands cyprinoïdes.

Avant de terminer ce qui est relatif aux fouilles de la caverne des Eyzies, nous rappellerons qu'indépendamment de l'incisive d'homme retrouvée par M. le professeur Peters dans le bloc de brèche adressé à l'Institut impérial géologique de Vienne, nous avons de notre côté recueilli dans les débris de la grotte un fragment de mâchoire humaine, rappor-

(1) La liste des mammifères actuellement refoulés ailleurs et qui ont vécu dans notre Europe centrale à l'époque quaternaire, s'accroît tous les jours. Il y a même certaines de nos espèces vivantes dont on peut suivre les traces jusque dans les derniers dépôts de la période tertiaire. Ainsi le Castor fossile du *forest-bed* des côtes de Norfolk (terrain tertiaire supérieur ou pliocène), n'est pas distingué par les paléontologistes de notre Castor vivant du Rhône et du Danube. Un autre petit mammifère des mêmes couches du Norfolk, dont la mâchoire a été décrite et figurée par M. Owen (*A history of British fossils mammals and Birds*, p. 25 et 26, fig. 12 et 13) sous l'appellation paléontologique de *Palæospalax magnus*, n'est autre que le *Sorex moschatus* de Pallas ou *Desman moscovite*, qui vit encore dans la Russie méridionale. L'un de nous a pu, lors de son dernier voyage à Londres, en 1863, vérifier cette identité au moyen de pièces comparatives dont il s'était muni à cette intention; nous croyons pouvoir ajouter que son opinion a été partagée par les personnes compétentes qui l'ont assisté dans cet examen. Hâtons-nous aussi de reconnaître que lorsque le savant auteur de l'histoire des mammifères fossiles de l'Angleterre proposa une distinction générique pour la mâchoire fossile du Norfolk, il n'existait encore dans les collections britanniques aucun squelette entier du *Sorex moschatus* de la Russie, dont la dentition offre, en réalité, des particularités qui ne se retrouvent dans aucun autre insectivore de l'époque actuelle.

table à un individu de petite taille, et n'offrant d'ailleurs aucun autre caractère anthropologique à signaler. La coloration et l'altération apparente de ce morceau n'ont rien qui le distingue des autres os de mammifères trouvés dans la grotte; mais aucune autre particularité ne nous autorise à supposer que son introduction dans la caverne remonte aux temps primitifs de son habitation par les aborigènes.

Outre les brèches et les dépôts ossifères, qui ne sont pas rares dans les cavernes du Périgord, on y rencontre aussi sur certains points, au pied des grands escarpements des calcaires crétacés, des accumulations de débris organiques analogues à ceux observés dans l'intérieur des grottes; ce sont encore des os d'animaux alimentaires toujours fendus ou cassés de la même manière, et constamment associés à des silex taillés également très-nombreux.

Dans ces stations extérieures, comme dans les cavernes, les restes du Renne sont les plus abondants; après eux viennent ceux du Cheval, accompagnés, comme d'habitude, de fragments moins nombreux de Bœuf, de Bouquetin, de Chamois, etc., avec quelques traces de Lièvre et de carnassiers. Nous y retrouvons encore ces lames disloquées de molaires d'éléphant dont l'emploi usuel par les aborigènes reste toujours inexpliqué pour nous.

Trois de ces stations extérieures ont été explorées par nous. Deux dans la commune de Tayac, aux lieux dits : *Laugerie-Haute* et *Laugerie-Basse*, et la troisième dans la commune de Turzac, sur un emplacement rural connu dans le pays sous le nom de la *Madelaine*. Ces trois stations sont toutes dans la vallée de la Vezère, et à peu de distance de cette rivière. Leur faune est à peu près semblable, et rien n'empêcherait de les rapporter à la même phase de la période humaine; car il n'y a entre elles d'autres différences qu'une répartition inégale de certains produits de l'industrie des aborigènes, et une localisation apparente des divers centres de fabrication.

Nous commencerons par le gisement de la Madelaine, qui se trouve le plus en amont dans la vallée de la Vezère.

STATION DE LA MADELAINE, COMMUNE DE TURZAC, ARRONDISSEMENT DE SARLAT.

Cette station est à l'exposition du sud, au pied d'un escarpement à peu près vertical des calcaires du terrain de craie. Elle est à 25 mètres environ de Vezère et à 6 mètres au-dessus de son niveau. Le dépôt ossifère s'étend de 15 mètres environ le long des rochers ; il a 7 mètres de large. Son épaisseur moyenne est de 2 mètres 50 c.; mais dans certains endroits elle dépasse 3 mètres.

La faune de la Madelaine est la même que celle des Eyzies. Au milieu de ce dépôt et à une certaine profondeur, ont été trouvés un fragment de crâne humain, une moitié de mâchoire et plusieurs os longs d'un grand sujet. Ces débris humains étaient recouverts de ce même mélange d'os d'animaux et de silex taillés qui constitue uniformément l'étendue de ce gisement. Leur apparence extérieure d'altération organique était la même que pour les os de renne et ceux des autres mammifères. Toutefois, nous avons grand'peine à croire que l'enfouissement de ces restes de l'homme remonte à l'époque du Renne; d'abord, parce qu'il est peu vraisemblable que les aborigènes de cet âge, que nous avons pu voir, dans une station plus ancienne, à Aurignac, professer une sorte de culte pour les morts, aient enseveli un des leurs dans le lieu même où ils mangeaient ; ensuite, parce que l'on n'a aperçu auprès de ces débris humains aucun des accessoires habituels et à signification symbolique que l'on retrouve jusque dans les sépultures les plus anciennes des temps primordiaux [1].

Les silex taillés sont très-abondants à la Madelaine, parti-

[1] A Aurignac, à en juger par l'état des lieux où rien n'avait été changé depuis l'origine, les repas funéraires se faisaient, il est vrai, assez près de la sépulture, mais tout à fait en dehors du caveau où étaient renfermés les corps humains. A côté de ceux-ci se sont trouvés les armes, les objets d'affection, les ornements, les poteries cassées, et des os de mammifères exceptionnellement non fragmentés et provenant des provisions alimentaires qui, suivant les rites funéraires de ces temps anciens, devaient être placés près du défunt. (Voyez VI, *l'Homme fossile dans la Haute-Garonne : Station et sépulture d'Aurignac.*)

culièrement ceux que l'on peut rapporter au type des couteaux, et ils atteignent le plus souvent de grandes dimensions; on y a aussi trouvé des grattoirs et d'autres types; mais, en général, les formes y sont moins variées qu'aux Eyzies. On y a découvert deux de ces cailloux de granit arrondis et avec une cavité creusée dans la face supérieure.

En fait d'objets travaillés en bois de renne, nous y avons recueilli des flèches barbelées, des aiguilles et d'autres instruments de forme difficile à définir; il s'y est également trouvé quelques pièces sculptées et représentant des formes animales, mais d'un travail trop imparfait pour qu'on puisse en distinguer les caractères zoologiques.

STATION DE LAUGERIE-HAUTE, COMMUNE DE TAYAC, ARRONDISSEMENT DE SARLAT.

Ce gisement, où nous avons commencé nos travaux en août 1863, a une grande étendue le long des rochers dont l'escarpement fait face à la Vezère; il se continue presque sans interruption, en amont du hameau de Laugerie, sur un espace de 112 mètres. A 110 mètres plus haut, on en voit reparaître un lambeau près du nouveau pont du chemin de fer. Ce dernier gisement n'a pas plus de 1 mètre 15 centimètres d'épaisseur, tandis qu'à Laugerie même, la puissance des assises ossifères varie de 1 mètre 12 centimètres à 2 mètres 28 centimètres. Vers le centre de cette dernière localité, les couches à ossements sont présentement recouvertes par de grands quartiers de rocher détachés, il y a environ 120 ans, du sommet de l'escarpement d'où ils se projetaient en surplomb sur une maison qui fut écrasée par les masses écroulées; l'événement eut lieu dans la soirée, fort heureusement en l'absence des habitants de la maison, qui avaient été passer la veillée dans le voisinage. Mais un troupeau de moutons et une paire de vaches furent ensevelis sous les roches éboulées [1]. Si, plus tard, le besoin d'élargir le chemin de Laugerie ou toute autre

[1] Nous tenons ces détails de M. Mercier-Pageyral, maire actuel de Tayac, qui les avait entendu raconter par son grand-père.

convenance de localité nécessitent l'exploitation et l'enlèvement de ces masses éboulées, on trouvera dessous, et très-probablement en contact immédiat, des restes de générations animales qui furent cependant séparées par une longue série de siècles... Avis aux observateurs futurs.

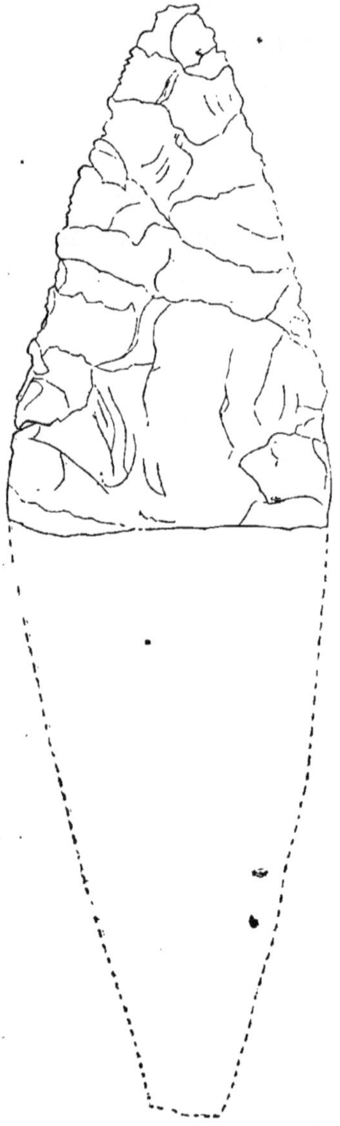

La faune de Laugerie-Haute ne nous a montré aucune différence avec celle des Eyzies et de la Madelaine, si ce n'est dans la rencontre que nous y avons faite de deux ou trois dents molaires du grand Cerf d'Irlande (*C. euryceros* ou *Megaceros hibernicus*). En doit-on conclure que cette espèce n'était pas encore éteinte à l'époque que nous étudions?...

Nous avons aussi recueilli à Laugerie-Haute des lames isolées de molaires d'Éléphant (*El. primigenius*) et quelques fragments de défenses du même animal.

Cette station, qui a fourni beaucoup de silex taillés de formes diverses, tire son principal caractère du grand nombre de fragments de têtes de lances que nous y avons recueillis. Ces têtes de lances, dont nous figurons une moitié avec son complément théorique en lignes pointées, sont soigneusement taillées à petites facettes sur les deux côtés, et à bords élégamment festonnés (fig. 6). Il y en avait de dimensions très-diverses et variant aussi quelque peu par le fini et par

Fig. 6. — Silex taillé en tête de lance, avec son complément idéal en pointillé.

la délicatesse du travail. Malheureusement, il nous en est parvenu très-peu d'entières, bien que nous ayons trouvé un grand nombre de pièces incomplètes et à cassure non émoussée ; ce qui nous fait soupçonner que c'était là un centre de fabrique spéciale pour ce type de silex taillés, et que les morceaux que nous y avons recueillis n'étaient, pour la plupart, que des rebuts ou des restes de pièces manquées en les travaillant. Nous avons fait figurer une de ces têtes de lance dans la planche I, figure 8 ; celle-ci, qui est très-petite, se trouve être un des rares spécimens que nous ayons obtenus entiers.

Nous avons aussi fait figurer dans cette même planche, figure 9, un type particulier dont l'une des extrémités semblerait disposée en grattoir plus dilaté que d'ordinaire ; l'autre bout, au contraire, est atténué en pointe triangulaire par de petits coups de retaille.

Nous arrivons maintenant à une station dont l'intérêt spécial est de nous avoir conservé les plus beaux spécimens de l'art et de l'industrie de ces temps primitifs, celle de *Laugerie-Basse*. Ce gisement, distant de trois cents mètres environ de celui de Laugerie-Haute, est en grande partie abrité sous une excavation de rocher qui le recouvre ou l'abrite jusqu'à un certain point, sur une profondeur de douze à quatorze mètres ; il est éloigné de la Vezère de soixante-dix mètres et s'élève à huit mètres environ en contre-haut du niveau de cette rivière. L'emplacement d'un ancien foyer existe assez avant sous la voûte ; l'assise ossifère avait, dans cet endroit, trois mètres de puissance, et elle venait en diminuant vers l'extérieur, où elle n'était plus que d'un mètre cinquante centimètres ; la hauteur de l'escarpement des rochers au-dessus de l'excavation inférieure est de quarante-cinq à cinquante mètres.

La faune de Laugerie-Basse n'a rien de particulier, et ce sont toujours les mêmes espèces d'animaux alimentaires. Les molaires disloquées d'Éléphant s'y sont montrées comme ailleurs ; mais on y a retrouvé de plus un grand os de cet animal, une portion du bassin : ceci pourrait-il être considéré comme un indice de la contemporanéité de l'Éléphant avec les chasseurs de Renne de Laugerie? On peut se demander quel intérêt auraient eu ces aborigènes d'apporter là un os déjà fossilisé, et surtout un os d'Éléphant que son tissu peu compacte ne rendait guère propre à être utilisé pour un usage quelconque? Nous posons la question sans prétendre la résoudre dans le cas présent, par la raison que nous nous sommes fait une loi de ne procéder dans nos inductions que par évidences incontestables.

Nous n'avons rien à dire à propos des silex taillés de Laugerie-Basse, si ce n'est que les types qui y sont représentés sont généralement assez bien travaillés. Les outils ou instruments de petites dimensions s'y sont montrés en plus grand nombre que partout ailleurs, et aussi plus variés dans leurs formes. Il est remarquable que les belles têtes de lances dont nous avons cru retrouver la fabrique à Laugerie-Haute, manquent presque absolument dans la station si voisine de Laugerie-Basse.

En revanche, cette dernière localité paraît avoir été le siége d'une autre spécialité de fabrication. Nulle autre part, en effet, nous n'avons trouvé une aussi grande quantité de bois de Renne de tout âge, tant ceux de mue, que ceux adhérant encore à la tête de l'animal. Tous ces bois portent des traces d'un sciage quelquefois très-bien exécuté, et évidemment avec toute autre chose que des scies métalliques.

C'est là aussi que nous avons recueilli le plus grand nombre d'instruments, d'outils et d'armes façonnés avec le bois de Renne. Les aiguilles de toute longueur, et toujours percées d'un chas, y abondent [1] (pl. II, fig. 1 et 2). Il y avait d'au-

[1] Nous avions grand'peine à nous expliquer comment ces aiguilles en bois de Renne et si déliées pouvaient avoir servi à coudre des peaux d'animaux relativement très-dures à percer. M. Milne-Edwards nous a suggéré l'idée que le premier trou de percement était fait avec un poinçon, pour ouvrir le passage à l'aiguille conduisant avec elle le fil de couture. Ce fil devait être fait, comme le pratiquent les Esquimaux, avec les tendons du Renne fendus et finement divisés. Nous avons déjà rappelé ailleurs l'observation faite très-souvent de canons de Renne portant, près de leur articulation inférieure, la marque des entailles faites pour en détacher les tendons.

tres outils pointus par les deux bouts et de dimensions très-variées. Certains étaient ornés de sculptures en relief peu définies (pl. II, fig. 8); d'autres simplement entaillés de lignes sinueuses dans le sens de leur longueur (fig. 4).

Sur un de ces morceaux (fig. 5) les ornements en relief sont disposés symétriquement et avec élégance; il est effilé par un bout, tandis que l'autre extrémité, creusée en gouttière assez profonde, semble avoir été destinée à recevoir ou à enlever une substance plus ou moins liquide. Nous n'oserions pas dire que ce fût une cuillère propre à extraire la moelle des grands os d'herbivores?... Il est probable que nos aborigènes n'y mettaient pas tant de façons : toujours est-il qu'il y a beaucoup d'art et même de goût dans la distribution des ornements de cet instrument.

D'autres pièces ont dû servir d'objet de parure personnelle ou, si l'on veut, d'amulettes. Telle serait une dent canine de Loup (fig. 11) dont la racine est percée d'un trou de suspension. Il y a deux trous dans la racine d'une incisive de Bœuf (fig. 6 et 7), sans doute pour la grouper en série avec d'autres incisives pareillement percées et que nous avons trouvées en certain nombre dans le même gisement. Toutes portaient au dos de leurs racines les entailles transversales que l'on y remarque (fig. 6).

Mais, ce qui donne le plus d'intérêt aux découvertes faites dans ce gisement de Laugerie-Basse, ce sont les représentations de divers animaux gravées au simple trait, sur les empaumures des bois de Renne, et aussi quelquefois sculptées en relief ou en ronde-bosse, sur le merrain de ces mêmes bois.

Une de ces gravures, qui se voit reproduite ici, nous montre la région postérieure du corps d'un grand herbivore; les lignes de contour y sont tracées avec vigueur et sans hésitation. La netteté du dessin, qui n'est cependant pas achevé dans toutes les parties, et qu'on peut considérer comme une simple esquisse, dénote une main sûre et exercée. La gracilité de la queue restée incomplète, la forme des jarrets et surtout la position avancée du signe sexuel, ne permettent pas de rapporter cette figure partielle à un Cheval. On y retrouverait mieux des formes bovines un peu élancées,

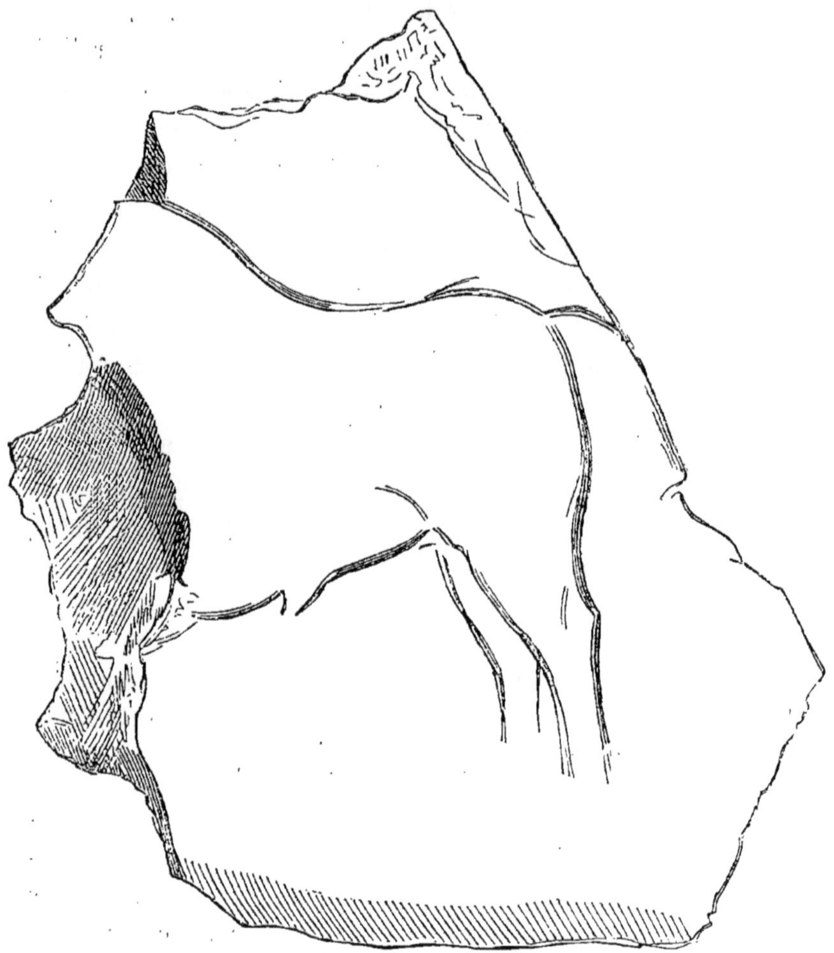

Fig. 7. — Palme de bois de Renne avec figure gravée d'un grand herbivore, tronqué dans la partie antérieure.

et le brusque relèvement de la ligne du dos, en approchant du garrot, semblerait conduire à l'Aurochs. Malheureusement la fracture ancienne du morceau s'était faite juste au point où aurait dû commencer la crinière ou villosité touffue caractéristique des espèces du sous-genre *Bison* (fig. 7).

Sur une seconde palme de bois de Renne, plus dilatée et

à digitations divergentes, on distingue une autre forme bovine dont la jambe et le pied, vigoureusement dessinés, laissent apercevoir les ergots placés en arrière du sabot. Dans cette gravure, la queue, relevée à sa racine, est plus grosse et pendante; la ligne du dos se continue plus horizontalement. On croirait y reconnaître un fanon lisse et descendant jusqu'au niveau de l'articulation carpienne. Toutes ces particularités indiqueraient un rapprochement vers les Bœufs proprement dits; serait-ce une représentation intentionnelle du *Bos primigenius?* Ici encore la région de la tête où devaient s'attacher les cornes manque, et le *graveur*, pour utiliser les divisions de l'empaumure, a dû donner à l'animal une attitude forcée qui nuit à l'effet général du dessein.

Une troisième palme nous a conservé une figure d'animal

Fig. 8. — Autre palme de bois de Renne avec figure d'un animal armé de cornes.

presque entière, mais dont les lignes sont moins distinctement tracées, particulièrement à la tête, qui seule pourrait nous fournir des caractères génériques (fig. 8).

On voit qu'elle est armée de cornes montant verticalement avec une légère inflexion de la pointe en arrière. Derrière ces cornes on aperçoit d'autres lignes ascendantes et plus courtes, que l'on pourrait accepter comme des indications d'oreilles. Sous la mâchoire et assez près du menton, d'autres traits convergents en bas simuleraient une barbe; ce qui tout de suite nous suggérerait l'idée d'un Bouquetin, jeune ou femelle, à en juger par la brièveté des cornes. Seulement, la forme busquée du chanfrein et le renflement de l'encolure derrière la nuque sembleraient démentir ce rapprochement. Le dessinateur, par un caprice dont on ne peut se rendre compte, a replié les jambes de derrière sous le ventre de l'animal, de façon à ce que les sabots, visiblement bisulqués, touchent à l'abdomen.

Deux autres morceaux de cette station de Laugerie-Basse sont de véritables sculptures.

Le premier est une tige ou hampe subarrondie et trop longue pour être figurée ici dans son entier; aussi l'avons-nous fait représenter en deux portions inégales : la première, figurée dans le texte, paraît être l'extrémité d'une arme ou harpon avec un crochet en arrière de la pointe. On y voit tracée, en relief peu senti et sur trois faces, une tête de cheval dont les oreilles un peu longues sont couchées en arrière (fig. 9).

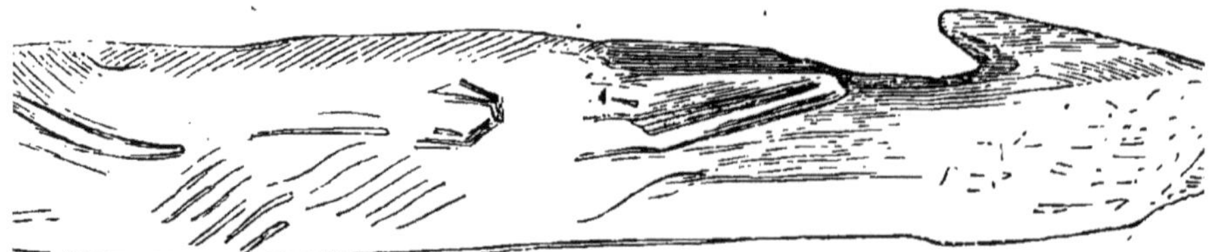

Fig. 9. — Extrémité d'un instrument ou arme avec tête d'animal grossièrement sculptée; le reste du morceau est figuré dans la planche II, figure 10.

Sur l'autre partie de cette hampe (pl. II, fig. 10) retournée, on distingue, en relief plus saillant, mais seulement sur une face, une tête plus petite et plus effilée. Elle est armée d'une corne à ramures divergentes. Le premier andouiller, qui est couché en avant sur la face supérieure de la hampe, non visible dans le dessin, est très-important et sensiblement dilaté à son extrémité. Le merrain et son prolongement vers l'empaumure sont rejetés en arrière tout le long du bord supérieur; l'oreille est indiquée comme étant assez courte. La physionomie d'ensemble de ce morceau, et particulièrement la dilatation terminale de l'andouiller basilaire, nous porteraient à y reconnaître le Renne plutôt que le Cerf commun (*C. elaphus*).

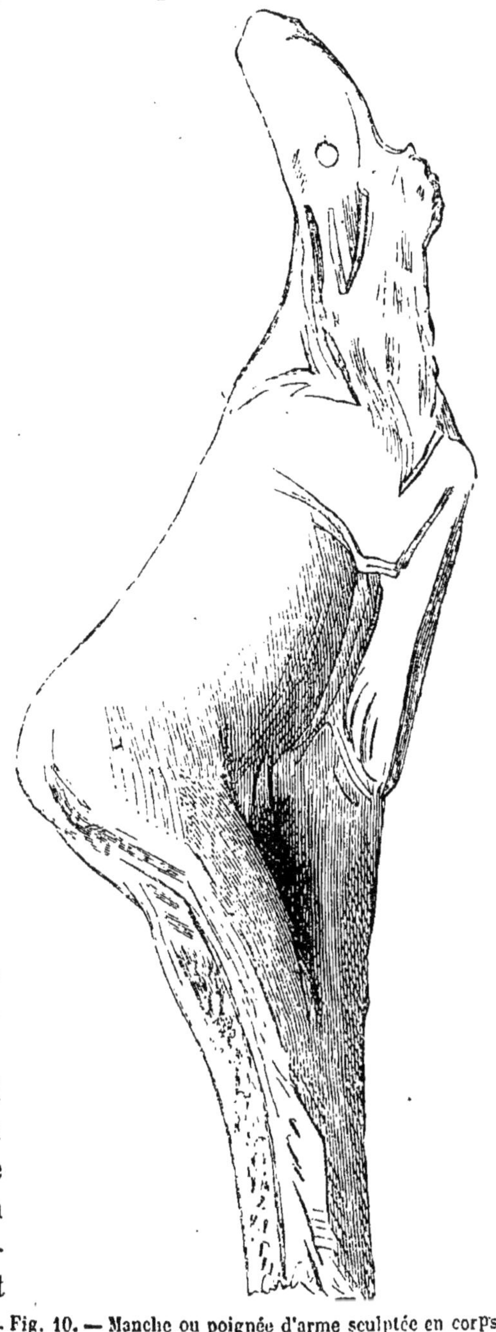

Fig. 10. — Manche ou poignée d'arme sculptée en corps d'animal.

On voit encore dans la même tige, en avant de la tête du Renne, une autre figure gravée simplement au trait, et que l'on pourrait accepter comme une forme intentionnelle de poisson.

Le morceau capital de notre collection d'objets sculptés de Laugerie-Basse est un poignard ou sorte d'épée détachée tout d'une pièce du merrain d'un bois de

Renne. La longueur de cette arme ne nous permettant pas non plus de la représenter dans son entier, nous nous sommes contentés d'en faire figurer la poignée (fig. 10).

Ici l'ouvrier, ou, si l'on veut, *l'artiste*, a fait preuve d'une certaine habileté en adaptant des formes animales, sans trop les violenter, aux nécessités du maniement usuel de cette arme. Les jambes de derrière sont allongées dans la direction de la lame; celles de devant sont repliées sans efforts sous le ventre. La tête, armée de cornes ramées, a son museau relevé de façon à faire retomber les cornes sur le côté des épaules, où elles s'appliquent sans gêner aucunement la préhension de l'arme par une main très-petite (plus petite que d'ordinaire dans les races actuelles de l'Europe centrale), et dont la paume vient se loger dans la concavité formée par l'encolure, le dos et la croupe de l'animal. L'attitude donnée à cette tête ne permettait pas au sculpteur de conserver les andouillers basilaires, qui ne sont pas exprimés dans son travail; aussi ne pouvons-nous pas, comme dans le cas précédent, invoquer ce caractère pour l'identification spécifique du sujet. Néanmoins, la brièveté des oreilles et la grosseur comparative de l'encolure nous ramèneraient de préférence vers le Renne. De plus, l'artiste, avec ou sans intention, a laissé subsister sous le col de l'animal une saillie en crête mince et déchiquetée sur son bord, laquelle simule assez bien la touffe de poils que l'on remarque ordinairement dans cette partie chez le Renne mâle, et qui ne se retrouve pas dans le Cerf *élaphe*. Il est regrettable que cette figure nous soit arrivée à l'état de simple ébauche, comme on peut en juger par le travail inachevé de la lame du poignard, et aussi par d'autres détails de sculptures à peine indiqués dans la poignée.

Tels sont les résultats généraux de nos explorations dans les cavernes du Périgord. Bien des faits ont été omis, bien des détails supprimés; les limites obligées de ce travail ne nous permettant pas les développements que comporterait la multiplicité de nos observations.

Toutefois, de ce que nous avons exposé ci-dessus, ressortent clairement les conclusions suivantes :

Une race humaine, aborigène ou non, a vécu dans cette région qui fut plus tard le Périgord, en même temps que le Renne, l'Aurochs, le Bouquetin, le Chamois, etc., espèces animales dont certaines sont présentement refoulées dans des latitudes extrêmes, et d'autres à peine représentées par de rares descendants sur les cimes des Alpes et des Pyrénées.

Ces peuplades d'aborigènes ne connaissaient point l'emploi des métaux; leurs armes et leurs outils étaient tantôt en pierre simplement taillée et non polie, tantôt en os ou en cornes solides d'animaux façonnés pour divers usages.

Ils vivaient des produits de la chasse et de la pêche; ils mangeaient les mammifères que nous venons de citer comme leurs contemporains, et aussi le Cheval, qui paraît avoir été pour eux un animal alimentaire de prédilection. La chair des oiseaux et des poissons entrait également dans leur nourriture.

Aucun animal ne paraît avoir été domestiqué par eux; pas même le Chien, que nous voyons plus tard le compagnon habituel de l'homme dans tous les pays et à tous les degrés de barbarie.

Outre la chair des animaux, ils utilisaient aussi leurs peaux; nous avons remarqué au bas des cornes de Renne, là où la peau est très-adhérente, les traces des incisions qu'ils y pratiquaient pour l'en détacher.

Pour rejoindre ces peaux entre elles ou pour les façonner en vêtement, ils devaient les coudre; nous avons retrouvé leurs aiguilles, faites aussi en bois de Renne et percées pour recevoir le fil de couture; enfin, au bas des os de la jambe de ces mêmes Rennes, d'autres incisions très-significatives nous révèlent qu'ils y coupaient les tendons pour les fendre et les diviser en fils, comme le font encore de nos jours les Esquimaux.

Leurs objets de parure, leurs ustensiles ornés de façon si diverse et quelquefois avec une régularité symétrique, témoignent de leurs instincts de luxe et d'un certain degré de culture des arts. Leurs dessins et leurs sculptures nous en fournissent une manifestation plus élevée, par la manière dont ils ont réussi à reproduire la figure des animaux leurs contemporains.

Personne, nous le supposons, ne songera à contester la valeur de ces déductions; elles ressortent d'évidences matérielles.

Mais deux objections nous ont été faites, et elles seront indubitablement reproduites.

Le Renne, dira-t-on, qui donne à ces diverses stations du Périgord leur cachet spécial d'ancienneté, n'est peut-être pas disparu de cette région depuis un si long temps qu'on le suppose, puisque César en a parlé dans ses *Commentaires*.

Sans doute, César a parlé du Renne, mais sur simple ouï-dire: et il a soin d'ajouter que, chez ces mêmes Germains qui lui fournirent ces vagues renseignements de l'existence du Renne dans la forêt d'Hercynie, aucun n'avait pu atteindre les limites de cette forêt, après une marche de soixante jours, ni dire où elle commençait. Si, plus tard, lorsque, sous les premiers empereurs, l'influence romaine s'étendit à toute la Germanie, le Renne eût encore existé, même dans les parties extrêmes de cette contrée, nul doute qu'on ne l'eût vu figurer dans les jeux du cirque, où l'on rassemblait, à grands frais, les animaux des régions les plus lointaines. Rien ne nous dit que les anciens aient connu le Renne autrement que par les récits obscurs des Scythes et des Germains. Les Gaulois eux-mêmes ne l'ont pas figuré dans leurs monnaies, sur lesquelles on retrouve leurs animaux indigènes, et aussi le Lion dont ils avaient emprunté l'image aux médailles grecques.

Nous avons dit ailleurs (1) que les ossements de Renne n'ont pas encore été trouvés avec ceux des animaux sauvages ou domestiques qui accompagnent d'ordinaire les sépultures,

(1) Page 134.

dans les dolmens et autres monuments dits *celtiques* ou *druidiques*. On ne les a pas non plus observés dans les tourbières de France, ni sous les pilotis des lacs de la Suisse; et nulle part, que nous sachions, dans l'Europe centrale, les restes de cet animal n'ont été rencontrés en association avec des produits métalliques de l'industrie humaine.

Sans doute l'emploi d'armes et d'outils en pierre s'est continué, chez nos peuples occidentaux, jusqu'aux invasions romaines et peut-être plus tard; mais les Celtes, et autres habitants de la Gaule, connaissaient indubitablement l'usage des métaux bien des siècles avant cette époque. Lorsque les Romains, assiégés dans leur capitole et réduits à payer, au prix de mille livres d'or, la retraite de ces *barbares*, se récrièrent sur les faux poids employés par Brennus, ce fut une épée de métal et non une hache en pierre que le chef gaulois jeta pour surpoids dans la balance.

La seconde objection que l'on nous fait se rapporte à ces gravures et sculptures d'animaux que l'on a peine à accepter comme remontant à des temps si anciens, attendu que ces œuvres d'art s'accordent mal avec l'état de barbarie inculte dans lequel nous nous représentons ces peuplades aborigènes, privées de l'usage des métaux et des autres ressources les plus élémentaires de nos civilisations modernes.

Rappelons que la chasse et la pêche fournissaient amplement aux besoins de ces aborigènes, et leur laissaient ainsi les loisirs d'une existence peu tourmentée. Or, si la nécessité est mère de l'industrie, on peut dire aussi que les loisirs d'une vie facile enfantent les arts. Pourquoi s'étonner que les chasseurs du Renne, de l'Aurochs et du Bouquetin aient réussi à représenter ces formes animales dont la vue leur était si familière, quand, de nos jours, nous voyons les plus simples bergers de l'Oberland suisse, sans autre ressource que la pointe de leur couteau, reproduire les animaux de leurs montagnes, le Chamois entre autres, avec plus de vérité, plus de mouvement et d'animation dans les attitudes, que ne sauraient y en mettre les meilleurs ouvriers de nos cités, aidés de tout l'attirail de leur outillage technique?

Quant à l'objection tirée du contraste qu'offre l'exécution de ces œuvres d'art avec l'ancienneté que nous leur attribuons, nous ferons simplement remarquer que le progrès et la perfection dans les arts ne se manifestent pas toujours en conformité des gradations chronologiques. Il y a deux mille ans et plus que Phidias et Praxitèle réalisaient, sur l'ivoire et sur le marbre, leurs plus sublimes conceptions de beauté idéale; depuis lors, l'art moderne s'est trouvé réduit à les prendre pour modèles, sans pouvoir les surpasser ni peut-être même les égaler...

On remarquera sans doute aussi que lorsque, dans le cours de cet article, principalement consacré à faire connaître des stations caractérisées par la prédominance des débris du Renne, il a été question de la rencontre accidentelle de quelques restes d'animaux fossiles réputés plus anciens, nous n'avons pas cherché à en tirer des inductions de contemporanéité. Cette réserve de notre part n'implique nullement que nous ayons le moindre doute sur la coexistence réelle de l'homme avec ces grands mammifères quaternaires, dans une phase encore plus ancienne de la période humaine. Sans même tenir compte des recherches personnelles que nous avons pu faire dans cette voie, il existe aujourd'hui, soit en France, soit en Angleterre, un nombre très-considérable d'observations toutes concordantes, toutes vérifiées et contrôlées par des hommes éminents et des plus compétents; ajoutons, pour nous servir des expressions de notre ami, M. Boucher de Perthes, par *des hommes de science et de conscience.* En sorte que cette vérité tant contestée de la coexistence de l'homme avec les grandes espèces éteintes (*Elephas primigenius*, *Rhinoceros tichorhinus*, *Hyæna spelæa*, *Ursus spelæus*, etc.), nous paraît désormais inattaquable, et définitivement acquise à la science.

Cette hypothèse de la contemporanéité humaine s'étendrait même à une autre espèce d'Éléphant (*El. antiquus*, *falc.*) dont l'extinction est réputée plus ancienne encore. Les restes de cet Éléphant ont été recueillis, en France, à Saint-Roch, près Amiens, à Clichy, près Paris, et à Viry-Noureuil (Aisne), dans des assises diluviennes ou quaternaires renfermant aussi des silex taillés de main d'homme. On n'a pas, que nous sachions, encore observé l'*Elephas antiquus* dans les cavernes de France; mais en Angleterre, dans la presqu'île de Gower (pays de Galles), il a été trouvé, dans plusieurs cavernes explorées par le docteur Falconer et le colonel Wood [1]. Il y était associé avec un Rhinocéros (*Rh. hemitæchus, falc.*) d'espèce également ancienne; et, dans la caverne de *Long-hole*, plusieurs silex taillés ont été rencontrés sous une tête de ce dernier Rhinocéros [2].

Un pas de plus restait à faire dans cette voie, pour reporter l'existence de l'homme jusque dans la période tertiaire. Les observations faites par M. J. Desnoyers sur des ossements de la sablière de Saint-Prest, près de Chartres (Eure-et-Loir), tendraient à nous y conduire [3].

On sait que ce gisement de Saint-Prest a fourni des restes d'une espèce d'Éléphant (*El. meridionalis, Nesti*) d'un Rhinocéros (*Rh. Etruscus falc.*) et d'autres grands mammifères, tous rapportés par les paléontologistes au terrain tertiaire supérieur ou pliocène. M. Desnoyers, avec cette promptitude de coup d'œil qui lui est habituelle, avait remarqué sur certains os de ces animaux, des empreintes particulières qui, jusque-là, avaient échappé à bien d'autres observateurs, comme aussi à nous-même, nous devons le confesser. C'étaient des stries, des incisions et des entailles analogues à celles antérieurement signalées sur des os d'une époque plus récente, et qui, dans son opinion, pouvaient difficilement s'expliquer autrement que par l'action de l'homme. Ses investigations, étendues à d'autres localités, lui ont fait découvrir des empreintes

(1) Falconer, *On the ossiferous caves of the peninsula of Gower*, etc. *Quarterly Journal of the geological Society of Lond.*, n° 52, june 13, 1860.

(2) Lyell, *l'Ancienneté de l'homme prouvée par la géologie*, 1864. Appendice, p. 11.

(3) Page 94.

de même caractère sur des ossements du val d'Arno supérieur, de la collection de M. le duc de Luynes, et sir Charles Lyell en a depuis lors signalé de semblables au *British Museum* sur d'autres os de Rhinocéros provenant de ce même dépôt pliocène du val d'Arno ([1]). Il faut ajouter que dans ces deux cas, c'est-à-dire dans le gisement de Saint-Prest, pas plus que dans celui du val d'Arno, on n'a jusqu'à présent recueilli ni silex taillés, ni objets d'art ou d'industrie humaine, ni autre indice quelconque de l'existence de l'homme.

Aussi, en présence de ce fait isolé, d'empreintes d'une origine véritablement difficile à expliquer, une grande réserve nous est imposée par la règle que nous nous sommes faite à nous-même de ne rien admettre, de ne rien proposer qui ne puisse s'appuyer sur des évidences de plus d'une sorte et de tous points concordantes. Non que nous repoussions en principe, comme illogiques ou invraisemblables, les hardiesses d'une philosophie spéculative qui feraient remonter l'apparition de l'homme jusqu'à l'époque tertiaire des géologues; bien au contraire, nous ne saurions voir, dans les appréciations possibles des conditions de la vie pendant cette période, rien qui implique l'impossibilité physiologique de la coexistence de l'homme avec des mammifères dont les analogues, et quelquefois les congénères, se sont continués jusqu'aux temps actuels. Seulement, dans ces cas où, comme l'a dit Bacon, *les progressions secrètes de la nature deviennent difficiles à saisir*, nous estimons que les seules propositions d'évidence directe ou rigoureusement logique, peuvent être définitivement acceptées comme vérités nouvelles.

P. S. Depuis que cet article a été envoyé à l'imprimerie, les auteurs ont pu observer de nouvelles figures d'animaux plus entières et d'une exécution plus correcte. Ce sont des corps entiers de Cheval, de Renne bien caractérisés, et aussi

([1]) Lyell, *l'Ancienneté de l'homme prouvée par la géologie*, traduit avec le consentement et le concours de l'auteur par M. Chaper. Paris, 1864. — Appendice, 1864.

de Cerf; ce dernier avec un bois de dix-cors où le second andouiller se trouve très-rapproché du premier, et l'empaumure distincte de celle du Renne. Il y a également d'autres animaux dont les traits sont moins bien définis. Avec ces figures d'animaux ont été trouvées de nombreuses flèches barbelées en bois de Renne et beaucoup d'aiguilles perforées à leurs extrémités. Quelques-unes paraissent être en ivoire ou en os très-compacte.

V

L'HOMME FOSSILE DANS L'AVEYRON

SUR UNE CAVERNE DE L'AGE DE LA PIERRE, SITUÉE PRÈS DE SAINT-JEAN-D'ALCOS (AVEYRON)

PAR

P. CAZALIS DE FONDOUCE

(25 avril 1864.)

Je signalerai une caverne avec débris de l'industrie humaine primitive. C'est une caverne funéraire qui se rapporte au type de celle décrite par M. Éd. Lartet à Aurignac. Elle est située au flanc sud d'un petit coteau dolomitique, à 300 mètres environ du village de Saint-Jean-d'Alcos, arrondissement de Saint-Affrique (Aveyron). C'est une anfractuosité du rocher dans laquelle les premières populations de ce pays avaient enseveli leurs morts.

On y a trouvé de nombreux débris d'ossements humains; mais ceux-ci ayant été dispersés, il serait aujourd'hui difficile de savoir à combien d'individus ils se rapportaient : tout ce que je puis dire, c'est qu'on y trouva, lorsqu'on déblaya pour la première fois cette sépulture, il y a une quinzaine d'années, cinq crânes humains parfaitement conservés, qui furent bientôt brisés et sont aujourd'hui perdus. Le savant doyen de la faculté des sciences de Montpellier, M. Paul Gervais a, dans ses collections, un crâne qui lui a été remis par un géologue de l'Aveyron, M. Reynès, avec la suscription « Saint-Jean-d'Alcopiès, » et qui vient peut-être de cette caverne, car Saint-Jean-d'Alcopiès et Saint-Jean-d'Alcos sont deux villages tout à fait voisins.

Quoi qu'il en soit, d'après les objets que je possède et qui proviennent des fouilles faites par moi au mois de juillet 1863 et au mois de mars dernier, et les renseignements que j'ai pu recueillir sur les lieux, je puis affirmer que ces restes humains se rapportent au type européen le plus pur, qu'il y en a parmi eux qui ont dû appartenir à des individus âgés et d'autres à des enfants; qu'on n'a trouvé avec eux aucun instrument en métal, mais de nombreux silex taillés se rapportant à un travail déjà assez avancé, quelques hachettes en jade et en serpentine, des amulettes en pierre, des anneaux de colliers ou de bracelets en test de coquillages comme ceux d'Aurignac, quelques os de mammifères travaillés et des débris de poteries grossières simplement séchées au soleil.

On y trouve peu d'ossements d'animaux, et il n'y en a point parmi ceux-ci qui se rapportent à des espèces perdues, de sorte que la sépulture de l'âge de la pierre de Saint-Jean-d'Alcos vient se ranger à côté des cavernes dont a parlé M. P. Gervais dans sa Note insérée plus loin. (Voyez *l'Homme fossile dans le bas Languedoc.*) J'ai eu l'occasion de revoir récemment celles-ci, et j'ai pu me convaincre par moi-même de l'exactitude des diverses assertions du savant professeur. Ce sont toutefois des cas particuliers, et, à côté des faits si bien établis ailleurs, il faut peut-être en conclure que l'homme n'a pas été contemporain dans nos pays des espèces perdues de carnassiers et de grands pachydermes pendant toute leur existence, mais qu'il y est apparu seulement pendant la période de leur extinction, et alors que les individus en étaient déjà plus rares.

Pour revenir à la caverne de Saint-Jean-d'Alcos, les seules

espèces animales que j'ai pu y déterminer sont le Cerf, le Blaireau et le Lapin. Je n'ai pu y découvrir, soit à l'extérieur, soit à l'intérieur, aucune trace de charbon, ni aucun indice du repas des funérailles signalé à la caverne sépulcrale d'Aurignac; mais, comme pour celle-ci, les parents et les amis des morts avaient, sinon fermé complétement, du moins considérablement rétréci l'ouverture de la cavité. Pour cela on avait disposé au-devant de l'entrée deux grandes dalles posées en croix, qui ne laissaient qu'une ouverture triangulaire n'ayant qu'un mètre à la base. De ces dalles, l'une était dolomitique comme la roche de la colline, l'autre était calcaire et avait dû être portée d'assez loin; cette dernière, équarrie pour servir de seuil au four du propriétaire de la grotte, a encore, après avoir été ainsi réduite, 1^{m},75 de long sur 1 mètre de large, et 0^{m},20 d'épaisseur. Quant à la cavité elle-même, elle a 5 mètres de profondeur sur 6 mètres de largeur et 2 mètres de hauteur *maxima*.

Il me paraît intéressant de faire observer combien les populations primitives ont légué à celles qui leur ont succédé le souvenir et le culte, devenus inconscients, des lieux qu'elles ont habités. Au-dessus de la caverne de l'âge de la pierre, le monticule dans lequel elle se trouve se termine par un tertre gazonné dont le sol renferme des sépultures gallo-romaines. A 300 mètres au sud, le château démantelé de Saint-Jean-d'Alcos témoigne des luttes du moyen âge, et d'humbles chaumières qui s'appuient contre ses vieux remparts abritent aujourd'hui les familles des paysans qui cultivent le sol rocailleux et aride du Causse, qu'ont foulé dans les siècles passés les populations même les plus anciennes de nos pays.

J'ajouterai, en terminant, que les populations primitives ont laissé de nombreuses traces de leur séjour dans cette partie du département de l'Aveyron qui avoisine le Larzac et sur le Larzac lui-même. On y trouve de nombreux dolmens se rapportant tous ou presque tous à l'âge de la pierre, des menhirs et d'autres monuments de cette époque que je me propose de décrire plus tard en détail, ainsi que tout ce qui se rapporte à l'enfance de l'humanité dans ce pays peu connu.

VI

L'HOMME FOSSILE A BRUNIQUEL (TARN-ET-GARONNE)

I. NOTE COMMUNIQUÉE A L'ACADÉMIE DES SCIENCES DE TOULOUSE

PAR

E. TRUTAT

(Décembre 1862.)

Les environs de Bruniquel renferment de nombreuses grottes creusées dans les premières assises du terrain jurassique : la plus intéressante de toutes est sans contredit celle des Forges.

Située sur la rive droite de l'Aveyron, l'ouverture de cette excavation regarde le levant et est posée perpendiculairement au cours de la rivière ; un coude brusque de l'Aveyron forme un angle droit au sommet duquel s'ouvre cette grotte. Son ouverture est située à environ 10 mètres au-dessus du niveau de l'eau, elle mesure 6 mètres de large sur 4 de haut ; sa forme est à peu près circulaire et son diamètre moyen est environ de 12 mètres.

Les parois, entièrement sèches, n'offrent plus actuellement de traces d'infiltrations ; elle sert du reste depuis longtemps de grenier à fourrage.

Le sol est formé dans la plus grande étendue de débris de toutes sortes, mais vers la droite on trouve une brèche osseuse dans laquelle un ciment extrêmement dur réunit à la fois des cailloux roulés de fragments de roche, des os, des silex taillés, du charbon et des cendres.

Les cailloux roulés appartiennent tous aux roches que l'on

retrouve en remontant la vallée ; ainsi la serpentine, que l'on rencontre à Najac.

Les os offrent dans leur ensemble un caractère tout particulier, et c'est en reconnaissant leur singulière et uniforme conformation que j'ai été amené à faire quelques recherches. Tous les os longs sont brisés d'une manière symétrique ; les deux têtes ont été enlevées par un coup porté perpendiculairement à l'axe de l'os ; le corps, au contraire, est fendu dans sa longueur ; malgré de longues recherches je n'ai pas pu trouver un seul fragment faisant exception. J'ai trouvé sur certains os la trace de l'instrument qui avait servi à les diviser.

Enfin l'on trouve des os travaillés : le plus beau spécimen appartient au curé de Bruniquel : c'est une pointe de flèche barbelée longue de 15 cent. et portant de chaque côté cinq ou six pointes. Pour mon compte je n'ai pu trouver qu'une pointe brisée, qui évidemment faisait partie d'une flèche semblable à celle que possède le curé. Quelques os semblent porter aussi des traces de travail. Enfin j'ai recueilli une canine de Chien percée.

Presque tous les os appartiennent à des ruminants. Le Renne y abonde, le Cerf est également commun ; j'ai trouvé aussi plusieurs ruminants de plus petite taille et une dent de Cheval. J'ai rencontré également de nombreux os d'oiseaux et des vertèbres de poissons.

Les silex taillés sont très-abondants, mais il est fort difficile de les extraire de la brèche ; c'est plutôt en fouillant dans le sol que l'on peut se procurer des échantillons complets. Ils sont de trois sortes : des couteaux, des pointes de flèches et des pierres de fronde probablement.

La brèche osseuse dont nous venons d'énumérer les richesses repose sur un lit de cendre et de charbon ; les recherches, fort longues et réellement pénibles lorsqu'on attaque cette brèche, deviennent au contraire faciles lorsqu'on se borne à fouiller dans le sol.

Malgré tous ces témoignages de la présence de l'homme

dans la grotte de Bruniquel, je n'ai pas rencontré de restes de son squelette, mais des fouilles plus suivies amèneront à ce résultat, je l'espère.

II. NOTE SUR DEUX FRAGMENTS DE MACHOIRES HUMAINES TROUVÉES DANS LA CAVERNE DE BRUNIQUEL (TARN-ET-GARONNE)

PAR

F. GARRIGOU, L. MARTIN ET E. TRUTAT

(21 décembre 1863.)

La caverne de Bruniquel a été pour la première fois décrite en 1848 par M. Boucheporn, dans son *Explication de la carte géologique du Tarn*, et par MM. Trutat, F. Garrigou et H. Filhol en 1862.

La caverne est creusée dans un calcaire jurassique. Elle est composée d'une seule salle peu spacieuse, ouverte vers l'est et à 6 ou 7 mètres au-dessus du niveau actuel de l'Aveyron. Le sol en est formé par la superposition de plusieurs couches que nous avons suivies jusqu'à une profondeur de 3 mètres. On trouve, en commençant par la partie supérieure, une stalagmite de 22 centimètres, une brèche osseuse de $1^{m},48$, des couches argileuses noires se répétant plusieurs fois, et au milieu desquelles se voient pêle-mêle avec des silex taillés de toutes les dimensions et de toutes les formes connues, avec des pointes de flèches barbelées, avec des poinçons, etc., des ossements de carnassiers, de ruminants, d'oiseaux, et des cailloux roulés formant plusieurs lits. Les cailloux roulés sont des grenats, des leptynites, des gneiss, des micaschites, des quartzites, des protogynes, des syénites, des serpentines, etc. Des niveaux de charbon existent au milieu des couches que nous venons d'indiquer. Comme nous avons déjà eu occasion de le dire ailleurs, les ossements de ruminants surtout ont été fragmentés, probablement pour en avoir la moelle et pour les faire servir à la fabrication des outils et des armes ; les extrémités, seules conservées, ont permis de déterminer les espèces suivantes :

Le Renne, une Antilope, le *Cervus elaphus*, le Chamois, le Chevreuil, une Chèvre, un très-grand Bœuf (*Bos primigenius*), le *Rhinoceros tichorhinus* (un seul individu), le Cheval, le Loup, le Chien, le Renard, un carnassier plus petit que ce dernier, deux Gallinacés, l'un de la taille de la Perdrix, l'autre de la taille du Coq ordinaire, un oiseau de très-grandes dimensions, deux espèces de poissons.

Le Renne est caractéristique de l'âge de la caverne de Bruniquel. En se rappelant les quatre divisions établies par M. Éd. Lartet pour l'époque quaternaire, on peut voir immédiatement que c'est à la troisième époque paléontologique qu'il faut rapporter le remplissage de cette excavation.

La présence des silex taillés, des os brisés et travaillés en forme de poinçons et de flèches, l'accumulation de cette masse d'objets dans le même lieu, en même temps que la grande quantité de charbon disséminé à diverses hauteurs dans ce dépôt, seraient bien suffisantes pour prouver l'existence de l'homme dans ces temps géologiques reculés. Mais un argument d'une très-haute importance vient appuyer plus fortement encore l'idée que l'homme vivait en même temps que les mammifères dont les débris forment le sol de la caverne et qui ont disparu en partie, soit du pays où nous trouvons leurs restes, soit de la surface du globe.

L'existence de deux fragments de mâchoires humaines, dans le gisement que nous venons de décrire, va nous permettre aussi d'ajouter un élément de plus à la solution du problème anthropologique soulevé par la découverte de M. Boucher de Perthes. Mais auparavant faisons connaître une pièce presque unique dans la science, et que nos recherches ont mise au jour.

Parmi les fragments d'os nous avons trouvé un humérus d'oiseau de grande taille sur lequel sont grossièrement sculptées diverses parties du corps d'un poisson. Une queue bifide s'aperçoit sur l'une des faces, et à gauche, immédiatement à la suite, existent deux têtes de poissons. Au-dessous et sur une autre face de l'os, ne se reliant par aucun point aux deux têtes précédentes, sont trois pattes ou nageoires disposées dans un même sens. Que conclure de l'existence d'une pareille pièce, si ce n'est que c'était là un amulette ou un ornement de distinction ? Peu nous importe, du reste, pour la question d'anthropologie que nous allons aborder en étudiant les deux fragments de mâchoires humaines.

Ces deux demi-mâchoires ont été trouvées en présence de dix témoins : MM. Louis Martin, F. Garrigou, Trutat, le curé de Bruniquel, le neveu de ce dernier et cinq ouvriers, à 2 mètres de profondeur environ, dans une couche d'argile contenant en grande quantité des fragments de charbon, des silex taillés et des ossements de ruminants. Cette couche en supportait une seconde de même nature, mais sans charbon ; le tout était surmonté par la brèche osseuse et par la stalagmite.

Le coup de bêche qui a amené la première demi-mâchoire a brisé le condyle et fait tomber quelques dents qu'il a été impossible de retrouver, malgré tout le soin mis à les chercher. Une seule dent est en place, c'est la première grosse molaire. Ce fragment de mâchoire appartient à un adulte ; c'est la mâchoire inférieure du côté droit. Son examen attentif et minutieux fait connaître les détails suivants :

1° *Face externe.* Le bord inférieur de la branche dentaire est presque rectiligne, se relevant un peu avant d'arriver à la symphyse du menton, après avoir rencontré une sorte d'épine vis-à-vis l'espace qui sépare la canine de la première petite molaire. La courbure de la branche ascendante sur la branche horizontale n'est pas très-brusque. Le bord alvéolaire forme un angle plutôt légèrement aigu que droit avec le bord antérieur de la branche ascendante. Ce bord va en s'arrondissant légèrement à la partie antérieure vers la première molaire. Il n'y a rien de brusque dans cette courbure.

2° *Face interne.* Le bord alvéolaire s'élargit fortement sur le point d'insertion de la dernière grosse molaire et forme une saillie. L'angle postérieur et inférieur des deux branches de la mâchoire rentre très-sensiblement de dehors en dedans, sans que la face externe présente de saillies, et limite avec la protubérance formée par l'alvéole de la dernière molaire une gouttière qui se prolonge jusque vers la canine. Les points d'insertions musculaires à la face interne de l'angle postérieur et inférieur sont très-développés.

3° Du milieu de la courbure et de l'angle saillant formé par la rencontre des deux branches ascendante et horizontale, au point le plus en relief du menton, 10 centimètres; du bord supérieur des alvéoles des incisives au bord antérieur de la branche ascendante, 7 centimètres ; hauteur de la branche horizontale, en arrière 2 3/4, en avant 3 centimètres.

4° La mâchoire est arrondie en avant, formant un menton rond et non carré. Le bord alvéolaire à la partie externe paraît limiter un espace parabolique.

5° Les dents sont implantées d'une manière perpendiculaire sur la mâchoire.

La deuxième mâchoire, trouvée à 1 mètre environ à côté de la première et dans les mêmes conditions, est moins bien conservée que celle-ci. C'est une demi-mâchoire inférieure du côté gauche. Elle offre aussi quelques différences avec la précédente, différences qui sont dues probablement à l'âge de l'individu auquel elle appartenait : elle provient incontestablement d'un vieillard.

La deuxième grosse molaire manque, l'alvéole a disparu. Les dimensions sont un peu plus petites que celles de la première mâchoire, le bord inférieur un peu moins rectiligne, la branche ascendante peut-être plus inclinée, autant qu'il est permis d'en juger par le rudiment qui en reste. La gouttière postérieure existe comme dans le cas précédent. Les deux petites molaires seules sont en place et usées jusqu'à la racine.

Les contours de l'ensemble de la mâchoire sont doux et bien amenés, le menton est complétement rond, et l'espace circonscrit par l'arcade dentaire et parabolique.

Les caractères que nous venons de faire connaître offrent un ensemble assez complet pour permettre d'arriver à quelques conclusions, quoique ces caractères puissent s'appliquer, en partie du moins, comme l'a si bien fait voir M. le professeur de Quatrefages au sujet de la mâchoire d'Abbeville, à des individus de différentes nations et de types divers. M. Pruner-Bey, cependant, dont l'autorité en pareille matière est incontestable, a retrouvé plus spécialement les détails que nous venons de donner sur des mâchoires se rapportant surtout au type brachycéphale, et devenues célèbres aujourd'hui : ainsi les mâchoires recueillies à Aurignac, à Moulin-Quignon, à Arcy, et dans le mamelon de la Thinière, en Suisse.

Si nous comparons le fragment venu de Moulin-Quignon avec le premier que nous avons décrit venant de Bruniquel, nous trouvons, en tenant compte de ressemblances et de certains traits qui les différencient, qu'elles appartiennent néanmoins toutes les deux au même type (brachycéphale).

Cependant, avant de nous prononcer sur ce point délicat d'anthropologie, nous avons comparé les deux fragments de la caverne de Bruniquel à douze mâchoires humaines venant des cavernes de l'Ariége. Ces douze mâchoires ont appartenu à des métis qui ne sont ni franchement brachycéphales, ni franchement dolichocéphales. Nous trouvons dans nos mâchoires de Bruniquel certaines ressemblances avec les mâchoires provenant des cavernes de Lombrives, de Bédeillac et de Saleich. Sur ces spécimens on voit la gouttière sur la face interne, des dimensions générales à peu près les mêmes que celles des mâchoires de Bruniquel; mais le menton tend à devenir carré sur les métis de Lombrives, tandis que sur les premières mâchoires il est franchement rond; dans les mâchoires des grottes de l'Ariége, l'espace circonscrit par le bord alvéolaire tend à former un triangle, tandis que sur celles de Bruniquel cet espace est parabolique; la gouttière déjà citée est elle-même bien plus marquée sur ces dernières mâchoires que sur les premières.

Trois mâchoires humaines pouvant se rapporter à un même type (brachycéphale) datent donc de trois époques différentes parfaitement séparées l'une de l'autre : celle d'Aurignac, avec laquelle a été trouvée l'*Ursus spelæus;* celle de Moulin-Quignon, gisant à côté de l'*Elephas primigenius;* et celle de Bruniquel, recueillie au milieu des ossements du Renne.

Quoiqu'il ne soit pas permis de tirer de conclusions de cette uniformité de type de l'espèce humaine pendant une série aussi longue de siècles, il est bon, néanmoins, d'attirer l'attention sur ce fait nouvellement confirmé aujourd'hui, car des observations plus nombreuses et bien faites amèneront des résultats nouveaux, et qu'actuellement bien des savants s'efforceraient de combattre, la confirmation des théories des monogénistes.

III. REMARQUES SUR QUELQUES RÉSULTATS DES FOUILLES FAITES RÉCEMMENT PAR M. DE LASTIC DANS LA CAVERNE DE BRUNIQUEL

PAR

H. MILNE-EDWARDS ET ÉD. LARTET

(8 février 1864.)

Notre savant ami, M. de Quatrefages, a déjà eu l'occasion d'entretenir l'Académie de la découverte d'ossements humains dans le sol d'une caverne située sur les bords de l'Aveyron, près des ruines de l'ancien château de Bruniquel. Le propriétaire de cette caverne, M. le vicomte de Lastic, y a poursuivi ses fouilles avec beaucoup d'activité et a obtenu de la sorte un très-grand nombre d'objets intéressants, qu'il a bien voulu soumettre à notre examen lors d'une visite que nous avons faite dernièrement au château de Saleth, dans le département de Tarn-et-Garonne. Il serait prématuré de parler en ce moment de la plupart de ces pièces, mais il en est une dont nous croyons devoir dire quelques mots, parce qu'elle fournit un nouvel élément pour l'étude des questions relatives à l'histoire naturelle de l'homme.

D'après l'inspection des lieux et les résultats des fouilles faites en notre présence dans la caverne de Bruniquel, il nous paraît évident que pendant fort longtemps cette grotte naturelle a servi d'habitation à des hommes qui ne connaissaient ni le fer ni le bronze, mais qui étaient fort habiles dans l'art de travailler l'os avec des outils en pierre. Le sol de cette caverne recèle une quantité énorme de fragments d'os de Rennes, de Bœufs et de Chevaux, mêlés à une multitude de produits d'une industrie primitive et à des débris de plusieurs squelettes humains. Mais là, comme dans les autres localités analogues, où des faits du même ordre avaient été constatés précédemment, le mélange de ces objets dans une même couche de terrain ne suffirait pas pour prouver que l'homme avait été le contemporain de tous ces animaux, car on pourrait supposer que l'enfouissement des armes, des outils et des os humains était dû à un remaniement du sol où les ossements des animaux en question existaient déjà depuis fort longtemps. Un pareil mélange pouvait donc avoir été effectué à une époque postérieure à celle où le Renne a cessé d'habiter l'Europe tempérée et avoir rassemblé pêle-mêle dans un même dépôt des objets d'âges très-différents. Pour prouver que l'homme y avait été contemporain du Renne, il fallait donc des faits d'un autre ordre. Or, nous avons remarqué dans la collection formée à Bruniquel, par M. de Lastic, une pièce qui nous semble décisive et qui nous paraît mériter de fixer l'attention de l'Académie.

En effet, parmi les os sculptés trouvés à une profondeur considérable dans le sol de la caverne, il en est un qui porte gravé au trait, à côté d'une tête de Cheval parfaitement reconnaissable, une tête de Renne non moins bien caractérisée et facile à reconnaître par la forme des bois dont le front est armé.

Cette sculpture, quelle qu'en soit la date, ne peut avoir été faite qu'à une époque où les habitants de Bruniquel connaissaient l'animal dont l'un d'eux a fait le portrait, et ils ne pouvaient le connaître que si le Renne vivait avec eux dans la région tempérée de l'Europe; car il nous paraîtrait impossible de supposer qu'à une période si peu avancée de la civilisation, les peuplades sauvages des rives de l'Aveyron eussent connu et pris pour modèle de leurs ornements grossiers un animal exotique relégué dans les régions circumpolaires.

Nous voyons donc dans cette sculpture une preuve de l'existence de l'homme dans les Gaules avant que le Renne eût disparu de nos contrées.

Or, tous les zoologistes considèrent comme démontré que la disparation de ce quadrupède des forêts de la Gaule et sa retraite vers les régions circumpolaires datent d'une époque qui est antérieure aux temps historiques.

Par conséquent, c'est aussi à une époque antérieure à toutes celles dont l'histoire ou les traditions ont conservé le souvenir, que la caverne de Bruniquel était habitée par les hommes dont le travail manuel a donné les résultats dont nous venons d'entretenir l'Académie.

Nous nous abstenons de toute conjecture relative au laps de temps écoulé depuis la disparition du Renne dans les Gaules jusqu'au moment où Jules César vint explorer et conquérir ce pays. En effet, les supputations de ce genre reposent rarement sur des bases assez solides pour nous satisfaire. Mais la zoologie comparative peut nous fournir d'utiles lumières, et c'est pour cette raison qu'il nous a semblé bon d'enregistrer le fait dont nous venons de rendre compte, fait dont les conséquences nous paraissent indiscutables.

VII

L'HOMME FOSSILE DANS LA HAUTE-GARONNE

I. SUR UNE ANCIENNE STATION HUMAINE, AVEC SÉPULTURE CONTEMPORAINE DES GRANDS MAMMIFÈRES FOSSILES RÉPUTÉS CARACTÉRISTIQUES DE LA DERNIÈRE PÉRIODE GÉOLOGIQUE

PAR

ÉD. LARTET

(Lu à la Société philomatique de Paris dans la séance du 18 mai 1861.)

La découverte première de cette sépulture remonte à plusieurs années; elle est due à un ouvrier terrassier, J.-B. Bonnemaison, qui, en abattant, aux environs d'Aurignac (Haute-Garonne), un talus de terre meuble amoncelée au pied d'un escarpement de roche calcaire, se trouva tout à coup en présence d'une grande dalle appliquée verticalement contre une ouverture cintrée. Cette dalle retirée lui laissa apercevoir, dans une sorte de niche ou grotte peu profonde une grande quantité d'ossements et plusieurs crânes humains. L'ordre d'enlever ces ossements pour les réensevelir au cimetière de la paroisse fut donné par M. le docteur Amiel, maire d'Aurignac; mais, avant d'en faire opérer la translation, ce médecin instruit constata qu'il s'y trouvait des restes de dix-sept individus. Certaines formes lui parurent rapportables à des femmes, tandis que d'autres parties de squelettes attestaient, par leur état d'ossification incomplète, la présence de sujets n'ayant pas dépassé la limite de l'adolescence. On recueillit, avec ces débris humains, quelques dents de mammifères carnassiers ou herbivores, et dix-huit petits disques ou rondelles percées dans leur milieu, sans doute pour en faciliter l'assemblage en bracelet ou tout autre ornement; quelques-uns de ces disques, d'une substance compacte et blanchâtre, furent envoyés à M. Leymerie, professeur de géologie à la faculté des sciences de Toulouse, qui a bien voulu récemment les mettre à ma disposition. J'ai cru reconnaître que ces objets de parure avaient été fabriqués avec la partie épaisse du test d'une coquille marine du genre *Cardium*, et ce premier aperçu a été confirmé par l'examen plus décisif qu'a bien voulu en faire M. Deshayes.

Me trouvant de passage à Aurignac, en octobre dernier, les circonstances de cette découverte me furent rappelées par M. Viéu, conducteur des ponts et chaussées, avec de nouveaux détails qui me décidèrent à visiter l'emplacement de la sépulture et à y faire quelques recherches. Les premiers coups de pioche appliqués dans la grotte, à l'endroit même où gisaient les squelettes, amenèrent au jour une dent et quelques os humains [1], un bois de Renne, plusieurs os entiers de grand Ours des cavernes, des dents de Cheval, d'Aurochs, etc., des silex taillés, et, de plus, une portion de bois de Renne soigneusement travaillé et façonné en arme appointie par un bout, tandis que l'autre extrémité, coupée en bec de flûte, paraissait destinée à être emmanchée. En dehors de la grotte ou cavité sépulcrale et à la base d'un remblai de terre meuble accumulée sur un espace de quelques mètres carrés, se montrait, en affleurement, une assise noirâtre dans laquelle je distinguai de nombreux débris de charbon mêlés de cendres et de terre de même nature que la terre végétale à l'entour. Il fut aisé d'extraire de cette couche quelques dents d'Aurochs, de Renne et plusieurs os en partie calcinés. Dès lors l'exploration régulière et complète, tant de l'intérieur de la grotte que de ses abords, fut résolue et achevée, en deux reprises, après plusieurs jours d'un travail exécuté par des ouvriers

[1] Sur une dizaine d'os humains qui étaient restés engagés dans la terre meuble de la sépulture, il n'y en a aucun qui puisse être attribué à des sujets de taille grande ni même moyenne. L'auteur croit devoir ajouter, sans cependant en tirer dès à présent aucune induction, que tout ce qu'il a observé, jusqu'à ce jour, d'ossements d'homme strictement rapportables à cette première phase de la période humaine, provenaient d'individus de petite taille.

intelligents et constamment sous ma surveillance. Ces fouilles ont donné les résultats suivants :

La couche de cendres et de charbon, dont l'épaisseur variait de quinze à vingt centimètres, s'étendait sur une espèce de plate-forme de cinq à six mètres carrés de superficie, jusqu'à l'entrée de la grotte, mais sans y pénétrer. Elle renfermait une grande quantité d'ossements, quelques-uns carbonisés, d'autres simplement roussis par un chauffement peu intense, et le plus grand nombre n'ayant pas subi l'action du feu. Il y avait aussi beaucoup d'ossements et des parcelles de charbon disséminés dans une partie du remblai de terre meuble qui recouvrait la couche de cendres. Dans l'une et l'autre assise, les ossements d'herbivores se sont montrés dans une proportion numérique plus forte que ceux des carnassiers. Parmi ces derniers, j'ai pu constater la présence des espèces suivantes : grand Ours des cavernes (*Ursus spelæus*), autre Ours de moindre taille (*U. arctos?*) Blaireau, Putois, Loup, Renard, Hyène (*H. spelæa*), grand *Felis* des cavernes (*F. spelæa*), Chat sauvage (*F. catus ferus*).

Les herbivores étaient représentés par un nombre à peu près égal d'espèces : Éléphant (*El. primigenius*), Rhinocéros (*Rh. tichorhinus*), Cheval, Ane, Cerf commun, Cerf gigantesque (*Megaceros hibernicus*), Renne, Chevreuil, Aurochs (*Bison europæus*). La présence du Chien domestique, que j'ai pu constater dans d'autres stations remontant à une haute antiquité, ne se révèle ici par aucune circonstance même d'évidence indirecte.

Les os d'herbivores, particulièrement ceux à cavités médullaires, étaient cassés et fragmentés dans un plan uniforme et visiblement à l'intention d'en extraire la moelle. Plusieurs présentent des entailles et des traces de râclures produites par des instruments tranchants. Un grand nombre laissent également apercevoir l'empreinte énergique des dents d'un grand carnivore, la Hyène probablement, qui s'était attaquée jusqu'aux diaphyses des os très-épais et très-compactes de Rhinocéros et d'Aurochs. Du reste, la rencontre, dans les cendres mêmes du foyer, des coprolithes d'Hyène, témoigne que ces animaux venaient, pendant l'absence de l'Homme, se nourrir des restes de ses repas. C'est aussi à la voracité des Hyènes qu'il faut attribuer la disparition presque totale des vertèbres et des os spongieux d'herbivores, tandis que ceux des carnassiers paraissent avoir été respectés par elles. L'état de bonne conservation comparative des os des carnassiers ferait également supposer que les corps de ces animaux avaient été entraînés là par l'Homme, principalement en vue d'utiliser leur fourrure (1), peut-être aussi pour les faire figurer dans certaines consécrations funéraires; car il ne faut pas oublier que, dans le *substratum* de terre meuble resté dans la grotte, sous l'emplacement des sépultures, il s'est trouvé beaucoup d'os entiers de grand Ours, de Loup, de Renard, comme aussi de Cheval, d'Aurochs, de Renne, etc.

On a pu recueillir dans les cendres du foyer, et tout à l'entour, une centaine d'éclats de silex, la plupart façonnés dans le type désigné par les archéologues sous le nom de *couteaux*. Il y avait aussi d'autres silex arrondis et taillés à facettes multiples; on a supposé que ce devaient être des projectiles dont le choc était rendu plus dangereux par les saillies anguleuses ménagées à leur surface. Tous ces objets doivent avoir été taillés sur place, car on a retrouvé à côté les noyaux des blocs siliceux desquels avaient été détachés de nombreux éclats. Un morceau de roche très-dure et étrangère à la localité offre certains détails de forme qui semblent destinés à en faciliter la manœuvre pour la retaille du tranchant des silex (?).

D'autres objets travaillés en os et surtout en bois de Renne ont aussi été recueillis en grand nombre. On y distingue des flèches à tête lancéolée, sans aileron ni barbe récurrente, comme en portent celles d'un âge un peu plus récent. Un

(1) On remarque cependant sur un fragment de bassin de jeune *Ursus spelæus* des stries nombreuses qui sembleraient avoir été produites par l'action répétée d'un outil tranchant dont on se serait servi pour en détacher les chairs.

poinçon, fait d'une perche de Chevreuil à tissu très-compacte, est soigneusement effilé et appointi, de façon à bien percer les peaux que l'on voudrait rejoindre par une couture. Un autre outil à pointe également très-aiguë, mais plus raccourcie, pourrait être considéré comme un instrument de tatouage. Plusieurs lames en bois de Renne, polies sur les deux faces, ressembleraient, d'après M. Steinhauer, l'un des conservateurs du musée d'antiquités de Copenhague, qui les a vues chez moi, aux lissoirs encore employés aujourd'hui par les Lapons pour rabattre les coutures grossières par lesquelles ils rejoignent les peaux de Renne. Une autre lame en bois de Renne présente, sur l'une de ses faces planes, de nombreuses raies transverses, également distancées entre elles, avec une lacune d'interruption qui les divise en deux séries; sur chacun des bords latéraux de ce morceau ont été entaillées de champ d'autres séries de coches plus profondes et régulièrement espacées; on serait tenté de voir là des signes de numération, exprimant des valeurs diverses ou s'appliquant à des objets distincts; serait-ce une marque de chasse, comme l'a pensé M. Steinhauer? Enfin une canine d'*Ursus spelæus*, percée dans toute sa longueur, sans doute pour en faciliter la suspension comme ornement, nous montre un travail plus compliqué, un premier essai de l'art appliqué à la représentation de formes animales; on y reconnaît une imitation très-imparfaite de la tête d'un oiseau.

En résumé, la découverte faite à Aurignac nous fournit le premier exemple rigoureusement constaté d'une sépulture humaine évidemment contemporaine des Hyènes, du grand Ours des cavernes, du Rhinocéros et de plusieurs autres espèces éteintes, si souvent qualifiées d'*antédiluviennes*. La réunion sur ce point de tant de restes d'animaux divers est indubitablement due à l'intervention exclusive de l'Homme. La preuve que ces animaux y ont été entraînés après avoir été récemment abattus résulte de ce que les os de Rhinocéros, d'Aurochs, de Renne, etc., étaient nécessairement encore à l'état frais lorsqu'ils ont été rongés par les Hyènes, après avoir été fragmentés par l'Homme. La disposition des lieux et la direction des pentes ne permettent pas d'ailleurs d'admettre l'apport de ces débris par des agents naturels; et toute autre explication resterait logiquement insuffisante.

Une autre conclusion importante ressort de l'ensemble des faits observés à Aurignac. C'est que, depuis le moment où l'Homme a vécu là en antagonisme direct avec ces grandes espèces éteintes dont notre imagination est habituée à reporter l'existence dans des temps très-reculés, il ne s'est produit, dans cette région, aucune grande invasion aqueuse, aucun bouleversement physique de nature seulement à apporter le moindre changement dans les accidents topographiques du sol. Il a suffi, en effet, pendant la longue série de siècles écoulés depuis l'abandon de cette sépulture, d'une simple dalle de quelques centimètres d'épaisseur pour la mettre à l'abri de toute atteinte extérieure; et c'est sous un mince recouvrement de terre meuble que se sont conservés les débris des derniers repas funéraires, aussi bien que les produits variés d'une industrie grossière, dans lesquels notre esprit cherche à ressaisir quelques traits de mœurs d'une race humaine qui fut peut-être la plus anciennement établie dans notre Europe occidentale.

II. NOUVELLES RECHERCHES SUR LA COEXISTENCE DE L'HOMME ET DES GRANDS MAMMIFÈRES FOSSILES RÉPUTÉS CARACTÉRISTIQUES DE LA DERNIÈRE PÉRIODE GÉOLOGIQUE (1)

PAR

ÉD. LARTET

I. STATION ET SÉPULTURE D'AURIGNAC.

Le bourg d'Aurignac, chef-lieu de canton dans l'arrondissement de Saint-Gaudens (Haute-Garonne), est assis à peu près au sommet de l'une des cinq éminences formant un massif montagneux, dont la constitution géognostique et les couches redressées accusent des relations avec les contre-forts disloqués du système pyrénéen. Le relief de cette projection orographique, dans laquelle les assises superposées de la craie et du terrain nummulitique ou épicrétacé ne se relèvent pas toujours en même direction, diffère peu de celui des collines tertiaires qui se développent à l'ouest; aussi le voyageur distrait et non prévenu, qui s'avance de cette direction vers Aurignac, ne s'apercevrait-il pas de la transition qui s'opère sous ses pas, si son attention n'était réveillée par un brusque changement dans la nature des roches, et par les accidents de dislocation que présentent les tranchées faites pour le tracé de la route. Du reste, la constitution géologique de cette région a été complétement élucidée par les belles études préliminaires de M. Leymerie, qui servent en quelque sorte de prodrome à la carte départementale dont l'exécution a été confiée à ce savant professeur.

La route qui conduit d'Aurignac à la petite ville de Boulogne, autre chef-lieu de canton du même arrondissement, est tracée approximativement de l'est à l'ouest, sur le flanc méridional de la montagne de Portet. En face, au sud, s'élève, en forme de croupe allongée, à peu près dans la même direc-

(1) Extrait d'un mémoire publié dans les *Annales des Sciences naturelles* 1861, 4e série, t. XV.

tion, la montagne de Fajoles (désignation cadastrale) [1], dont le relief plus abaissé, et nullement accidenté, s'isole néanmoins d'une manière complète de toutes les influences hydrographiques de la contrée. Entre ces deux éminences ou montagnes coule, au fond d'un vallon étroit, le ruisseau de Rodes ou d'Arrodes, qui, arrivé, un peu plus à l'ouest, au pied de la montagne de Portet, tourne brusquement au nord, pour s'aller jeter, à quelques kilomètres en aval, dans la Louge, petite rivière prenant sa source sur le plateau de Lanemézan.

En descendant la pente assez rapide de la route d'Aurignac vers Boulogne, on arrive, après un parcours de 1600 mètres environ, à un point où, de l'autre côté du vallon, la croupe abaissée de la montagne de Fajoles ne s'élève plus qu'à une vingtaine de mètres au-dessus du ruisseau de Rodes. On aperçoit alors, sur le versant nord de cette éminence, un escarpement plus ou moins naturel de la roche nummulitique (calcaire à mélonies de M. Leymerie), à côté duquel se dessine une sorte de niche ou grotte peu profonde, et dont l'ouverture cintrée fait face au nord-ouest. Le plancher de cette cavité, aujourd'hui entièrement déblayée, n'a pas plus de 2 mètres 25 centimètres de profondeur horizontale, sur une plus grande largeur de 3 mètres à l'entrée ; il se trouve à environ 13 à 14 mètres au-dessus du niveau du ruisseau. En dehors de la grotte et un peu en contre-bas, le sol calcaire se continue en une sorte de plate-forme de quelques mètres de superficie, légèrement inclinée vers le ruisseau, et s'adossant, au sud, à l'escarpement du rocher, dont l'aplomb a peut-être été originellement en partie régularisé par la main de l'Homme.

L'existence de cette cavité était encore ignorée, il y a une dixaine d'années. Les abords en étaient masqués par un amon-

[1] En patois du pays : *Mountagno de las Hajoles* (*Montagnes des Hêtres*). Or, il n'y a plus aujourd'hui un seul hêtre ni sur cette montagne, ni même dans le pays alentour, et l'on n'a ni souvenir, ni tradition aucune de leur existence antérieure. La végétation arborescente d'une région donnée est sujette à de grandes variations dans la succession des temps, même indépendamment de tout changement dans les conditions climatologiques.

cellement en talus de fragments de roche et de terre végétale éboulée probablement sous l'influence exclusive de simples agents atmosphériques. Cependant ce lieu était souvent visité par les chasseurs du pays, attendu qu'à un point de l'atterrissement extérieur correspondant à peu près au niveau de la voûte de cette grotte, se montraient un trou dans lequel se réfugiaient les lapins trop vivement poursuivis par les chiens de chasse.

Un ouvrier terrassier, J. B. Bonnemaison, entrepreneur de la fourniture de calcaire concassé pour l'entretien de la route voisine, s'avisa un jour d'enfoncer sa main, de toute la longueur du bras, dans ce trou, et, à sa grande surprise, il l'en retira, rapportant un os d'assez grande dimension. Soupçonnant, dès ce moment, la présence d'une cavité souterraine, et curieux de vérifier ce qu'elle pouvait recéler, il entama par une tranchée la partie du talus en contre-bas du trou apparent à l'extérieur. Après un travail de quelques heures, il se trouva en face d'une grande dalle de grès peu épaisse, et relevée verticalement contre une ouverture cintrée qu'elle fermait entièrement, sauf à l'endroit du trou par lequel se terraient les Lapins : cette dalle retirée lui laissa apercevoir une certaine quantité d'ossements et de crânes, qu'il reconnut aussitôt pour appartenir à l'espèce humaine. Les ossements provenant d'un certain nombre de squelettes se trouvaient en partie engagés dans une terre meuble, qui pouvait avoir été introduite dans cette cavité sépulcrale au moment de l'inhumation des corps.

La découverte du terrassier Bonnemaison ne tarda pas à s'ébruiter ; les curieux affluèrent, et chacun, suivant ses impressions, chercha à expliquer la présence de ces nombreux débris humains dans ce lieu assez éloigné de tout centre actuel d'habitations. Les anciens de la localité ne manquèrent pas d'évoquer le souvenir d'une bande de faux-monnayeurs, qui jadis avaient été surpris exerçant leur coupable industrie dans une maison isolée sise à quelque distance. Ce fut assez pour faire attribuer à ces gens de mauvais renom la perpétration de nombreux assassinats, dont ils faisaient disparaître les traces en cachant les cadavres de leurs victimes dans cette cavité connue d'eux seuls.

Pour couper court à tous ces commentaires, M. le docteur Amiel, maire d'Aurignac, donna l'ordre de réunir tous ces débris humains pour les faire ensevelir de nouveau dans le cimetière de la paroisse ; mais, avant d'en faire opérer la translation, ce médecin instruit s'assura, par l'énumération de certaines pièces homologues du squelette, qu'il s'y trouvait des restes de dix-sept individus. Quelques formes spécialement caractéristiques lui parurent rapportables à des femmes ; tandis que d'autres parties de squelettes dénotaient, par leur ossification incomplète, la présence de jeunes sujets n'ayant pas dépassé les limites de l'adolescence (1).

Il convient de rappeler qu'à travers les ossements humains extraits de l'intérieur de la grotte, J. B. Bonnemaison distingua plusieurs dents de grands Mammifères, carnassiers et herbivores. Il y recueillit aussi dix-huit petits disques ou rondelles, uniformément percées dans leur milieu, sans doute pour en faciliter l'assemblage en collier ou bracelet. Ces rondelles, d'une substance blanchâtre et compacte, passèrent en diverses mains ; quelques-unes furent adressées, avec des dents de Mammifères, à M. Leymerie, par M. Vieu, conducteur des ponts et chaussées à Aurignac, dont les recherches

(1) D'après le rapport de l'ouvrier Bonnemaison, la masse des ossements humains renfermait, au moment de leur extraction de la grotte, deux crânes encore entiers ; ils ne l'étaient déjà plus lorsque M. Amiel arriva sur les lieux. Les opérations consécutives de chargement, de transport et de seconde inhumation durent occasionner d'autres altérations sur ces os rendus fragiles par leur vétusté ; néanmoins l'examen de ces débris tels quels me paraissait encore désirable. Les mesures prises sur les os de ce nombre assez considérable de sujets auraient permis, jusqu'à un certain point, d'en déduire la taille moyenne et les proportions de cette race inconnue ; on aurait également pu relever, sur des parties détachées de la face et du crâne, des indications de quelque valeur sur la forme générale de la tête. Malheureusement, personne à Aurignac, pas même le fossoyeur de la paroisse, n'avait, après un intervalle de huit années écoulées depuis la découverte première, conservé le souvenir de l'endroit précis où tous ces restes humains avaient été empilés dans une fosse commune.

dans cette partie du département ont procuré de nombreux et utiles matériaux pour l'étude de la paléontologie tertiaire de la Haute-Garonne. Peu de temps après, M. Leymerie m'envoya en communication les dents de Mammifères, sans autre indication que celle à lui fournie, comme ayant été trouvées sur la montagne de Fajoles. J'y reconnus des molaires de Cheval, de Bœuf (Aurochs?), une canine d'Hyène, une autre canine qui me parut revenir au grand *Felis* des cavernes, deux autres dents d'un Carnivore plus petit, probablement un Renard, et enfin la pointe d'un andouiller de Cerf.

Plus tard, à mon passage à Toulouse, M. Leymerie me montra les petits disques ou rondelles percées qu'on lui avait envoyées en même temps que les dents ci-dessus. L'examen rapide que nous fîmes de ces objets, dont l'origine n'avait d'ailleurs pas été indiquée avec assez de précision, ne nous permit pas de reconnaître avec quelle matière ils avaient été fabriqués, ni de soupçonner leur destination. Mais M. Leymerie ayant bien voulu, il y a quelques mois, me les transmettre à Paris, par l'entremise de notre ami commun M. Collomb, il m'a été possible cette fois de distinguer leur structure, qui m'a paru analogue à celle du test de certaines coquilles marines. La face légèrement convexe de quelques-unes de ces rondelles, bien qu'usée et à demi polie par un frottement artificiel, laisse encore apercevoir la trace incomplétement oblitérée des côtes saillantes de la coquille d'une espèce de *Cardium*. Ce premier aperçu s'est trouvé confirmé par l'examen plus décisif que M. Deshayes a bien voulu faire, à ma prière, de l'une de ces rondelles.

Le souvenir de la découverte faite par J. B. Bonnemaison était à peu près effacé, lorsque, me trouvant de passage à Aurignac, en octobre 1860, les circonstances m'en furent rappelées par M. Vieu, avec de nouveaux détails, qui me décidèrent à visiter les lieux. Je m'y rendis, accompagné de trois ouvriers, au nombre desquels se trouvait l'auteur même de l'ancienne découverte.

La cavité sépulcrale, telle qu'elle avait été déblayée par lui, offrait alors, au niveau du sol, une profondeur de 2 mètres 25 centimètres sur une hauteur de 2 mètres 50 centimètres, prise au milieu du cintre formé par son ouverture faisant face, comme il a été dit ci-dessus, au nord-ouest. Avant que je n'eusse fait enlever le remblai de terre meuble et de fragments de roche, j'ai encore trouvé quelques ossements humains qui y étaient restés engagés, ainsi que des silex taillés, des bois de Renne travaillés, et un assez bon nombre d'os de mammifères dans un état de conservation relativement remarquable.

Dans le remblai extérieur, les ossements de mammifères, très-nombreux, se sont trouvés constamment cassés, fragmentés même, et de plus quelquefois brûlés ou rongés par des carnivores. Interrogé par moi sur le point de savoir si cette continuité de remblai intérieur, avec la partie extérieure, n'était pas, au moment de la découverte, interrompue par l'interposition de la dalle dressée verticalement contre l'ouverture de la grotte, Bonnemaison ne put me donner de réponse positive. Si la dalle eût été conservée, il aurait suffi de la remettre en place pour s'assurer si elle descendait originellement au-dessous de ce niveau. Malheureusement Bonnemaison avait trouvé commode de la réduire en fragments pour la joindre à la fourniture du calcaire concassé, destiné à l'entretien de la route. Quoi qu'il en soit, l'état de parfaite conservation des os enfouis dans le remblai intérieur de la grotte dénote qu'à aucune époque les animaux carnassiers, les Hyènes entre autres, n'ont pu y pénétrer. Il est à supposer qu'à chaque circonstance d'inhumation d'un corps humain, la dalle était écartée pour un moment, et ensuite réappliquée aussitôt la cérémonie terminée. L'explication la plus rationnelle que l'on puisse donner de la présence des restes d'animaux enfouis dans cette sépulture, c'est qu'ils y avaient été introduits comme consécration rentrant dans des rites funéraires, dont on trouve des exemples analogues dans beaucoup de sépultures des temps primordiaux.

Quant à la position et à l'orientation données aux corps lors de l'inhumation, je n'ai pu obtenir aucun renseignement de l'auteur de la découverte. Nulle circonstance n'avait laissé dans son esprit une impression définie à cet égard. Il est évident que la superficie du sol de la grotte ne laissait pas assez de latitude pour y déposer côte à côte, et en extension horizontale, les corps de dix-sept individus. Le peu d'élévation de la voûte ne permet pas non plus d'admettre que l'inhumation ait pu se faire par superposition et entassement des cadavres; tandis que la configuration semi-circulaire de la cavité sépulcrale se prête assez bien à la supposition que l'attitude donnée aux corps avait été celle vérifiée dans beaucoup de sépultures des temps primitifs, c'est-à-dire le corps accroupi et replié sur lui-même; cette pratique réalisant une économie dans l'espace occupé par chaque individu, comme aussi, suivant quelques archéologues, la pensée symbolique de rendre à la terre, notre mère commune, le corps de l'Homme qui avait cessé de vivre, avec la même attitude qu'il offrait, avant sa naissance, dans le sein de sa mère spécifique.

Une fois ces renseignements pris sur les circonstances de la découverte première de cette sépulture, je jugeai à propos de faire sonder le remblai piétiné de terre meuble resté dans l'intérieur de la cavité sépulcrale. Les premiers coups de pioche amenèrent la découverte d'une dent et de quelques os humains qui y étaient restés engagés. Après cela, vint un outil ou arme en bois de cerf ou de Renne. La pointe n'a pu en être retrouvée. Il est soigneusement arrondi et effilé; son extrémité inférieure, aiguisée en biseau, paraît destinée à recevoir un manche. Immédiatement à côté se trouvait une demi-mâchoire de Cheval, des dents d'Aurochs, un maxillaire de Renne, et des os entiers de grands Ours des cavernes (*Ursus spelæus*), de Renard, etc., etc.

En dehors de la grotte où existait encore l'amoncellement de terre éboulée, j'aperçus à la base une assise noirâtre visiblement composée de cendre, de débris de charbon et de terre analogue à la terre végétale d'alentour. En attaquant, avec la pointe d'un marteau, l'affleurement de cette couche de cendre et de charbon, j'en détachai des dents de Bœuf (Aurochs), de Renne, et quelques fragments d'os noircis par l'action du feu.

Dès ce moment, l'exploration méthodique et complète de cet ensemble d'assises plus ou moins meubles, tant en dehors que dans l'intérieur de la grotte, fut résolue. Ce travail, exécuté par des ouvriers intelligents, et constamment sous ma surveillance, a été achevé en deux reprises, à quelques jours d'intervalle ; il a donné les résultats suivants :

L'assise inférieure de cendres et de charbons, est celle qui donne en réalité, pour point de départ aux circonstances si complexes de cette station, l'arrivée de l'Homme, et l'établissement d'un foyer autour duquel il a dû prendre ses repas. Ce foyer s'étendait en superficie de plusieurs mètres carrés, sur une sorte de plate-forme du calcaire à mélonies. Quelques fragments détachés de cette roche en nivelaient les inégalités ; il y avait çà et là un certain nombre de plaques très-minces d'un grès fissile, la plupart rougies par l'action du feu. Le gisement le plus prochain de cette roche de grès fissile se montre aujourd'hui, à quelques centaines de mètres, de l'autre côté du vallon, au pied de la montagne de Portet.

La couche de cendre et de charbon n'avait en réalité pas plus de 15 à 20 centimètres; elle allait en s'amincissant graduellement vers l'entrée de la grotte, où elle ne pénétrait pas. Il s'y est trouvé un très-grand nombre de dents, principalement d'herbivores, et plusieurs centaines d'os fragmentés des mêmes animaux. Quelques-uns de ces os étaient en partie carbonisés ; d'autres simplement roussis par un chauffement peu intense. Le plus grand nombre ne paraissait pas avoir subi l'action du feu ; la très-grande partie des fragments provenaient d'os longs et à cavités médullaires, presque tous présentant un mode de cassure uniforme. Un grand nombre de ceux qui n'avaient pas subi l'action du feu portaient l'empreinte énergique des dents d'un carnassier, qui s'était attaqué jusqu'à la diaphyse épaisse et compacte des grands os d'Aurochs et de Rhinocéros. La rencontre, dans les cendres mêmes du foyer, de coprolithes d'Hyène, témoigne que c'était ce puissant carnivore qui venait, sans doute pendant les absences de l'Homme, se nourrir des restes de ses repas. C'est encore à la voracité des Hyènes que l'on peut attribuer la disparition presque totale, soit du foyer, soit du remblai ossifère qui le recouvre, des vertèbres et des autres parties spongieuses dans les os d'herbivores.

Outre le mode de fragmentation des os dénotant qu'ils ont été cassés en vue d'en extraire la moelle, on trouve quelquefois à leur surface des rayures et des entailles peu profondes qui paraissent avoir été produites par le tranchant d'un instrument employé pour en détacher les chairs.

En effet, nous avons pu recueillir dans les cendres mêmes du foyer une centaine d'éclats de silex, quelques-uns de forme peu définie, mais le plus grand nombre façonnés dans ce type si universellement répandu, et que les archéologues désignent par le nom de *couteaux*. Il paraît qu'une partie au moins de ces outils en silex avaient été fabriqués sur place, car nous avons trouvé aux abords du foyer les noyaux des blocs d'où l'on avait détaché par un choc des éclats de diverses dimensions. Nous avons recueilli dans le foyer un caillou arrondi dans un sens, et présentant dans l'autre deux faces aplaties avec une dépression dans le milieu. Ce caillou est d'une roche étrangère à cette région des Pyrénées ; il a dû, d'après l'explication que m'en a donnée M. Steinhauer, conservateur du Musée ethnographique de Copenhague, servir à retailler, par coups ménagés, le tranchant des couteaux de silex. L'enfoncement ou dépression que présentent de chaque côté ses faces planes et destinés à loger deux doigts opposés de la main pour en faciliter la manœuvre.

Nous avons également retiré des cendres du foyer deux blocs de silex taillés à facettes multiples, et qui ont été considérés par les archéologues comme étant des projectiles dont le choc était rendu plus meurtrier par les saillies anguleuses ménagées à leur surface.

Outre ces armes et ces couteaux en silex, on a encore retiré soit des cendres du foyer, soit du remblai ossifère qui le recouvre, beaucoup d'autres instruments de diverses formes, et fabriqués en très-grande partie avec la partie la plus compacte des bois du Renne. Quelques-uns sont façonnés en tête de flèches simplement lancéolées, et sans ailes ni barbes récurrentes, comme nous les retrouverons dans des stations d'un âge plus récent. Toutes sont cassées immédiatement au-dessous de la dilatation formant la base de la tête de lance. Certaines de ces flèches sembleraient avoir été roussies par l'action du feu, comme si elles fussent restées dans les chairs de l'animal au moment de leur cuisson. Une d'elles porte sur ses deux faces opposées des empreintes en creux, que l'on pourrait, avec toute réserve cependant, considérer comme ayant été produites par la pression des dents d'un carnivore essayant de l'arracher de la plaie (??).

Signalons un poinçon très-effilé et soigneusement appointi. Cet outil paraît avoir été fabriqué avec la perche d'un bois de Chevreuil, qui est plus compacte et plus dur que le bois de Cerf ou de Renne ; il est très-bien conservé, et pourrait encore servir à percer les peaux d'animaux, que l'on voudrait rejoindre au moyen d'une couture grossière. Ce morceau a été trouvé dans le remblai ossifère qui recouvre les cendres du foyer.

Un autre outil en bois de Chevreuil est également aiguisé en pointe aiguë, mais pas assez effilée pour servir de poinçon à coudre. On peut se demander si ce ne serait pas un instrument de tatouage?

D'autres ustensiles de dimensions variées et façonnés en lame peu épaisse ressembleraient, d'après M. Steinhauer, aux lissoirs de bois de Renne, dont se servent encore les Lapons pour rabattre les coutures grossières de leurs vêtements de peaux d'animaux. Un de ces prétendus lissoirs porte, sur ses deux faces, des traces d'un frottement répété.

Une autre lame de bois de Renne, qui, malheureusement, nous est parvenue tronquée par ses deux extrémités, offre sur l'une de ses faces soigneusement polie deux séries de lignes transverses également distancées entre elles, avec une lacune d'interruption au milieu. Sur chacun des bords latéraux de cette lame ont été pratiquées, de champ, d'autres séries d'entailles ou coches plus profondes et en même temps assez régulièrement espacées; on serait tenté de voir, dans ces lignes et dans ces entailles, des signes de numération exprimant des valeurs diverses, ou bien s'appliquant à des objets distincts.

Un morceau, dont je ne saurais expliquer l'usage, est une portion de bois de Renne. On voit dans le milieu, au point où un andouiller se détachait de la tige ou merrain, un trou sensiblement ovale, dont la coupe, à travers l'épaisseur du morceau, est relevée de cannelures simulant, sauf la disposition en spirale, l'intérieur d'un écrou. Ce morceau a été trouvé dans les cendres du foyer.

Signalons un manche fait avec la partie inférieure du merrain d'un bois de Renne.

Ce manche a été recueilli dans l'intérieur de la grotte, sous l'emplacement des sépultures et à côté de quelques silex taillés avec plus de soin que ceux abandonnés dans le foyer, ce qui laisse supposer que tous ces objets de meilleur choix avaient reçu là une consécration votive. L'un des silex du type dit des couteaux est taillé avec un soin particulier et paraît n'avoir jamais servi.

L'un des morceaux les plus curieux qu'ait produits cette fouille est une canine de grand Ours des cavernes (*Ursus spelæus*), encore jeune. La couronne a été entièrement dépouillée de son émail, puis amincie des deux côtés, et une gouttière creusée le long de son bord concave simulerait une sorte de commissure buccale ou de bec; la fossette oblongue, placée au-dessus et un peu en arrière, à la place que devrait occuper l'œil et surmontée d'un trait sourcilier, compléterait un semblant de forme animale assez mal définie, peut-être une tête d'oiseau. L'ouvrier, ou, si l'on veut, l'artiste qui avait certainement à sa disposition des canines plus fortes de la même espèce d'Ours, a préféré celle d'un jeune individu, sans doute parce que la cavité, encore persistante du bulbe dentaire, lui a permis d'en compléter plus facilement la perforation. Cette dent est en effet percée dans toute sa longueur, de façon à pouvoir y passer un moyen quelconque de suspension. Elle a été trouvée assez près de l'entrée de la grotte, et précisément à l'endroit où J. B. Bonnemaison, après avoir retiré la dalle qui fermait l'ouverture du caveau sépulcral, avait ensuite ramené les déblais de l'intérieur. Peut-être originellement ensevelie avec l'un des corps comme objet d'affection ou comme amulette, avait-elle passé inaperçue lors de l'enlèvement que fit faire le maire, M. Amiel, de tous les restes humains.

Nous avons vu qu'une partie des outils en silex devaient avoir été fabriqués sur place. On en peut dire autant de quelques ustensiles en bois de Renne ; car nous avons pu recueillir, soit à travers les cendres du foyer, soit dans le remblai qui le recouvre, des restes de bois de Renne d'où l'on avait détaché les andouillers et les parties les plus propres à être mises en œuvre. L'expérience acquise par cette population primitive lui avait déjà appris que les bois de mue aujourd'hui préférés par nos couteliers, sont mieux nourris et plus compactes que ceux pris en état de croissance sur la tête de l'animal vivant. Un seul bois de jeune individu avait été coupé sur l'animal fraîchement abattu, sans doute pour en utiliser la pointe unique. Il adhère encore au frontal par sa base, et l'on reconnaît aisément, à l'endroit de la fracture et au-dessous, les empreintes striées des nombreuses coupures faites avec le tranchant mal aiguisé d'un silex.

Nous avons encore trouvé dans les cendres du foyer des lames disjointes de molaires d'Éléphant (*El. primigenius*). Dans ces lames, dont l'émail s'est détaché, l'ivoire paraît avoir été très-altéré par l'action du feu. A quel usage pouvaient-elles servir ? C'est ce que nous ne saurions deviner ; toujours est-il qu'elles ont dû être ainsi disjointes avec intention, car dans le remblai qui recouvre le foyer, nous avons retrouvé le talon, ou partie surbaissée de deux molaires d'Éléphant, d'où l'on avait sans doute détaché la partie où les lames sont plus hautes et plus larges. A l'un de ces morceaux adhèrent encore des parcelles de charbon; c'est là tout ce que nous avons recueilli de débris d'Éléphant dans cette fouille [1].

La partie du remblai ossifère comprise entre le foyer ou couche inférieure de cendres et charbon et l'éboulis de terre végétale qui, en dessus, masquait, avant la découverte de Bonnemaison, l'entrée de la sépulture, avait près d'un mètre d'épaisseur. Il s'y est trouvé, comme dans les cendres du foyer, beaucoup d'os d'herbivores, toujours cassés et fragmentés de même façon, et aussi quelquefois rongés par les Hyènes. On y a rencontré également des parcelles de charbon disséminées. Les ossements de carnivores s'y montraient en assez forte proportion. Ils étaient souvent entiers, et lorsqu'ils avaient été fracturés, leur cassure ne présentait pas ce mode uniforme si remarquable dans les os d'herbivores; aucun os de carnassier n'est rongé et ne porte la trace des dents d'Hyène; on n'y remarque non plus aucune de ces rayures ou entailles faites avec des outils tranchants, et que l'on distingue si souvent sur les os d'herbivores [2]. Aussi est-on conduit à expliquer la présence dans ce lieu d'une assez grande quantité de restes de carnivores de différentes tailles, principalement par l'utilité que l'Homme pouvait retirer de leur fourrure pour

[1] On demandera pourquoi, s'il existait encore des Éléphants au pied des Pyrénées, on ne trouve pas des flèches ou autres ustensiles faits avec l'ivoire de leurs défenses. « Les Éthiopiens de l'armée de Xercès, dit Hérodote, se servaient de longues flèches de canne à l'extrémité desquelles était, au lieu de fer, une pierre pointue. Ils avaient aussi des javelots armés de cornes de chevreuil (?) pointues et travaillées comme un fer de lance. » Il y avait cependant des Éléphants en Éthiopie, puisque l'on donnait le nom d'Éléphantophages à certaines peuplades de ce pays. Les Phéniciens d'ailleurs allaient chercher en Éthiopie l'ivoire dont ils trafiquaient chez d'autres nations. Mais chez les Éthiopiens, comme parmi nos peuplades sous-pyrénéennes, le sens pratique avait déjà fait connaître que l'ivoire est plus difficile à travailler, plus cassant et moins durable que la corne des diverses espèces de Cerf.

[2] Il faut cependant en excepter deux fragments d'un jeune *Ursus spelæus*, dont un surtout (une partie du bassin) laisse voir des stries nombreuses que l'on croirait avoir été produites par l'action répétée d'un outil avec lequel on aurait cherché à en détacher les chairs.

se vêtir et pour s'abriter contre l'intempérie des saisons. Il ne faut cependant pas oublier que, dans l'intérieur de la grotte, à travers les squelettes humains et dans le remblai qui formait le *substratum* des sépultures, les ossements de carnassiers dominaient par le nombre; ce qui fait supposer qu'ils devaient entrer pour beaucoup dans les consécrations funéraires dont on trouve des exemples analogues dans des sépultures d'un âge beaucoup plus récent.

Une chose m'a frappé : c'est qu'ayant recueilli un grand nombre de mâchoires inférieures à peu près entières de carnivores, et, à l'intérieur de la grotte, quelques-unes d'herbivores, je n'ai cependant retrouvé ni maxillaires supérieurs entiers, ni des parties notables de crâne d'aucun de ces animaux. Faut-il croire que leurs crânes en général avaient été fracturés pour en extraire la cervelle?... Les Indiens de l'Amérique septentrionale, dit Hearne [1], cité par M. Morlot, préparaient les peaux avec une lessive de cervelle et de moelle. « Les Samoïèdes, d'après Pallas [2], fendent les os de Renne pour en manger la moelle toute fraîche et toute crue; leur mets favori est de manger la cervelle crue et encore fumante; ils mangent aussi crues les jeunes cornes des Rennes qui viennent de changer de bois. »

La fouille du remblai intérieur de la grotte a procuré, comme nous l'avons déjà vu, la découverte de quelques ossements humains, qui y étaient restés engagés après l'enlèvement que l'on avait fait, il y a quelques années, des squelettes transportés au cimetière d'Aurignac. C'est de cette fouille que nous avons obtenu les silex les mieux taillés, et aussi le plus beau spécimen de bois de Renne travaillé. On y a également recueilli un bois de Renne à peu près entier. Les seuls os d'herbivores qui nous soient parvenus en bon état de conservation proviennent de ce remblai. Les ossements de carnivore s'y sont trouvés en majorité. Ceux de Renard y étaient

(1) Hearne, *Voyage du fort du prince de Galles à l'Océan du Nord*, de 1769 à 1772, ch. VII, p. 243.

(2) Pallas, *Voyage en Russie et dans l'Asie septentrionale*, t. V, p. 168.

les plus nombreux; après, venaient ceux du grand Ours des cavernes (*Ursus spelæus*) : un membre de cette espèce avait dû y être introduit entier, puisque nous y en avons trouvé, très-près les uns des autres, les divers os qui entraient dans sa composition. Parmi les individus de cette grande espèce d'Ours dont la dépouille avait été entraînée là par l'Homme, il avait dû se trouver une femelle en état de gestation avancée, car dans le remblai extérieur, à l'entrée de la grotte, nous avons pu recueillir quelques restes d'un fœtus bien près d'arriver à terme. Autant les os d'herbivores se sont montrés cassés, fracturés, brûlés et rongés à l'extérieur de la grotte, tant dans les cendres du foyer que dans le remblai qui le recouvre, autant à l'intérieur ils étaient relativement bien conservés, et surtout exempts de toute atteinte de la dent des carnivores; d'où l'on est conduit à conclure que ces parties d'animaux avaient été introduites dans cette sépulture avec une destination toute spéciale, et en même temps que l'accès de la grotte était constamment resté fermé aux Hyènes.

Le dépouillement général des restes de Mammifères recueillis dans cette station d'Aurignac nous a montré que les carnassiers s'y trouvaient en nombre d'espèces à peu près égal à celui des herbivores. Voici les deux listes avec l'évaluation approximative du nombre des individus afférent à chacune des espèces.

CARNASSIERS.

	Nombre des individus.
1. Grand Ours des cavernes (*Ursus spelæus*)	5 à 6
2. Autre Ours de petite taille (*U. arctos?*).	1
3. Blaireau (*Meles taxus*).	1 ou 2
4. Putois (*Putorius vulgaris*).	1
5. Grand Chat des cavernes (*Felis spelæa*).	1
6. Chat sauvage (*F. catus ferus*).	1
7. Hyène (*Hyæna spelæa*).	5 à 6
8. Loup (*Canis lupus*).	3
9. Renard (*Canis vulpes*).	18 à 20

HERBIVORES.

	Nombre des individus.
1. Éléphant (*Elephas primigenius*), deux molaires.	
2. Rhinocéros (*Rhinoceros tichorhinus*)	1
3. Cheval (*Equus caballus*)	12 à 15
4. Ane? (*Equus asinus*)	1
5. Sanglier (*Sus scrofa*), deux incisives.	
6. Cerf (*Cervus elaphus*)	1
7. Cerf gigantesque (*Megaceros hibernicus*).	1
8. Chevreuil (*C. capreolus*)	3 ou 4
9. Renne (*C. tarandus*)	10 à 12
10. Aurochs (*Bison europæus*)	12 à 15

Parmi les carnassiers, le grand Chat des cavernes ne se trouvait représenté que par une canine et une molaire carnassière portant la trace d'une cassure produite par un choc violent; il est donc à présumer que le corps de l'animal n'a point paru dans ce lieu, et que ces deux dents y avaient été apportées avec une intention spéciale, d'autant que toutes deux ont été recueillies dans la sépulture, et l'une (la canine de *Felis spelæa*, envoyée à M. Leymerie), à travers les ossements humains, lors de la découverte première faite par Bonnemaison.

Les deux molaires d'Éléphant étant les seuls morceaux de cette espèce retrouvés à Aurignac, on peut aussi attribuer leur apport par l'Homme à une destination usuelle quelconque.

On en pourrait dire autant des deux incisives de Sanglier, les seuls morceaux de cette espèce que nous ayons su reconnaître dans cette masse considérable d'ossements ([1]).

Je n'ai pas non plus mentionné dans la liste des herbivores deux demi-mâchoires d'un Campagnol et un calcanéum de Lièvre, qui ont pu se trouver là par quelque accident indépendant de la volonté de l'Homme.

Les restes de Lièvre et de Lapin sont très-abondants dans

([1]) Nous verrons tout à l'heure que dans la grotte inférieure de Massat, autre station ancienne où l'Homme a laissé de nombreux débris de ses festins, le Sanglier n'est également représenté que par une seule molaire.

les brèches osseuses et dans beaucoup de cavernes des Pyrénées ; mais je n'en ai pas trouvé de traces dans la grotte inférieure de Massat, et il n'en a pas non plus été cité dans d'autres cavernes qui paraissent avoir été exclusivement habitées par l'Homme.

Quant au Cheval, il paraît, d'après l'état de ses os cassés et fragmentés, comme ceux des ruminants, qu'il entrait pour beaucoup dans l'alimentation des aborigènes d'Aurignac. Cependant à Massat, dans une station un peu moins ancienne, il y a absence complète de restes du Cheval, tandis que dans la caverne de Bise, qui a servi d'habitation à l'Homme au temps où le Renne vivait encore dans le midi de la France, les os cassés de Cheval étaient, dit M. Tournal, aussi abondants que ceux des ruminants. Les Sarmates, dit un historien de l'antiquité, étaient distingués des autres peuples, et *en particulier des Celtes*, par leur goût et prédilection pour le sang et la viande de Cheval et pour le lait des Cavales.

Le Rhinocéros paraît aussi avoir été mangé par les aborigènes pyrénéens. Des dents molaires et un certain nombre d'os provenant d'un jeune individu ont été trouvés à Aurignac dans le remblai supérieur à la couche de cendres du foyer. Toutes les vertèbres et les parties spongieuses des os longs avaient disparu, dévorées sans doute par les Hyènes ; mais les parties épaisses et compactes de la diaphyse des os longs sont restées. Leur mode de cassure est le même que celui des autres herbivores, et quelques fragments portent la trace encore visible des outils tranchants. Du reste, nous trouvons une autre preuve que lorsque la dépouille de ce jeune Rhinocéros a été amenée là, il venait d'être récemment abattu, dans cette circonstance que ses os, après avoir été cassés par l'Homme, ont été ensuite rongés par les Hyènes, ce qu'elles n'eussent point fait s'ils n'avaient été encore frais et en possession de leurs sucs gélatineux.

La rareté du Cerf commun et du Cerf gigantesque, représentés à Aurignac, chacun par les restes d'un seul individu, s'expliquerait peut-être par la grande abondance de ceux de

Renne. On sait qu'à l'état sauvage, il existe entre certaines espèces très-voisines, et quelquefois du même genre, des antipathies qui les portent à se cantonner dans des stations d'habitat très-distinctes.

L'Aurochs et le Renne sont donc les espèces qui ont le plus souvent figuré dans les festins dont nous retrouvons les quelques débris dédaignés par les Hyènes. La position du foyer sur une plate-forme qui domine le vallon et le ruisseau de Rodes laisse également supposer qu'une grande partie des restes osseux a pu être jetée dans le fond du vallon, d'où ils auront disparu plus tard, entraînés par les eaux du ruisseau ou décomposés sous l'influence des agents atmosphériques.

Les os longs de ces ruminants, si riches en moelle, ont tous été cassés pour l'en extraire. Aucun n'a été oublié ; il n'est pas jusqu'aux premières phalanges des Cerfs et des Rennes, ayant comme les os longs une cavité médullaire, qui n'aient été soigneusement ouvertes. Mais le mode de cassure n'est ni aussi méthodique, ni aussi élégant que celui remarqué dans les *kjökkenmöddings* du Danemark, où les os longs ont été fendus avec une dextérité remarquable, de façon à mettre à nu, d'un seul coup, toute la provision de moelle renfermée, par exemple, dans un canon ou métatarse d'Aurochs et de Cerf. A Aurignac comme à Massat, ce mode de cassure est assez rare et généralement mal exécuté ; peut-être cela tenait-il au défaut d'outils appropriés à ce genre d'opération, outils que nous n'avons pas retrouvés à Aurignac ni à Massat, tandis que les aborigènes du Danemark en étaient abondamment pourvus. A Aurignac donc, comme aussi à Massat, les os longs, à cavité médullaire, ont été rarement fendus dans le sens de leur longueur ; quelquefois leurs extrémités ont été détachées par fracture, pour pouvoir ensuite vider l'os ; mais le plus souvent les os paraissent avoir été en quelque sorte cassés et réduits en éclats par le choc contondant d'un caillou, et, dans les deux localités ci-dessus, nous avons trouvé, à côté même des débris des festins, les blocs et les cailloux qui peuvent avoir servi à cette opération.

On se demande comment, avec des armes en apparence aussi peu redoutables que celles dont nous avons décrit les principaux spécimens, les aborigènes de notre ancienne Aquitaine ont osé se mettre en lutte avec des animaux, de la taille des grands Ours des cavernes, des Rhinocéros, etc. (1)?

Il est à présumer que, comme les anciens Germains dont parle César, nos habitants primitifs des Pyrénées connaissaient l'art de tendre des piéges à ces grands animaux, et de les prendre dans des fosses masquées par une couverture de feuillage. D'ailleurs la notion exacte des parties les plus vulnérables chez ces divers animaux et la précision du tir ou du jet de ces armes primitives pouvaient, jusqu'à un certain point, suppléer à leur imperfection (2).

Tel est l'ensemble des observations qu'il a été possible de relever par l'exploration complète et attentive de cette station d'Aurignac. Les circonstances auxquelles elles se rapportent sont complexes; elles accusent en même temps par leur succession une assez longue durée de temps.

Les premières traces d'êtres animés que nous trouvons dans ces couches meubles et de formations comparativement récentes au point de vue géologique, sont celles de l'Homme

(1) Malgré toute l'attention que j'ai portée au dépouillement des os provenant de la fouille d'Aurignac, et aux autres évidences circonstancielles de cette station, je ne suis point parvenu à y retrouver le moindre indice de la présence du Chien, ce compagnon habituel de l'Homme chasseur, dans tous les climats et à tous les degrés de barbarie. Sous les pilotis de l'âge de pierre, en Suisse, on a trouvé des restes d'une petite race de Chien dont la taille tenait le milieu entre le Chien courant et le Chien d'arrêt. Dans les études sur la faune des *kjökkenmödding* du Danemark, M. Steenstrup s'est assuré, par la manière dont certains os étaient rongés, que le Chien avait dû être le commensal des aborigènes, et il a même cru reconnaître qu'il était quelquefois mangé par eux. Dans la station de Massat (Ariége), bien plus récente que celle d'Aurignac, j'ai, de mon côté, cru pouvoir induire la présence du Chien de la manière dont quelques os d'herbivores ont été rongés.

(2) « Les Shangallas, dit Bruce, tuent le Rhinocéros avec les plus mauvaises flèches qu'ait pu avoir un peuple qui a fait usage des armes, et ensuite ils le dépècent avec des couteaux non moins mauvais que leurs flèches. »

établissant sur la plate-forme, en dehors de la petite grotte, un foyer qui, par l'épaisseur de la couche de cendres, atteste un long séjour ou tout au moins des retours fréquents.

L'absence de toute trace de feu dans l'intérieur de la grotte, et l'état de conservation comparative des ossements des animaux qui s'y sont trouvés, dénotent que, dès l'origine, cette cavité, fermée à tout accès de l'extérieur, a dû être consacrée à des sépultures humaines.

L'état fragmentaire des os de certains animaux, leur mode de cassure, l'empreinte retrouvée de dents d'Hyène sur des os nécessairement cassés à l'état frais, la distribution même de ces os et leur consécration significative, permettent de conclure que l'apport de ces animaux et la localisation de tous ces débris sont dus à l'intervention propre et exclusive de l'homme. L'entraînement de ces débris par les agents naturels ne peut s'induire ni des pentes du sol, ni des circonstances hydrographiques environnantes. La montagne de Fajoles, s'isolant complétement, comme nous l'avons déjà dit, du massif orographique d'Aurignac, reste par cela même soustraite à toute action d'eaux courantes ou torrentielles prenant naissance dans ce massif montagneux; l'emplacement de la grotte sépulcrale se trouve à 14 mètres environ au-dessus du niveau du ruisseau de Rode.

La grande quantité de restes d'animaux ayant servi à l'alimentation de l'Homme, et leur présence à des niveaux différents, indiqueraient que des réunions successives se sont effectuées dans cet endroit. Ces réunions avaient lieu probablement à chaque époque d'inhumation des divers individus ensevelis dans la grotte; très-probablement aussi l'Homme aura cessé de fréquenter cette station lorsque la cavité sépulcrale entièrement occupée n'aura plus permis d'y pratiquer de nouvelles inhumations.

Dans la suite des temps, il aura suffi de l'action lente et prolongée des simples agents atmosphériques pour que des fragments détachés de l'escarpement du rocher adjacent et des terres meubles graduellement éboulées aient fini par recouvrir entièrement l'emplacement du foyer extérieur, et par masquer la dalle fermant l'ouverture de la cavité sépulcrale, dont l'existence est ainsi demeurée complétement ignorée pendant une longue série de siècles.

L'ancienneté de cette sépulture ne peut s'établir ni par la tradition, ni par l'histoire, ni par les dates numismatiques, puisqu'il n'a été recueilli aucun document de ce genre s'y rapportant.

En employant la méthode archéologique, on trouve dans l'absence de toute espèce de métal, et dans l'emploi usuel d'outils et d'armes de silex et d'os, des indications suffisantes pour faire remonter les circonstances de cette station d'Aurignac à cette période ancienne des temps anté-historiques que les antiquaires désignent aujourd'hui sous le nom d'*âge de la pierre*.

Par la méthode paléontologique, la race humaine d'Aurignac se classerait dans le plus haut degré d'ancienneté où l'on ait jusqu'à présent constaté la présence de l'Homme ou des débris de son industrie. En effet, cette race a été évidemment contemporaine de l'Aurochs, du Renne, du Cerf gigantesque, du Rhinocéros, de l'Hyène, etc., mais encore du grand Ours des cavernes (*Ursus spelæus*), qui paraît être l'espèce la plus ancienne disparue de ce groupe de grands Mammifères que l'on invoque toujours comme caractéristiques de la dernière période géologique [1].

Mais, dira-t-on, comment se fait-il, si la sépulture d'Aurignac remonte à une époque aussi reculée que les dépôts de formation géologique les plus anciens où l'on ait observé des produits de l'industrie humaine, les bancs diluviens de Saint-Acheul et d'Abbeville par exemple, comment se fait-il que les phénomènes violents de cette période diluvienne, et

[1] L'examen chimique que M. Delesse a bien voulu faire des os d'Aurignac, fournit encore un excellent moyen de contrôle pour la question de contemporanéité. Les analyses respectives qu'il en a faites ont démontré que les os de Renne, de Rhinocéros, d'Aurochs, etc., avaient retenu précisément la même proportion d'azote que ceux d'Homme provenant du même gisement.

le grand cataclysme que l'on y rapporte, n'aient pas réagi sur les circonstances originelles de cette sépulture? On voit, en effet, que rien n'y a été dérangé, et qu'il a suffi d'une simple dalle de quelques centimètres d'épaisseur et d'un mince recouvrement de terre meuble pour conserver intacts non-seulement la sépulture close, mais encore, au dehors, les débris des repas funéraires et les divers ustensiles et armes que l'Homme y avait abandonnés.

Je viens tout à l'heure de rappeler que, par son isolement dans le massif orographique d'Aurignac, la montagne de Fajoles se trouve entièrement à l'abri des eaux sauvages et torrentielles de la contrée. Maintenant, si l'on consulte la carte géologique de France, on verra que la couleur employée par les auteurs pour caractériser graphiquement les grandes alluvions de la Garonne, de l'Adour, etc. (1), manque dans l'intervalle des petites vallées qui prennent naissance sur le plateau de Lanemézan. Il a suffi d'une faible surélévation des bords de ce plateau pour garantir toute cette région intermédiaire (plus de 200 lieues carrées), dans laquelle se trouve comprise la contrée d'Aurignac, de l'invasion de ce *diluvium* ou *drift* pyrénéen. Dans la vallée de la Garonne, le drift pyrénéen est l'équivalent géologique et synchronique du diluvium de la Seine et des bancs diluviens d'Amiens, d'Abbeville, etc., puisque c'est dans le système de leurs alluvions respectives que se rencontrent les restes d'*Elephas primigenius*, de *Rhinoceros tichorhinus*, et autres espèces considérées comme caractéristiques du diluvium.

Or ce phénomène de recrudescence torrentielle qui a pro-

(1) Il ne faut pas confondre ces alluvions ou *diluvium* du fond des vallées de la Garonne et de l'Adour avec les dépôts caillouteux et argileux qui s'étendent à un niveau plus élevé, sur des terrasses plus ou moins continues, ordinairement à gauche du cours des rivières : ces derniers dépôts, dans lesquels les cailloux granitiques, ophitiques et autres à combinaison de feldspath, sont presque toujours en état de décomposition, remonteraient à une époque plus ancienne, à celle du creusement initial des vallées. Dans le fond des vallées de la Garonne et de l'Adour, les cailloux granitiques, ophitiques, etc., du drift pyrénéen, sont nombreux et parfaitement conservés; on n'en trouve aucun de cette nature dans les petites vallées en aval du plateau de Lanemézan.

duit le *diluvium* et dont on peut chercher la cause dans un retour momentané à des conditions régionales de température extrême, n'a sévi, dans toutes les vallées en aval du plateau de Lanemézan, que dans des proportions comparativement minimes. Il ne faut donc pas s'étonner que la sépulture d'Aurignac, si déjà elle existait, n'ait éprouvé aucun dommage par l'effet des plus grandes crues d'eaux de cette période, attendu que, par son altitude relative, elle se trouvait également à l'abri de leur atteinte.

J'irai maintenant plus loin, et je dirai qu'envisagée au point de vue seulement de l'association paléontologique qui s'y est produite, la sépulture d'Aurignac acquiert un très-haut degré d'ancienneté relative. En effet, le grand Ours des cavernes (*Ursus spelæus*), que nous venons d'y voir évidemment contemporain de l'Homme, n'a pas encore, que je sache, été trouvé en France dans le *diluvium*. On l'a, il est vrai, mentionné dans une liste plusieurs fois reproduite des mammifères fossiles observés dans les *bancs diluviens* d'Abbeville; mais j'ai vainement cherché à remonter à la source de la détermination méthodique sur laquelle reposerait cette citation, et tout ce qui m'a été jusqu'à présent communiqué de restes fossiles d'Ours provenant soit de la vallée de la Somme, soit des environs de Paris, appartient à une espèce ou à des espèces bien certainement distinctes de l'*Ursus spelæus*. Dans le centre de la France et en Angleterre, tout ce que l'on a recueilli de cette dernière espèce, en dehors des cavernes, provient de gisements envisagés par les géologues comme étant plus anciens que le *diluvium*. Aussi voit-on que M. Pomel (1) a inscrit l'*Ursus spelæus* dans une faune par lui considérée comme étant antérieure à celle où il fait ensuite figurer, à titre d'espèces caractéristiques, l'*Elephas primigenius*, le *Rhinoceros tichorhinus*, etc.

On objectera, sans nul doute, que les restes de l'*Ursus spelæus* se montrent très-abondants dans la plupart des cavernes

(1) *Catalogue méthodique et descriptif des Vertébrés fossiles des bassins supérieurs de la Loire*, etc. Paris, 1853, p. 181.

du continent, et même dans quelques-unes de celles d'Angleterre; mais, en même temps, il ne faut pas perdre de vue que la date initiale du remplissage des cavernes remonte évidemment au delà de l'époque assignée par les géologues aux phénomènes diluviens, puisque, dans plusieurs au moins de ces cavernes, on a rencontré des restes de mammifères que l'on voit quelquefois inscrits sur les listes d'espèces afférentes aux dernières phases de la période tertiaire.

On voit donc que si l'on se fondait uniquement sur la considération des concomitances paléontologiques, il en résulterait que la sépulture d'Aurignac se reporterait, avec toutes les circonstances qui l'accompagnent, à une époque antérieure au *diluvium* proprement dit. Du reste, en énonçant cette remarque dans les simples limites de sa valeur inductive, je ne crois pas m'écarter de la réserve que l'on doit mettre à introduire des propositions nouvelles, alors qu'elles ne reposent encore que sur des observations négatives.

II. GROTTES DE MASSAT ET CAVERNE DE SAVIGNÉ, ETC.

M. Alfred Fontan a donné une description détaillée de deux grottes par lui explorées dans la montagne du Ker, près Massat, département de l'Ariége [1]. Un extrait de cette description, qui témoigne d'une grande sagacité d'observation, a été inséré dans les *Comptes rendus de l'Académie des sciences* du 10 mai 1858, t. XLVI, p. 900, sur la présentation qui en avait été faite par Is. Geoffroy Saint-Hilaire.

M. Fontan a indiqué dans la grotte *supérieure* de la montagne du Ker deux assises distinctes : dans l'une, la plus superficielle, se trouvait un amas de cendre et de charbon où il a recueilli de nombreux débris de poteries et une monnaie romaine ou médaille de l'un des Gordiens ; toutes choses révélant une habitation humaine relativement récente, et remontant tout au plus aux premiers siècles de la Gaule soumise à la domination romaine.

[1] Voyez VIII. *L'Homme fossile dans l'Ariége*, p. 247.

L'assise inférieure, beaucoup plus ancienne, à en juger par ses caractères paléontologiques, a paru à M. Fontan avoir été tumultueusement remaniée par un flot diluvien, qui aurait marché en sens inverse de la direction actuelle des pentes hydrographiques.

Cette assise renfermait de nombreux débris d'espèces en majorité persistantes dans notre faune actuelle (*Hérisson*, *Blaireau*, *Renard*, *Cerf*, *Chevreuil*, *Bouquetin*, *Chamois*, etc.), dont les ossements sont de la même couleur et offrent le même degré d'altération que ceux de la *Hyène*, du grand *Felis* (*F. spelæa*) et du grand *Ours* des cavernes auxquels ils étaient indistinctement mêlés. Il n'y avait point de restes d'*Éléphant*, de *Rhinocéros*, ni même de *Chevaux*, ni de *Bœufs ;* du reste, l'absence de débris de ces grands quadrupèdes s'expliquerait assez bien par l'élévation considérable à laquelle se trouve cette grotte, et aussi par les difficultés que présente l'abord de son ouverture placée sur la pente très-escarpée de la montagne de Ker.

Au milieu de ces restes d'animaux d'espèces tant éteintes que vivantes et uniformément recouverts d'une légère couche de cendre et de charbon, M. A. Fontan a recueilli deux dents humaines et une tête de flèche d'os ou de bois de Cerf. Les dents humaines, que j'ai pu examiner de près, offraient la même apparence d'altération que les autres os de mammifères. Quant à la flèche, ne l'ayant pas eue sous les yeux, je ne saurais dire si elle est de même forme que celles que je vais décrire ci-après.

La deuxième grotte décrite par M. A. Fontan est située à un niveau de beaucoup inférieur, à 15 mètres seulement au-dessus du lit de la rivière de l'Arac qui coule entre les deux rangées de montagnes très-abruptes formant la vallée étroite qui conduit de Saint-Girons à Massat.

M. A. Fontan avait encore cru remarquer, dans cette deuxième grotte, des traces d'un grand désordre, toujours produit, dans sa manière de voir, par une invasion diluvienne en sens inverse de la direction du cours de la rivière.

Il n'y avait observé ni cendres, ni charbons, ni autres vestiges d'un habitat humain que ceux fournis par un certain nombre de têtes de flèches, de harpons, d'aiguilles, etc., fabriqués avec des os ou des bois de Cerf, et accompagnés d'éclats de silex taillés dans le type des couteaux ; à l'entrée de la grotte, il avait aussi remarqué un grand nombre de coquilles d'*Helix nemoralis* (1).

Les ossements recueillis à l'intérieur de cette grotte me furent communiqués en même temps que ceux de la grotte supérieure. Leur apparence extérieure n'était pas tout à fait la même ; je n'y reconnus alors que des restes d'herbivores, Cerfs, Bouquetins et Chamois ; un fragment de bois palmé, étiqueté comme provenant de cette grotte inférieure, me parut rapportable au Cerf gigantesque (*Megaceros hibernicus*). Dans une demi-mâchoire inférieure d'un autre ruminant, je crus reconnaître une conformité parfaite de proportions et de caractères dentaires avec celle du *Cervus pseudo-virginianus*, décrite par MM. Marcel de Serres, Dubreuil et Jean-Jean (2), mais ayant révisé depuis lors, avec la plus grande attention, toutes les figures, ainsi que certaines pièces originales des cavernes du midi de la France, publiées avec des appellations spécifiques nouvelles, j'ai cru m'apercevoir que la plupart de ces distinctions d'espèces reposent sur de simples écarts de

(1) Il est à remarquer que l'*Helix aspersa*, le plus grand de nos Colimaçons actuels dans les régions sous-pyrénéennes, n'a pas encore été retrouvé dans les cavernes où il y avait des vestiges d'ancien habitat humain. M. Tournal n'a cité que des *Helix nemoralis* dans les cavernes de Bise ; je ne pense pas que l'*Helix aspersa* ait été non plus cité à l'état fossile dans le *diluvium* de l'Europe centrale ou occidentale. M. S. P. Woodward, dans son excellent *Manuel des Mollusques* (*A Manuel of Mollusca*, p. 382), attribue aux Portugais l'introduction de l'*Helix aspersa* dans l'Algérie. C'est probablement là une erreur, car j'ai reconnu l'*Helix aspersa* avec le *Bulimus decollatus*, dans une brèche osseuse des cavernes de Bir-Madreis, près d'Alger, où ces coquilles se trouvaient associées avec des os de *Rhinocéros*, d'*Éléphant*, de *Phacochère*, de *Porc-Épic*, d'*Hyène* du Cap et des *silex taillés*. M. Deshayes m'a également montré des coquilles de cette même espèce d'*Helix* dans un travertin de l'une des provinces de l'Algérie. M. Anca a cité l'*Helix aspersa* dans les cavernes à ossements de la Sicile. Cette espèce a dû être importée dans l'Europe occidentale depuis les temps historiques.

(2) *Recherches sur les ossements humatiles de la caverne de Lunel-Viel.*

proportions ou sur un degré d'usure plus ou moins avancé des dents; différences qui ne sortent pas des limites de variation que l'âge, le sexe ou une taille exceptionnelle peuvent produire dans les individus de même espèce. Aussi ai-je dû prévenir M. A. Fontan de mon erreur à l'endroit de la mâchoire du prétendu *Cervus pseudo-virginianus*, laquelle en réalité n'était qu'une mâchoire de Cerf commun (*C. elaphus*). Quant au fragment de bois palmé attribué au *Megaceros hibernicus*, je n'ai pas de motif pour revenir sur ma première détermination ; seulement, après les recherches et les observations que j'ai moi-même faites depuis lors dans la grotte inférieure de Massat, sa provenance de cette grotte me laisserait quelque doute. J'ai compris d'ailleurs que ce doute avait été partagé par M. A. Fontan ; car, dans un mémoire par lui adressé à la Société géologique de Londres, sur les grottes de Massat, et reproduit plus loin (page 247), il a jugé à propos de supprimer le *Megaceros hibernicus* de la liste des fossiles qu'il avait recueillis dans la grotte inférieure du Ker.

Postérieurement aux recherches de M. A. Fontan, cette grotte inférieure de Massat a été visitée par M. l'abbé Pouech, directeur du séminaire de Pamiers (Ariége), qui m'a dit y avoir ramassé d'autres spécimens de l'industrie humaine.

Désireux moi-même d'obtenir des notions plus complètes sur les différentes espèces animales dont les restes avaient pu être accumulés dans cette cavité ayant évidemment servi de refuge à l'Homme, je m'y rendis en septembre 1860, avec l'intention de faire fouiller avec soin les parties non explorées par mes devanciers.

La très-grande partie des ossements que j'ai pu en extraire appartiennent à des ruminants : ceux de Cerf y dominent par le nombre ; après, viennent les restes de Bouquetin et de Chamois ; j'y ai recueilli quelques rares débris d'un grand Bœuf, et entre autres, une demi-mâchoire qui m'a paru se rapporter à l'Aurochs. Le Sanglier ne s'y est trouvé représenté que par une seule molaire ; le Lièvre manquait d'une manière absolue, aussi bien que le Cheval, que nous venons cependant de voir très-abondant à Aurignac ; il n'y avait pas non plus de traces de Renne.

M. Fontan n'avait signalé dans cette grotte aucun débris de carnassiers ; je n'y ai moi-même trouvé que deux os du pied rapportables à un Chat de petite taille (*Felis catus ferus?*), une canine de Lynx et un fragment de mâchoire inférieure d'Ours actuel (*Ursus arctos*) qui paraît avoir été fracturée par un choc violent ; on croirait même apercevoir, assez près de la fracture, une trace de rayure produite par une pointe aiguë ou un outil tranchant. A ces restes de mammifères je pourrais ajouter quelques ossements d'oiseaux qui m'ont paru revenir spécifiquement à la *Pie* et au *Geai*.

Tous les os à cavité médullaire étaient cassés, mais dans deux systèmes différents ; quelques-uns étaient fendus longitudinalement, à la manière de ceux des *kjökkenmöddings* du Danemark. Dans le plus grand nombre, les extrémités articulaires avaient été séparées de la diaphyse par le choc d'un instrument contondant. Les côtes et les os sans cavités médullaires étaient généralement entiers, mais les phalanges creuses de Cerfs avaient été soigneusement fendues.

Beaucoup d'entre ces os portent encore les traces de rayures et d'entailles superficielles faites avec des instruments tranchants. Les vertèbres et les extrémités spongieuses des grands os n'avaient pas disparu comme à Aurignac ; la diaphyse de ces derniers était restée intacte. Mais certaines surfaces d'articulation, à revêtement cartilagineux et épais dans le vivant, étaient en partie entamées, et laissaient voir la trace de dents beaucoup moins robustes que celles de l'Hyène. C'est là le seul indice que j'aie pu retrouver de la présence d'un carnivore (très-probablement le Chien domestique) ayant pris sa part des repas de l'Homme. Rien du reste n'indique que cette grotte ait été visitée par les Hyènes.

A travers ces ossements fragmentés d'animaux herbivores, mais plus particulièrement à gauche de l'entrée de la grotte, j'ai recueilli des têtes de flèches faites de bois de cerf, des harpons de même substance, des instruments à tige arrondie et terminée par un tranchant aiguisé en forme de ciseau de menuisier, des os de Cerf offrant aussi un commencement de préparation, et enfin une grande quantité de débris de bois de Cerf. La plupart de ces fragments portent des traces d'un sciage visiblement fait avec le tranchant approprié d'éclats de silex : c'étaient les restes, jetés au rebut, des parties façonnées à diverses destinations. Un os d'oiseau avait été scié aux deux extrémités, de façon à produire un cylindre creux, et dont l'emploi n'est pas facile à expliquer.

M. Fontan avait obtenu de ses premières fouilles une grande aiguille, ou poinçon très-effilé, de bois de Cerf.

Une autre aiguille plus courte et un peu aplatie, est faite avec une lame très-compacte détachée d'un os d'oiseau. A l'une des extrémités se trouve le reste d'un trou ou chas destiné à donner passage à un fil de matière quelconque.

Les têtes de flèches, de formes très-différentes de celles trouvées à Aurignac, sont ordinairement munies de deux, trois et même quatre ailerons ou barbes récurrentes, disposées, sur les côtés, en ordre alternant. Ces ailerons, soigneusement appointis, offrent constamment, sur leurs deux faces, des entailles ou rainures assez profondes. Peut-être ces entailles étaient-elles destinées à recevoir une substance vénéneuse [1]. On retrouve ces mêmes entailles sur les harpons barbelés. Au-dessous de la partie barbelée des flèches et des harpons, il y a ordinairement une ou deux saillies ou boutons servant probablement à fixer ces armes dans une canne ou hampe creuse, par une demi-révolution qui engageait le bouton dans un cran ou échancrure transversale.

Le morceau le plus curieux que j'aie obtenu des fouilles de la grotte inférieure de Massat est un andouiller de Cerf cassé et percé d'un trou rond, destiné sans doute à en faciliter la suspension comme ornement ou autre objet d'affection. En avant de la cassure on distingue très-bien le profil de la tête d'un animal dont la gueule est entr'ou-

[1] C'est à M. le docteur Gratiolet que je dois la première suggestion de cette idée.

verte. Les lignes du profil, la position de l'œil et la direction des oreilles, qui sont courtes, ne laissent aucun doute que l'artiste qui a exécuté ce dessein assez correct n'ait eu l'intention de représenter une tête d'Ours : par le peu de saillie du front on juge que ce n'est pas le grand Ours des cavernes, mais plutôt l'Ours actuel des Pyrénées (*U. arctos*), dont nous venons de voir qu'il avait été trouvé un fragment de mâchoire dans la même grotte. Cette figure est gravée en creux avec un instrument à pointe peu aiguë, et qui a produit un trait large et à stries parallèles : c'était probablement un silex dont la pointe se trouvait finement ébréchée. Les lignes de profil paraissent avoir été tirées d'un seul trait, et avec une grande sûreté de main. L'emploi de hachures, pour marquer les ombres en avant de l'œil et à la mâchoire inférieure, témoigne déjà de certaines notions acquises dans les artifices du dessin. Ce morceau que j'ai recueilli de mes propres mains, à un point où la voûte de la grotte s'abaissait vers le sol, est en partie incrusté d'accidents de stalagmite blanchâtre, du côté opposé à celui où est gravée la tête d'Ours.

M. A. Fontan n'a point signalé de poteries dans cette grotte; de mon côté, je n'y en ai observé aucune trace; mais j'y ai recueilli plusieurs éclats d'un grès fissile et mince qui, réunis ensemble, auraient formé une plaque d'assez grande dimension.

Il y avait aussi dans l'intérieur de la grotte plusieurs cailloux évidemment introduits du dehors par l'Homme, et probablement pour y être employés à divers usages, peut-être même pour servir de défense contre toute agression extérieure. A l'endroit où se trouvaient le plus de débris de bois de Cerf travaillés et sciés à diverses intentions, j'ai trouvé un caillou granitique régulièrement arrondi et de la forme d'un œuf plus petit qu'un œuf de Poule. Il n'y avait ni cendre, ni débris de charbon sur le sol de la grotte, et l'on ne voyait nulle part aucun indice qu'il y eût été allumé du feu. Cependant la grande quantité d'ossements d'herbivores ayant servi évidemment à la nourriture de l'Homme, et les nombreux débris de bois de Cerf, coupés et sciés de toute façon, dénotent un établissement à demeure prolongée. Cette absence totale de traces de feu dans une région des Pyrénées qui, encore aujourd'hui, est recouverte de neige pendant une grande partie de l'hiver, conduirait à cette supposition que la grotte inférieure de Massat n'était qu'une *station d'été*, où le chasseur de ces temps anciens mangeait les viandes crues, aussi bien que les Colimaçons dont M. A. Fontan a trouvé de nombreuses coquilles à l'entrée de la grotte. C'est d'ailleurs seulement pendant la belle saison qu'il pouvait se procurer les Colimaçons ; les bêtes fauves elles-mêmes (Cerf, Aurochs, Bouquetin, etc.) devaient aussi, pendant la saison des neiges, déserter la cime des montagnes et descendre dans les plaines boisées adjacentes aux Pyrénées.

En somme, tout ce que j'ai observé de débris d'êtres organisés dans cette grotte *inférieure* de Massat m'a paru y avoir été introduit de main d'Homme ; il n'y a nul indice qu'à aucune époque cette cavité ait servi, comme on l'a pensé de bien d'autres, de refuge, même momentané, aux bêtes sauvages et carnassières. La famille ou peuplade chasseresse qui s'y établissait par intervalles appartenait à une race qui, comme celle d'Aurignac, n'avait encore aucune notion de l'emploi des métaux.

Mais entre ces deux stations qui nous révèlent des traits analogues d'une vie sauvage et soumise aux mêmes instincts, il a dû s'écouler un intervalle chronologique peut-être considérable : car si, à Aurignac, nous avons vu l'Homme en antagonisme direct avec la pléiade entière des espèces perdues (grand Ours, Hyène, grand *Felis*, Rhinocéros, Éléphant, Cerf gigantesque, Renne) ; à Massat, nous ne retrouvons plus, comme représentant de la faune primitive des Gaules, que l'Aurochs, aujourd'hui réfugié dans les forêts de la Lithuanie. Cet intervalle nous paraîtra d'autant plus long, que tout tend à démontrer que la disparition des espèces dites *diluviennes* a été non pas simultanée, comme on l'avait longtemps supposé, mais graduelle et successive dans une longue série de siècles.

Ainsi nous trouvons, en France même, d'autres stations humaines qui, à en juger par leurs circonstances paléontologiques, seraient chronologiquement intermédiaires à ces deux époques d'Aurignac et de Massat.

Dans la caverne de Bise (Aude), par exemple, M. Tournal avait, il y a trente ans et plus (1), signalé, dans des circonstances impliquant contemporanéité, des restes de l'Homme et des produits de son industrie avec des ossements de divers animaux herbivores. Parmi ces derniers figuraient non-seulement l'Aurochs, mais encore le Renne (2), plus anciennement disparu de notre Europe centrale et occidentale ; les bois de ce Renne avaient été travaillés à diverses intentions. Sur l'un des morceaux que M. Tournal a bien voulu récemment me communiquer, on voit gravée (probablement avec les silex taillés trouvés dans la même caverne) une série de lignes à

(1) M. Tournal a le premier (*Annales des Sciences nat.*, 1828, t. XV, p 348 ; *ibid.*, 1829, t. XVIII, p. 242 ; — *Ann. de Chimie et de Physique*, 1833, p. 161) formulé en proposition scientifique la contemporanéité de l'Homme avec certaines espèces perdues. Après lui, en 1829, M. de Christol (*Notice sur les Ossem. hum. foss. des cavernes du Gard*) a reproduit la même assertion, à propos de ses découvertes dans les cavernes de Pondres et de Souvignargues (Gard) ; plus tard, en 1833 et 1834, le docteur Schmerling, dans ses belles recherches sur les cavernes de la province de Liége, n'hésita pas à conclure de l'association par lui vérifiée des ossements humains avec ceux de plusieurs mammifères éteints, que les uns et les autres y avaient été entraînés par la même cause et à la même époque. Mais Schmerling s'était fait une idée peu exacte des circonstances qui avaient déterminé et accompagné cette réunion d'espèces, dont l'origine géographique aurait été pour lui très-distinctes. Ainsi il ne croyait pas, par exemple, que l'Hyène et le grand *Felis* (*F. spelæa*) eussent jamais vécu dans nos climats européens (vol. II, p. 70 et 96) ; il pensait de même de l'Éléphant. En parlant de ce dernier, il dit : « Nous n'hésitons point à exprimer ici notre pensée, c'est que nous doutons fort que l'Éléphant, lors de l'époque du remplissage de nos cavernes, habitât nos contrées. Au contraire, nous croyons plutôt que ces restes ont été *amenés de loin*, ou bien que ces débris ont été *déplacés d'un terrain plus ancien*, et ont été entraînés dans les cavernes. » (Vol. II, p. 126.)

(2) C'est avec les restes de ce Renne, considéré dans ses variations de taille individuelle, que M. Marcel de Serres (*Notice sur les cavernes à ossements du département de l'Aude*, Montpellier, 1839) a institué deux espèces, par lui nommées *Capreolus Tournalii* et *Capreolus Leuffroyi*.

retours anguleux et disposés en forme de chevrons. On sait que ce genre d'ornement fut l'un des premiers introduits dans l'architecture de divers peuples.

Dans une autre caverne située au bord de la Charente, commune de Savigné, canton des Roches, entre Civray et Charroux (Vienne), M. Joly-Leterme, architecte à Saumur, a trouvé divers produits d'industrie primitive : os travaillés, silex taillés, etc., associés à des ossements fragmentés de petite dimension et des débris de charbon : le tout quelquefois réuni dans une brèche à ciment calcaire.

J'ai pu examiner au musée de Cluny, avec l'autorisation de M. du Sommerard, conservateur de cet établissement, plusieurs des objets provenant de cette caverne de Savigné ; il y avait, entre autres, des parties de bois et d'ossements de Renne portant, comme ceux d'Aurignac et de Massat, l'empreinte d'instruments ayant servi à les casser ou à en détacher les chairs. Il y a aussi une flèche de bois de Cerf ou de Renne : elle est, comme celles de Massat, pourvue de plusieurs ailerons le long de la tige ; mais la forme en est un peu différente et le travail moins fini. Sur les ailerons latéraux qui ne sont pas cassés, on ne voit aucune trace de ces entailles que nous avons supposé être destinées, dans les flèches de Massat, à recevoir une substance vénéneuse.

Le musée de Cluny possède un autre morceau extrêmement curieux, provenant également de la caverne de Savigné : c'est une partie éclatée d'un canon postérieur ou métatarse de Cerf (*C. Elaphus ?*), sur lequel ont été gravées, très-probablement à la pointe du silex, deux figures d'animaux : la première, à droite, est incomplète, et ce qui reste est en partie voilé par une croûte mince de stalagmite, qui n'en laisse distinguer les formes que très-imparfaitement ; dans la seconde, à gauche, l'artiste a eu indubitablement l'intention de représenter un animal du genre Cerf. Par ses formes un peu lourdes, par la grosseur et le port de son cou, il se rapprocherait du Renne plus que du Cerf proprement dit ; mais, dans le Renne, la femelle étant, comme le mâle, pourvue d'appendices frontaux, il faudrait que le moment choisi pour l'exécution de ce dessin eût été celui de la chute du bois. Quoi qu'il en soit, ce dessin, bien que sorti d'une main moins sûre en apparence que celui de la tête d'Ours de Massat, dénote cependant quelques notions de l'art. Ainsi on y retrouve l'emploi des hachures soit pour l'indication des ombres, soit à autre intention. Un trait à double courbure, placé en haut de la cuisse, semblerait destiné à marquer la saillie d'un muscle. Comme on vient de le voir, la flèche de la caverne de Savigné, est d'un type plus compliqué que celles d'Aurignac, mais en même temps moins avancée dans l'appropriation des formes que celles de Massat : ce serait quelque chose d'intermédiaire pour les progrès de l'art, et, en rapport avec la date chronologique de la station de Savigné, que la présence du Renne reporterait à la même époque que celle de la caverne de Bise (Aude).

Lorsqu'on se trouve en présence de dépôts fossilifères, dont les assises superposées se distinguent nettement, il est aisé d'établir, par la méthode géognostique, leur ancienneté relative. Ainsi la découverte, pressentie d'abord, et depuis si heureusement réalisée par M. Boucher de Perthes, de silex taillés de main d'homme, dans les assises inférieures des bancs diluviens d'Abbeville et d'Amiens, donne à ces produits de l'industrie humaine une date géologique certaine (1).

(1) Il est vrai que l'on persiste à objecter à M. Boucher de Perthes « qu'il n'est pas démontré, quant à présent, qu'aucune des haches, ni aucune autre production de l'industrie humaine ait été extraite du *terrain diluvien non remanié.* » Cependant ce terrain a été visité par un grand nombre de savants de divers pays de l'Europe, et pas un n'a dit qu'il fût remanié. Les bancs diluviens de *Menchecourt* et de *Moulin-Quignon*, près Abbeville, ceux de *Saint-Acheul* et de *Saint-Roch*, près Amiens, ont été rigoureusement explorés et scrupuleusement décrits par des géologues éminents, par des hommes qui ont voué des années de leur vie à l'étude spéciale des formations de cet âge, et tous ont déclaré que partout ces bancs diluviens se montrent dans leurs conditions normales et vierges. Bien plus, dans ces bancs diluviens de Menchecourt, à l'endroit même où M. Boucher de Perthes a recueilli ses premiers silex taillés, M. Baillon découvrait, il y a trente ans, « tout un membre postérieur de Rhinocéros dont les os étaient encore dans leur situation relative ordinaire; ils ont dû être joints par des ligaments et même entourés de muscles à l'époque de leur enfouissement; le squelette entier du même

Mais dans la plupart des cavernes, et aussi dans les atterrissements extérieurs non stratifiés, les dates géologiques font défaut, et l'association paléontologique peut seule renseigner sur l'ancienneté des circonstances que l'on y considère.

Si donc il était possible d'établir, par une série d'observations suffisantes pour servir de base à des inductions de quelque valeur, que la disparition des espèces animales considérées comme caractéristiques de la dernière période géologique a été successive et non simultanée, on trouverait un moyen d'établir à la fois, et la chronologie relative des dépôts fossilifères non stratifiés, et leurs rapports de synchronisme avec les bancs diluviens dont les relations géognostiques sont nettement définies.

III. CHRONOLOGIE PALÉONTOLOGIQUE.

Les grands Mammifères que l'on invoque le plus souvent comme caractéristiques de cette longue période géologique dite quaternaire ou diluvienne sont :

Le grand Ours des cavernes.	*Ursus spelæus.*
L'Hyène des cavernes.	*Hyæna spelæa.*
Le grand Chat des cavernes.	*Felis spelæa.*
L'Éléphant ou Mammouth.	*Elephas primigenius.*
Le Rhinocéros à narines cloisonnées. . .	*Rhinoceros tichorhinus.*
Le Cerf gigantesque.	*Megaceros hibernicus.*
Le Renne.	*Cervus tarandus.*
L'Aurochs.	*Bison europæus.*
Le grand Bœuf ou Urus des anciens. . . .	*Bos primigenius.*

Tâchons de faire l'histoire paléontologique de ces espèces,

animal gisait à peu de distance. » (*Mémoire de la Société royale d'émulation d'Abbeville*, 1834-1835, p. 197.) Et ce serait là un terrain remanié? Et c'est après son remaniement que tous les os d'un membre entier de Rhinocéros seraient venus se replacer précisément dans leurs relations articulaires originelles? Certes le hasard a ses caprices, mais ici la mesure dépasserait toute imagination. Dans les sciences d'observation, la première condition de toute discussion, c'est la considération impartiale des faits; la seconde, c'est la logique et la bonne foi dans les objections. Du moment qu'un contradicteur, refusant d'examiner les faits, se borne à nier par sentiment ou par préjugé, la discussion doit s'arrêter, car elle cesserait d'avoir un caractère scientifique.

toutefois dans la limite encore assez restreinte des notions acquises sur la distribution géographique et stratigraphique de chacune d'elles en particulier.

Les restes du grand Ours des cavernes sont très-abondants dans l'Europe centrale et dans la Russie méridionale. Il a été cité, ainsi que l'*Hyæna spelæa*, dans les cavernes de Tcharych et de la Khankhara, du gouvernement de Tomsk, en Sibérie ; mais les déterminations qui ont donné lieu à ces citations auraient peut-être besoin d'être révisées, car, d'après quelques paléontologistes, ces espèces paraissent manquer dans une vaste région intermédiaire à l'Allemagne et à l'Asie septentrionale. Cet Ours a été encore mentionné, toutefois sans désignation bien arrêtée jusqu'à présent, par M. Nilson, dans ùn lit de gravier sous-jacent aux tourbières de la Scanie.

Le petit nombre de fragments d'Ours que j'ai pu obtenir des cavernes d'Espagne appartient à une espèce différente, et plus voisine de l'Ours actuel des Pyrénées.

Les citations de l'*Ursus spelæus* dans des gisements placés en dehors des cavernes ont quelquefois été faites sans précision suffisante pour en reconnaître les niveaux géognostiques, comme aussi d'après des déterminations spécifiques peu exactes.

Cette remarque ne saurait s'appliquer à la demi-mâchoire inférieure prise pour type de l'espèce par M. R. Owen, et figurée par lui (*Hist. of British foss. Mamm.*, etc., p. 106). Cette mâchoire avait été trouvée dans le pliocène de Norfolk, près de Bacton, associée à des restes de *Trogontherium*, de *Palæospalax*, etc. ; c'est très-probablement le plus ancien spécimen connu de l'espèce, et il ferait remonter son apparition initiale jusqu'aux dernières phases de la période tertiaire.

En Auvergne également, le même Ours (*Ursus Neschersensis* Croizet, *Cat. m. s.*) paraît s'être trouvé dans des circonstances attestant une date antérieure au diluvium ; aussi M. Pomel a-t-il jugé à propos, comme nous l'avons déjà dit, d'inscrire l'*Ursus spelæus* dans une faune antérieure à celle où il fait figurer l'*Elephas primigenius*, le *Rhinoceros tichorhinus*, etc.

L'*Ursus spelæus* a été compris dans la liste des fossiles du terrain diluvien à Abbeville, par MM. Ravin et Buteux (1). Cette liste a été reproduite par MM. J. Evans (2) et Prestwich (3). J'ai vainement cherché jusqu'à présent à vérifier sur quelle pièce avait pu être établie cette mention de l'*Ursus spelæus* dans la faune des bancs diluviens d'Abbeville; je ne l'ai trouvée ni dans la collection de M. Boucher de Perthes, ni parmi les nombreux matériaux envoyés par lui et par M. Baillon au Muséum d'histoire naturelle. Cuvier non plus n'en fait pas mention.

M. l'abbé Éd. Lambert a bien voulu, de son côté, m'envoyer tous les restes d'Ours par lui recueillis dans la sablière de Viry-Noureuil; ceux-ci, qui sont très-déterminables par leurs caractères spécifiques, appartiennent à une petite espèce bien certainement distincte de l'*Ursus spelæus*.

Ainsi, je le répète, jusqu'à ce moment, il ne m'est passé sous les yeux aucun morceau de cette espèce qui pût être rapporté, quant à son origine géognostique, ni au niveau des tourbières, ni même à celui du diluvium proprement dit.

Dans les cavernes où les restes de l'*Ursus spelæus* sont généralement si abondants, ils sont le plus souvent indistinctement mêlés à ceux des espèces qui y ont été entraînées par diverses causes. Cependant, dans la grotte d'Arcy, où M. de Vibraye (4) a pensé pouvoir établir plusieurs niveaux déterminés par des assises distinctes et superposées, c'est dans l'assise la plus inférieure que se sont montrés localisés les restes du grand Ours, avec ceux de l'Hyène, de l'Éléphant, du Rhinocéros, et aussi avec la mâchoire humaine qu'il a trouvée dans cette grotte.

L'*Ursus spelæus* serait donc, de toutes les espèces considérées comme caractéristiques de l'époque quaternaire, celle

(1) *Esquisse géologique du département de la Somme*, par M. Buteux, p. 101.

(2) *Flint Implements in the Drift*, etc. (*Archæologia*, 1860, t. XXXVIII.)

(3) *On the Occurrence of Flint Implements*, etc. (*Philos. Trans.*, part. II, 1860, p. 286.)

(4) *Bulletin de la Société géologique*, séance du 16 avril 1860.

dont l'apparition se serait réalisée le plus anciennement, comme aussi son extinction, dans la limite des notions acquises jusqu'à ce jour, paraîtrait avoir précédé celle de la plupart de ces espèces.

L'Hyène (*H. spelæa*) et le grand Chat des cavernes (*F. spelæa*) se montrent, comme nous l'avons dit, associés à l'*Ursus spelæus*, mais seulement dans les cavernes; il ne paraît pas que la présence de leurs restes ait été observée dans des dépôts extérieurs plus anciens que l'assise inférieure du diluvium; c'est dans des formations à peu près rapportables à cet âge qu'on les a signalés en Angleterre et dans d'autres localités du continent. Le grand *Felis* a été, ainsi que l'*Hyæna spelæa*, trouvé à Ver (Seine-et-Oise), avec l'Aurochs et le *Rhinoceros tichorhinus*, dans un gisement que M. Delesse serait porté à considérer comme étant un peu plus récent que les assises inférieures du diluvium. C'est dans ce même dépôt que M. Delesse a découvert plusieurs os sciés et travaillés de main d'homme; entre autres un os de l'oreille de Cheval qui a été percé d'un trou assez grand, sans doute pour pouvoir le suspendre comme ornement.

M. Noulet ([1]) a également mentionné le grand *Felis* dans le gisement *sous-lehmien* de Clermont-sur-Ariége, où il a, de son côté, recueilli des cailloux de quartzite qui lui ont paru avoir reçu une première ébauche de taille faite par la main de l'Homme.

Quant à l'*Hyæna spelæa*, dont les ossements sont si abondants dans les cavernes de l'Angleterre, on la retrouve également dans presque toutes celles du continent.

Don Casiano de Prado m'a dit avoir observé des ossements d'Hyène dans une caverne d'Espagne renfermant des restes de poteries d'un caractère ancien. Mais ici nous devons rappeler que déjà, dans les Pyrénées, on retrouve les restes fossiles d'une autre Hyène (l'Hyène rayée?) qui ne paraît pas s'être

([1]) *Sur un dépôt d'alluvion renfermant des restes d'animaux éteints*, etc. (*Mém. de l'Acad. des sciences de Toulouse*, 1860, p. 265 et suiv.)

avancée plus au nord. Les morceaux très-caractéristiques d'Hyène recueillis par M. Anca, dans les cavernes de la Sicile, ont été rapportés à l'Hyène vivante du Cap (*H. crocuta*), et ceux du même genre, rapportés par M. Renou des cavernes de l'Algérie, avec des silex taillés, pourraient bien également revenir à l'espèce actuelle du Cap.

Il serait donc intéressant de rechercher si l'*Hyæna spelæa*, autant qu'il sera possible de la distinguer définitivement de celle du Cap, n'aurait pas été une espèce éteinte propre au centre et au nord de l'Europe, tandis que les deux espèces encore vivantes en Afrique (*H. vulgaris* et *H. crocuta*) se seraient à la même époque avancées jusqu'en Sicile, en Espagne, et même, l'une d'elles au moins, l'Hyène rayée, sur le versant septentrional des Pyrénées.

Toute trace d'Hyène et de grand *Felis* disparaît avec les assises supérieures du diluvium. M. Desnoyers [1] n'a cité ni l'un ni l'autre de ces grands carnassiers dans les puits naturels et autres cavités des terrains parisiens où il a recueilli une si grande quantité d'ossements de mammifères dont plusieurs (Renne, Spermophile, Hamster, Lagomys) ont depuis longtemps cessé d'habiter nos régions tempérées. L'Hyène ne se trouve représentée dans aucune monnaie de l'ancienne Gaule, et si l'on voit un Lion figuré sur quelques-unes de ces monnaies, c'est seulement sur celles de la colonie phocéenne de Marseille, qui avait pu emprunter ce type à la mère patrie.

L'aire géographique parcourue par le Mammouth, ou *Elephas primigenius*, a été très-considérable ; ses restes fossiles se sont montrés depuis l'extrémité de la Sibérie jusque dans les îles Britanniques [2]. Des observations qui m'ont été com-

[1] *Note sur les cavernes et les brèches à ossements des environs de Paris*, lue en partie à l'Académie des sciences, le 4 avril 1842.

[2] Sur la foi d'une citation empruntée par Cuvier (*Ossem. foss.*, t. I, p. 138, in-4°, 1822) à Bartholin, j'avais, il y a deux ans (*Sur la dentition des Proboscidiens*, etc. (*Bulletin de la Société géologique de France*, 2e série, 1859, t. XVI, p. 502), mentionné avec doute cet Éléphant comme trouvé à l'état fossile en

muniquées, dans ces dernières années, par MM. Eug. Sismonda (de Turin) et Ponzi, professeur à l'université de Rome, nous ont donné la certitude que cet Éléphant avait aussi franchi les Alpes, pour s'établir dans l'Italie haute et centrale. Les ossements des cavernes de Sicile qu'on avait anciennement attribués à l'*Elephas primigenius* appartiennent à une autre espèce (*El. antiquus*), au moins en partie. Car M. Anca vient de nous prouver par trois découvertes successives, tant en dedans des cavernes que dans des dépôts extérieurs, que l'Éléphant actuel d'Afrique avait également vécu en Sicile, sans doute pendant l'une des phases quaternaires où cette île formait un trait de jonction entre l'Europe et la partie septentrionale du continent africain.

La transmigration de l'*Elephas primigenius* au delà des Pyrénées n'a pas pu être vérifiée jusqu'à présent. Nous ne sommes pas suffisamment renseignés sur l'attribution spécifique des restes d'Éléphants mentionnés par le docteur Buckland et par M. J. Smith dans les brèches de Gibraltar. Quant au crâne découvert, il y a quelques années, dans le *diluvium* des environs de Madrid, il m'a paru, d'après les dessins et un fragment de molaire en original que m'en a communiqué don Casiano de Prado, que ce crâne devait se rapporter à l'espèce actuelle d'Afrique.

Les restes de l'*Elephas primigenius* ont été assez souvent trouvés dans les cavernes, à l'état de fragments ou de pièces détachées ; mais c'est principalement dans les assises diverses du diluvium ou *drift* du fond des vallées que ses ossements se montrent généralement assez abondants, ainsi que ceux du *Rhinoceros tichorhinus*, qui lui est presque partout associé. Il n'y a pas, que je sache, jusqu'à présent d'exemple bien constaté de la rencontre de l'un ou de l'autre de ces grands Pachydermes dans des dépôts meubles antérieurs au diluvium,

Islande. Mais cette citation de Bartholin se rattachait, comme me l'a dit M. Steenstrup, à une dent fossile de Morse, que Resenius avait en réalité rapportée d'Islande; le malentendu venait de ce qu'en Danemark on a souvent donné au Morse le nom d'Éléphant.

drift ou terrain de transport du fond des vallées, qu'il ne faut pas confondre avec le *drift glaciaire* de certains auteurs. Ce dernier étant concomitant au grand phénomène de la progression des glaces flottantes de la mer du Nord qui, à une certaine époque, couvrit la Russie d'Europe, la Pologne, une partie de l'Allemagne et aussi de l'Angleterre.

C'est pendant cette période d'invasion de la mer Glaciaire, qui peut-être sépara pour un moment notre continent occidental de l'Asie, à laquelle l'Europe actuelle se trouve aujourd'hui réarticulée, comme l'a dit A. Humboldt, par les régions basses en deçà de l'Oural, c'est, disons-nous, pendant cette période que, suivant les auteurs de la *Géologie de la Russie* [1], le Mámmouth, ou *Elephas primigenius*, et le *Rhinoceros tichorhinus*, ont longtemps vécu en Sibérie dans d'immenses forêts dont il n'existe plus vestige aujourd'hui. Dans l'opinion de ces auteurs, « les deux tiers de la Sibérie étaient couverts de forêts, et les Mammouths habitaient depuis longtemps les flancs de l'Oural, avant le dernier soulèvement de cette chaîne et avant la formation des alluvions aurifères, pendant que la Russie d'Europe, la Pologne et une partie de l'Allemagne étaient couvertes par la mer Glaciaire, époque de la grande période erratique du Nord où s'opéra, dans diverses directions, la diffusion excentrique des blocs erratiques transportés par les glaces flottantes. » Cette opinion se trouve encore résumée à la page 475, où les auteurs s'expriment ainsi : « Nous croyons donc qu'avant que la surface eût pris ses reliefs actuels, cette étendue (*tract*) de terre que nous appelons à présent les montagnes de l'Oural constituait une basse chaîne s'étendant du nord au sud, et formant le rivage occidental d'un continent sur lequel ces grands animaux (Éléphant et Rhinocéros) s'étaient perpétués (*had long lived and died*) pendant une longue série de siècles. »

C'est en m'appuyant d'un côté sur cette opinion si claire-

(1) *The Geol. of Russia in Europe*, etc., par MM. Murchison, de Verneuil le Keyserling, p. 475, 487, 492 à 505.

ment exprimée, et en me fondant, d'autre part, sur ce que jusqu'à présent on n'a pas trouvé de restes de ces grands animaux (*Elephas primigenius* et *Rhinoceros tichorhinus*) dans des dépôts antérieurs au drift de la mer Glaciaire, que j'ai cru, il y a quelques années ([1]), pouvoir dire que ces grands pachydermes n'étaient devenus *quaternaires* en Europe qu'après avoir été *tertiaires* dans le nord de l'Asie ([2]).

En Europe, en effet, l'apparition de ces grands animaux serait d'une date comparativement récente par rapport à l'*Ursus spelæus*, par exemple, et même à beaucoup d'autres espèces encore vivantes. On s'en convaincra aisément en recherchant dans les travaux de divers auteurs comment sont distribués et associés, dans les diverses phases quaternaires, quelques-uns de nos animaux actuels. On peut surtout consulter avec fruit les dernières observations faites par mon savant ami, le docteur Falconer, dans les cavernes à ossements de la presqu'île de Gower, dans le Glamorganshire ([3]).

L'*Elephas primigenius* et le *Rhinoceros tichorhinus*, plus ordinairement localisés en France dans les assises inférieures du diluvium, se montrent souvent en Allemagne, dans le loess des principaux affluents de la vallée du Rhin et du Danube. Il n'est pas venu à ma connaissance que l'on en ait jamais trouvé de débris dans des formations d'un âge plus récent, et particulièrement dans les tourbières. On n'a signalé aucun ossement de ces deux espèces, ni dans les *kjökkenmöddings* du Danemark, ni sous les pilotis des habitations lacustres de la Suisse. La numismatique de l'ancienne Gaule n'en fournit aucune représentation, et il ne s'est trouvé dans le nord et dans l'occident de l'Europe ni monument, ni

([1]) *Sur les migrations anciennes des Mammifères*, etc. (*Comptes rendus de l'Académie des sciences*, 22 février 1858, t. XLVI.)

([2]) Les auteurs de la *Géologie de la Russie* ont également pensé que l'exhaussement de l'Oural (probablement concomitant avec la retraite de la mer Glaciaire) avait, en abaissant la température de la Sibérie, été l'une des principales causes de la disparition finale des Mammouths.

([3]) *Quarterly Journ. of the Geological Society*, vol. XVI, p. 491.

tradition quelconque qui rappelât, même d'une manière obscure, l'existence de ces grands pachydermes (1).

L'habitat du grand Cerf d'Irlande (*Megaceros hibernicus*) paraît avoir été beaucoup plus restreint que celui de l'Éléphant. Ses restes fossiles, très-abondants dans les îles Britanniques, et plus particulièrement en Irlande et dans l'île de Man, ont aussi été trouvés dans le nord de la France et même au pied des Pyrénées. Il paraît s'être avancé en Allemagne, jusque dans la Silésie. On l'a également signalé sur quelques points de la péninsule italienne.

La date de son apparition remonterait, en Angleterre, au delà de la période quaternaire; car ses ossements ont été découverts à Walton, en Essex, et à Happisburg, dans des dépôts que les géologues anglais ont jusqu'à présent placés au niveau du crag de Norwich.

En France, à Viry-Noureuil, dans la vallée de l'Oise, M. l'abbé Ed. Lambert a trouvé le Cerf gigantesque associé à deux espèces d'Eléphants (*El. antiquus* et *El. primigenius*), au *Rhinoceros tichorhinus*, à l'Hippopotame, au Renne, au Bœuf musqué, etc. (2). Cuvier a figuré une portion de crâne du grand Cerf, sur laquelle j'ai cru reconnaître, ainsi que je l'ai dit ailleurs, des entailles et des excisions superficielles produites par une action humaine, peu de temps après la mort de l'animal. Ce morceau avait été trouvé dans la tranchée du canal de l'Ourcq dont Brongniart (*Descr. des env. de Paris*, in-4°, 1822, p. 567, pl. 1, fig. 10) a donné une description détaillée et une bonne coupe; il y était associé à des dents

(1) Je dois cependant rappeler qu'à la réunion de l'Association britannique d'Aberdeen, en 1859, M. J. Stuart, secrétaire de la Société des antiquaires d'Édimbourg, a fait mention de « *pillars* (*menhirs*), ou pierres brutes et non taillées, qui seraient couvertes de figures ou symboles, parmi lesquels il y en a qui figurent des *Éléphants* et des *Poissons* (??). » (*Report. of the Brit. Assoc. Transact. of Scienc.*, p. 197.)

(2) C'est, je pense, la première fois que le Bœuf musqué a été signalé en France. J'ai pu, grâce aux obligeantes communications de M. l'abbé Lambert, en faire la détermination certaine, d'après une molaire supérieure bien caractérisée et en tout semblable à son homologue dans l'espèce vivante.

molaires, à des défenses d'Eléphant (*El. primigenius*) et à des ossements d'Aurochs portant aussi des traces évidentes et profondes de l'action de l'homme. Dans le midi de la France, M. Noulet (*loc. cit.*) a signalé un fragment de mâchoire de ce même Cerf dans le gisement de Clermont-sur-Ariége, et l'on sait qu'à Aurignac nous avons retrouvé quelques restes d'un individu ayant probablement servi à la nourriture des aborigènes de cette station.

La tête de Cerf gigantesque, figurée par Goldfuss dans le Xe volume des *Mémoires des curieux de la nature*, avait été déterrée en 1800, dans le duché de Clèves, à une profondeur peu considérable. Il se trouva, dit Cuvier, dans la même fouille, mais sans doute à une hauteur différente, des urnes et des haches de pierre.

On a cité d'autres faits desquels il résulte que l'Homme a été contemporain de cet animal, et j'ai eu occasion d'en rappeler quelques-uns, dans une communication faite, l'année dernière, à la Société géologique de Londres [1]. Depuis lors, le n° 42, 1861, du journal *The Geologist*, publié à Londres, en rendant compte d'un travail de l'amiral Wauchoppe sur la période glaciaire, cite un passage où l'amiral, après avoir dit que ce Cerf (*Irish Elk*) a dû être contemporain de l'Homme, affirme qu'il *a vu un* MARTEAU *de pierre encore enfoncé dans le crâne de l'un de ces animaux, et aussi des têtes d'autres individus qui avaient été perforées par la même sorte d'arme.*

Mais cet animal a-t-il réellement vécu dans les *temps historiques*, comme l'ont prétendu quelques auteurs? Cela est fort douteux, et si l'on veut reprendre avec l'attention d'une critique exempte de toute prévention les divers passages des auteurs anciens et modernes d'où l'on a cherché à déduire les preuves de l'existence *historique* du Cerf d'Irlande, on se convaincra que ces preuves sont loin d'être d'une valeur suffisante pour faire admettre cette supposition. C'est tout au plus si, de l'ensemble des observations paléontologiques re-

[1] *Quarterly Journal of the Geol. Soc.*, mai 1860, p. 472 et 475.

cueillies jusqu'à ce jour, à l'endroit de cet animal, on pourrait induire que son extinction, en Irlande, serait d'une date plus récente peut-être que celle de la disparition, en Europe, de l'*Elephas primigenius* et du *Rhinoceros tichorhinus*. Encore faut-il remarquer que, bien qu'on désigne souvent ce Cerf par le nom de *Cerf des tourbières*, ce n'est réellement pas dans les tourbières qu'on trouve ses ossements, mais plutôt, comme l'a très-bien observé M. Owen, dans les marnes à coquilles d'eau douce sous-jacentes aux tourbières.

Le Renne n'a pas, que je sache, été signalé dans des circonstances géologiques aussi anciennes que le Cerf gigantesque. Son apparition dans le centre de l'Europe paraît avoir coïncidé avec celle de l'*Elephas primigenius*. Ses ossements, assez fréquemment retrouvés dans le diluvium, sont très-abondants, surtout dans les cavernes de France et d'Angleterre. En France, il s'est avancé jusqu'au pied des Pyrénées, où il paraît avoir vécu à l'état permanent, puisque à Aurignac j'ai trouvé des bois de cet animal à tout âge de croissance, et aussi des bois de mue. Il n'est pas sûr qu'il ait vécu en Italie, et jusqu'à présent on n'a aucune notion de son existence ancienne en Espagne.

Le Renne, que l'on retrouve dans toutes les assises du diluvium, paraît avoir persisté en France plus longtemps que la plupart des autres espèces caractéristiques de cet âge. Ainsi, dans la caverne de Bise (Aude), il n'est plus accompagné que de l'Aurochs.

Dans la grotte d'Arcy, M. de Vibraye l'a signalé principalement dans l'assise moyenne, où l'on ne trouve plus les restes de l'Hyène, du grand Ours, etc. Rien ne nous dit non plus que, dans celle de Savigné (Vienne), il se soit trouvé associé à aucun de ces grands carnassiers. M. Alph. Milne Edwards a trouvé ses os entaillés par des silex et mêlés à ceux de l'Aurochs, du Cheval, du Bouquetin, dans la grotte de Lourdes (Hautes-Pyrénées). De toutes les grandes espèces *diluviennes*, M. Jules Desnoyers n'a cité que le Renne, dans les puits naturels et autres cavités du terrain parisien, où il a en même temps recueilli des restes de Spermophile, de Hamster, de Lagomys, etc.

M. Fréd. Troyon a rappelé [1] la découverte faite par M. Taillefer, dans une caverne au-dessus du pas de l'Échelle, entre le grand et le petit Salève, près de Genève, d'une sorte de brèche renfermant des silex taillés, des débris de charbon et beaucoup d'os fracturés. Parmi ces os, qu'un heureux hasard a fait passer sous mes yeux, je n'ai retrouvé, en fait de grands animaux, que des restes de Bœuf, de Cheval et de Renne. Les os avaient été cassés, en apparence, dans le même système que ceux trouvés dans les autres cavernes habitées par l'Homme.

Je n'ai pas compris qu'il eût été trouvé des ossements de Renne dans les tourbières de France. M. Nilsson en a cité dans celles de Scanie.

En Danemark, d'après les renseignements verbaux que M. Steenstrup m'a fournis, les ossements de Renne auraient été reconnus dans les *kjökkenmöddings*, bien que M. Morlot n'ait pas fait figurer cet animal sur la liste qu'il donne des mammifères de ces stations.

Les dépôts sous-lacustres des plus anciens pilotis de l'âge de la pierre, en Suisse, n'ont pas encore donné de débris osseux de Renne ; ce qui prouverait que ces habitations sont postérieures à l'époque où les plus anciens habitants de la Suisse se réfugiaient dans les cavernes du mont Salève.

Dans le petit nombre d'ossements provenant de dolmens ou de *tumuli* que j'ai pu examiner, je n'ai rien trouvé de rapportable au Renne.

Il ne se trouve pas non plus figuré parmi les vingt à vingt-cinq espèces animales que M. de Saulcy m'a montrées dans sa magnifique collection de monnaies gauloises.

Cependant César parle du Renne comme existant encore dans la forêt hercynienne de la Germanie. Mais la description très-imparfaite et en partie fantastique qu'il en donne lais-

[1] *Indicateur d'histoire et d'antiquités suisses*, 1855, p. 51.

serait supposer qu'il n'avait eu que des renseignements indirects sur cet animal. Du reste, il ne paraît pas que le Renne ait jamais figuré dans les jeux du cirque, à Rome, où l'on a cependant voulu prétendre que le grand Cerf d'Irlande avait été représenté par un grand nombre d'individus.

On a voulu distinguer le Renne fossile du Renne actuel de la Laponie et du nord de l'Asie; on a supposé que le premier était une espèce propre à l'Europe centrale, et qu'elle avait toujours vécu séparée de l'espèce du Nord par une lacune géographique. Néanmoins la plupart des paléontologistes admettent l'identité spécifique du Renne fossile de France et d'Angleterre avec celui de Laponie. Du reste, parmi les Rennes actuels de l'ancien continent, il y a de grandes variétés de taille qui tiennent, d'une part à la domestication, et de l'autre à la diversité d'habitat. A l'époque où Pallas effectua son voyage dans la Russie méridionale, le Renne s'avançait encore au sud, par les sommets boisés de l'Oural. « Il y a des Rennes, dit Pallas, près du mont Caucase (latitude à peu près la même que celle des plaines adjacentes aux Pyrénées), et l'on en voit jusqu'au Kouma. Ils viennent en hiver jusque sur la lisière du steppe, et la preuve de ce que j'avance, c'est qu'il ne se passe pas d'années que les Kalmouks n'en tuent quelques-uns (1). » Ainsi on voit que la prétendue lacune géographique n'existait pas, il y a moins d'un siècle, entre le Renne de Sibérie et celui du Caucase.

Les zoologistes américains (Richardson, *Fauna boreali-americana*) distinguent deux variétés bien marquées et permanentes de Renne ou Karibou : le *Woodland* Karibou, confiné dans les districts boisés du sud, et le *Barrenland* Karibou, qui, se retirant seulement l'hiver dans les bois, passe l'été sur les côtes des mers arctiques. La langue de Renne, d'après Richardson, est un morceau délicieux. Les Esquimaux et les Groënlandais font grand cas de l'estomac avec son contenu (la panse); c'est pour eux chose très-délicate,

(1) Pallas, *Voyage en Russie*, t. VII, p. 269.

et le capitaine Ross assure que le contenu de l'estomac de Renne est la seule nourriture végétale dont usent les naturels de Boothia.

L'Aurochs, très-répandu anciennement dans l'Europe centrale et même en Italie, date, à ce qu'il paraît, d'une époque antérieure à l'arrivée de l'Éléphant (*El. primigenius*) et du Rhinocéros, qui accompagne toujours ce dernier. M. Owen [1] a cité l'Aurochs, en Angleterre, dans plusieurs gisements envisagés comme étant de l'âge du crag de Norwich. M. Pomel le place, en Auvergne et dans le bassin de la Loire, avec les espèces de la faune antérieure à celles du *diluvium* proprement dit.

Les restes de l'Aurochs se trouvent à tous les niveaux des assises diluviennes. Cuvier l'a cité dans la tranchée du canal de l'Ourcq, d'après des os longs que j'ai depuis lors reconnu avoir été fortement entaillés par des outils tranchants. Ses restes sont aussi très-abondants dans les cavernes; mais ils deviennent plus rares dans les tourbières de France. Nous avons vu que c'est la seule espèce disparue qui se soit montrée dans la grotte inférieure de Massat.

On l'a cependant retrouvé dans les *kjökkenmöddings* du Danemark et sous les pilotis de l'âge de pierre, en Suisse.

Nous avons cru reconnaître l'Aurochs dans une monnaie des *Santones* (peuple de la Saintonge) de la collection de M. de Saulcy, et peut-être aussi sur une autre monnaie des *Bellovaques*. Cependant César n'a point mentionné l'Aurochs comme habitant les Gaules, ni même la forêt hercynienne, à l'époque de la conquête. Mais dans divers passages de Pline et de Sénèque, rapportés par Cuvier, la Germanie est signalée comme fournissant deux espèces de Bœuf, le Bison et l'Urus.

M. Steenstrup, cité par M. Morlot, a pensé que le *Veson omnipotens* dont il est question dans la chronique de Saint-Gall (dixième siècle) n'était que le synonyme de l'Urus ou *Bos primigenius* dont les moines faisaient servir la viande

[1] *Hist. of British Foss. Mamm.*, p. 494-495.

dans leurs repas. Néanmoins le poëme des *Niebelungen* (treizième siècle) fait encore figurer les deux races dans la chasse de la forêt de Worms. On sait, du reste, que l'Aurochs vit aujourd'hui dans les forêts de la Lithuanie.

L'extension géographique de l'Urus ou *Bos primigenius* paraît avoir été plus considérable que celle d'aucune des espèces précédentes. Il a été trouvé dans toute l'Europe centrale, en Suède, en Danemark, en Angleterre ; il est également prouvé qu'il avait passé les Alpes et les Pyrénées, et M. P. Gervais l'a cité jusque dans l'Afrique septentrionale.

Son apparition ne date peut-être pas d'une époque antérieure à celle où se sont déposées les assises inférieures du diluvium. Il s'est montré très-abondant dans les tourbières de la Somme. M. Nilsson a cité, dans celles de la Suède, le squelette d'un individu portant la trace d'une blessure qui lui avait été faite par une flèche de silex. Les aborigènes du Danemark, aussi bien que les habitants lacustres de la Suisse, mangeaient le *Bos primigenius*.

M. Woods (Owen, *Hist. of Brit. Foss.*, p. 503) a mentionné la découverte d'un crâne et des cornes de l'Urus dans un *tumulus* du *Wiltshire downs*.

C'est des animaux de la forêt hercynienne celui que César a le plus exactement décrit. Au dixième siècle, il était encore servi sur la table des moines de Saint-Gall, et l'Urus figure également dans les chasses de la forêt de Worms, chantées par l'auteur des *Niebelungen* (treizième siècle).

On voit par cette revue chronologique appliquée aux mammifères dits caractéristiques de la dernière période géologique, que leur apparition en Europe n'a pas été simultanée. L'extinction de ces espèces ou leur émigration paraît également avoir été successive, au moins pour certaines d'entre elles; si alors il devenait possible, toujours dans les limites de probabilité que nous fournit l'observation négative, de déterminer l'ordre dans lequel ces espèces ont disparu, on trouverait, dans ces dates paléontologiques, un moyen de fixer l'âge relatif des stations où l'Homme a dû évidemment être en rapport direct avec quelques-unes d'entre elles.

Ainsi la station de la grotte inférieure de Massat, par exemple, où l'Aurochs reste le seul représentant des grandes espèces caractéristiques, serait d'une date plus récente que celle de la caverne de Bise (Aude), dans laquelle nous retrouvons le Renne, plus anciennement émigré de la Gaule. A cette dernière se rattacheraient synchroniquement les cavernes de Savigné et du mont Salève près de Genève, et l'assise moyenne des couches fossilifères de la grotte d'Arcy, toutes caractérisées par la présence du Renne, sans association d'aucune autre espèce réputée plus ancienne.

Ensuite viendraient les différentes assises du diluvium, entre lesquelles il est difficile d'établir des distinctions paléontologiques. Là se grouperait le gisement *sous-lehmien* de Clermont-sur-Ariége décrit par M. Noulet; celui de Ver (Seine-et-Oise), que M. Delesse inclinerait à croire un peu plus récent que la couche inférieure du diluvium; puis les bancs diluviens de Grenelle, de Clichy, de Saint-Acheul, d'Abbeville, où l'existence contemporaine de l'Homme se manifeste par l'abondance des produits de son industrie, mêlés aux restes de l'Éléphant, du Rhinocéros, de l'Hyène, du Cerf gigantesque, etc.

Enfin, s'il était permis de déduire de simples circonstances négatives une proposition de quelque valeur, le grand Ours des cavernes, qui jusqu'à présent fait défaut dans les stations précédentes, nous fournirait, par sa présence à Aurignac, comme aussi dans les assises inférieures des grottes d'Arcy et de la caverne supérieure de Massat, une quatrième date pour la période humaine, la plus ancienne qu'il nous ait été donné de vérifier jusqu'à ce jour.

Nous aurions ainsi, pour la période de l'humanité primitive, l'âge du grand *Ours des cavernes*, l'âge de l'*Éléphant* et du *Rhinocéros*, l'âge du *Renne*, et l'âge de l'*Aurochs*, à peu près comme les archéologues ont récemment adopté les divisions de l'âge de la *pierre*, de l'âge du *bronze* et de l'âge du *fer*.

Mais ces divisions systématiques, en tant qu'elles seraient applicables à une région donnée, perdraient souvent toute leur valeur en dehors de ses limites; ainsi l'âge de l'*Aurochs* persiste aujourd'hui dans la Lithuanie, et le Renne vivait encore dans la forêt hercynienne du temps de César.

Il en serait de même de la méthode *archéologique*, si l'on en faisait une application trop générale ; car, à cette même époque où Tacite nous montre, dans la Gaule romanisée, les écoles de la ville d'Autun fréquentées par quarante mille étudiants, et dans la Germanie plusieurs peuples jouissant d'institutions civiles, il nous dépeint leurs voisins, les *Fenni* de l'Esthonie, ignorant encore l'usage des métaux, et restés dans un état de barbarie que nous accepterions à peine pour nos aborigènes de la Gaule, contemporains des Éléphants, des Rhinocéros, des Hyènes, des grands Ours, et n'ayant pour les combattre que les haches de silex de Saint-Acheul, ou les flèches de bois de Renne d'Aurignac [1].

[1] D'après M. Nilsson, les *Fenni* de Tacite seraient les ancêtres des Lapons actuels. « Les *Fenni*, dit l'éloquent historien avec cette énergique concision qu'aucune traduction ne saurait reproduire, sont livrés à une extrême barbarie, à une hideuse pauvreté ; ils n'ont point d'armes, point de chevaux, point de maison ; leur nourriture, c'est l'herbe ; leur habillement, des peaux de bêtes ; leur lit, c'est la terre. Toute leur ressource est dans des flèches auxquelles, faute de fer, ils ajoutent des *os pointus ;* la chasse nourrit également et le mari et la femme ; elle l'accompagne dans ses courses et partage avec lui le produit de la chasse. Leurs enfants n'ont pour refuge, contre les bêtes féroces et contre les intempéries, que l'entrelacement de quelques branches d'arbre ; c'est l'asile qui reçoit les jeunes gens à leur retour, c'est la retraite des vieillards : ils s'y croient plus heureux que de se fatiguer à cultiver les champs, à construire des maisons, à tourmenter leur fortune ou celle d'autrui par l'espoir ou par la crainte. Assurés contre les hommes, assurés contre les dieux, ils ont atteint le degré le plus rare de la félicité humaine, celui de n'avoir pas même besoin de former un vœu. » (C. Taciti *Germania*, XLVI, trad. de M. Panckoucke.)

VIII

L'HOMME FOSSILE DANS L'ARIÉGE

I. SUR DEUX CAVERNES A OSSEMENTS DÉCOUVERTES DANS LA MONTAGNE DU KAER A MASSAT (ARIÉGE) [1]

PAR

ALFRED FONTAN

Communiqué par M. Éd. Lartet à la Société géologique de Londres le 8 mai 1861.

La vallée de Massat, située près du centre des Pyrénées, s'ouvre à l'ouest entre deux hautes montagnes qui, d'abord rapprochées l'une de l'autre, s'écartent et se prolongent au sud-est vers la chaîne dont elles sont des ramifications, de sorte que dans cette direction la vallée n'a pas d'issue. Elle forme ainsi un bassin allongé, de figure triangulaire, dont la base s'adosse au côté d'un des grands contre-forts des Pyrénées, tandis que le sommet présente une gorge étroite et contournée offrant l'unique débouché aux eaux de la vallée.

A une courte distance de l'endroit où commence le bassin, du côté occidental, près du sommet du triangle, se dresse une haute montagne de calcaire, qui, faisant brusquement saillie dans la vallée, forme un promontoire élevé, contre lequel doivent s'être brisés les torrents ou eaux diluviennes qui, à une époque ou à plusieurs époques éloignées, semblent avoir inondé cette région. Elle s'étend presque à angle droit, du côté méridional du bassin, et précisément à l'endroit où elle plonge davantage dans le bassin, sa crête forme une élévation dont le sommet dépasse de beaucoup toutes les hauteurs environnantes. Toute cette montagne, qui a éprouvé des secousses et des dislocations violentes, est remplie de fissures, de crevasses, de cavernes ou grottes profondes, dont les galeries

[1] Extrait des *Proceedings of the Geological Society of London*, 1861.

principales s'étendent du N. N. O. au S. S. E. parallèlement à l'axe longitudinal de la vallée.

Deux de ces cavernes sont remarquables à raison de leur étendue.

L'une d'elles, située près du sommet de la montagne, environ à 100 mètres au-dessus du lit de la vallée, est précédée par un spacieux vestibule ou chambre extérieure, avec deux larges et hautes entrées, l'une regardant le N., l'autre le le N. N. O. Le sol de la chambre extérieure, dépourvue de stalagmites ainsi que la voûte, était uni et horizontal, élevé au-dessus du seuil de l'entrée. A l'exception d'une petite portion voisine de l'entrée N. N. O. où on trouva quelques fragments de poteries, mêlés de cendres et de charbon, il avait l'aspect d'un lit de rivière abandonné. Une terre sablonneuse parsemée de sable ou de petits cailloux roulés en occupait le centre, tandis que sur les bords, contre les parois du rocher, des cailloux plus gros, mais également roulés, semblaient avoir été jetés par le flux ou mouvement des eaux. Ces dépôts continuaient de la même façon à une distance de 100 mètres dans la galerie principale; seulement, en avançant ils diminuaient d'épaisseur et cessaient entièrement à l'extrémité.

Cet arrangement, combiné avec la présence, à une élévation si considérable, de cailloux roulés, différant pour la plupart de la matière qui compose le roc de la montagne, parut à l'auteur ne pouvoir être attribué qu'à ces cataclysmes diluviens que la géologie signale comme étant survenus à plusieurs époques antérieures à la tradition historique. Pour se rendre compte de ces faits, il résolut d'étudier la nature des dépôts, et dans ce but, fit creuser une tranchée profonde dans le sol voisin de l'ouverture du N., tranchée qui fut prolongée jusqu'aux parois latérales. Le résultat de cette première tentative fut la découverte d'une grande quantité d'os de Carnivores, de Ruminants et de Rongeurs appartenant pour la majeure partie au grand Ours de caverne décrit par Cuvier, à une espèce de grande Hyène (*H. spelæa*) et à un grand Chat (Tigre ou Lion), tous mêlés, usés par le frottement et brisés, témoignant qu'ils avaient été transportés de loin, ou au moins violemment déplacés. Outre les cendres et le charbon découverts à la surface (auxquels étaient joints des fragments de poteries, un poignard en fer et deux monnaies romaines), on rencontra un autre lit de cendres et de charbon à plus de trois pieds de profondeur dans le gisement ossifère, et là, M. Fontan trouva une tête de flèche et deux dents humaines; les derniers objets étaient à une distance de 5 ou 6 mètres de l'autre.

La seconde caverne ou caverne inférieure est située au pied de la montagne, tout près du chemin, à une élévation approximative de 20 mètres au-dessus du lit de la rivière. Son unique ouverture (qui, comme celles de la caverne supérieure, est dans un sens opposé à la direction actuelle de l'eau), conduit dans une chambre assez spacieuse, au sol formé d'une terre noirâtre et de gros cailloux roulés (quelques-uns de granit), au milieu desquels sont parsemés, dans la plus grande confusion, des fragments d'os appartenant à des animaux d'espèces éteintes ou ayant pour la plupart cessé d'habiter ces régions. Ces os proviennent principalement du Daim (*Cervus elaphus*), de l'Antilope et de l'Aurochs; quelques débris appartenaient à des Carnivores de l'espèce féline (probablement le Lynx). Parmi ces objets on trouva des silex travaillés et de nombreux ustensiles en os (principalement en os de daim), tels que poignards et flèches; ces dernières étaient en plus grand nombre, elles sont pourvues d'entailles obliques destinées sans doute à retenir le poison. Quelques os portent des marques d'incisions faites par les instruments aigus qui servaient à écorcher et à dépecer les carcasses des animaux.

Dans chaque caverne, à l'endroit où se terminent les dépôts, la galerie est coupée par un espace creux qui se trouve éloigné de 100 mètres de l'entrée dans la caverne supérieure, et d'environ 7 mètres dans la caverne inférieure.

M. Fontan soutient que l'eau de la pluie n'a pu introduire ni arranger les dépôts dans ces cavernes, et que la direction des ouvertures des cavernes (tournées au N. O.) et la présence des crevasses qui les traversent éloignent l'idée que les eaux d'un torrent descendu des Pyrénées aient laissé ces dépôts sur le sol des cavernes. « Tous ces phénomènes, remarque-t-il, m'amènent à croire que la vallée de Massat semble avoir été à une époque, et peut-être à plusieurs époques, le théâtre d'une vaste inondation venant du N. N. O. ou de l'O., dans la direction opposée à celle du cours actuel des eaux dans cette région... » « Le fait d'une inondation capable de remplir cette vallée n'est pas un simple accident que puissent expliquer des causes purement locales. S'il a eu lieu, des effets semblables doivent s'être produits dans toutes les contrées environnantes, et même s'être étendus à une grande distance. Ç'aurait été un véritable déluge détruisant tout sur son passage, et comme l'histoire est muette à cet égard, nous ne pouvons croire qu'il soit survenu à une époque rapprochée. Si donc l'ensevelissement de restes humains sous le lit supérieur de cendres et de charbon doit être attribué à cette cause, l'apparition de l'Homme dans ces régions daterait d'une période très-éloignée. »

« Pour terminer (dit l'auteur), nous pouvons conclure de ces faits : 1° qu'un cours d'eau diluvien a pénétré dans la vallée de Massat, allant du N. N. O. ou de l'O., vers le S. S. E. ou l'E. ; 2° que cette inondation n'a pas été de longue durée ; 3° que l'homme et tous les animaux dont les restes sont ensevelis dans ces cavernes existaient dans la vallée avant ce cataclysme ; 4° que la plus grande partie de ces animaux habitaient ces cavernes, ce qui doit faire supposer que l'homme n'était pas leur contemporain à tous. En fait, nous ne pouvons admettre qu'il a vécu dans cette étroite vallée à la même époque que les Lions, les Hyènes et les Ours ; nous ne pouvons même admettre que tous ces animaux y ont existé en même temps, soit parce qu'ils n'habitent pas ordinairement le même climat, soit parce que leurs mœurs sont incompatibles. Chaque espèce a habité successivement la caverne, et l'homme probablement en dernier lieu. Quand il y parut, il ne restait probablement que des Daims et d'autres Ruminants, ce qui expliquerait d'une manière satisfaisante pourquoi les instruments trouvés en ces lieux étaient faits exclusivement des os de ces animaux.

LISTE DES OBJETS TROUVÉS DANS LES DEUX CAVERNES CI-DESSUS MENTIONNÉES, SUIVANT M. LARTET.

CAVERNE SUPÉRIEURE.

Tigre ou Lion.	Fragment d'une mâchoire inférieure et trois ou quatre dents détachées.
Lynx	Moitié d'une mâchoire inférieure.
Hyène (*H. spelæa*).	Plusieurs dents et des phalanges onguiculées.
Ours (*Ursus spelæus*, Cuv.). . . .	Un grand nombre de dents et différents os.
Blaireau.	Trois fragments de la mâchoire et quelques dents détachées. (Ces restes semblent être plus récents que ceux d'autres espèces.)
Sanglier.	Cinq ou six dents.
Mouton ou Antilope.	Deux dents.
Chevreuil.	La moitié d'une mâchoire inférieure.
Chien, Renard ou Loup.	Dents incisives et molaires.
Rongeur (*Mus sylvaticus*).	Plusieurs dents et des fragments d'une mâchoire.
Rat d'eau.	Moitié d'une mâchoire inférieure.
Hérisson (*Erinaceus europæus*). . .	Moitié d'une mâchoire inférieure.

Deux dents humaines et une flèche d'os. Cette flèche a été perdue, et M. Lartet ne l'a jamais vue, en sorte qu'il lui est impossible de dire si elle était faite de l'os d'un ruminant, comme celles qu'on a trouvées dans la caverne inférieure, ou de l'os d'un carnivore.

Des cendres et du charbon.

CAVERNE INFÉRIEURE.

Ours (probablement l'Ours actuel des Pyrénées).	Un fragment d'une mâchoire inférieure.
Lynx.	Dent canine inférieure.
Chat (*Felis catus*).	Deux ou trois fragments.
Daim (*Cervus elaphus*).	De nombreux andouillers, des os sciés et taillés, tous brisés avec intention ; beaucoup de mâchoires, quelques dents éparses.
Bœuf (*Bison priscus*).	Moitié d'une mâchoire inférieure et des cornes.
Chèvre ou Bouquetin.	Beaucoup de débris.
Mouton ou Petit Mouflon.	Quelques os et des fragments de mâchoires.
Chamois (*Antilope rupicapra*). . .	Des os maxillaires, des mâchoires et des os, une corne marquant que l'animal avait été dépouillé à l'état frais.
Oiseaux (Pie et Geai).	Quelques rares fragments.
Sanglier.	Une molaire et quelques fragments.

RESTES D'INDUSTRIE HUMAINE.

Des os de ruminants, principalement de *Cervus*, travaillés, taillés en forme de flèches et munis de rainures en spirale, des aiguilles, des coins, des harpons, des poignards, etc. Deux vertèbres d'un gros poisson ressemblant à celles du Gade, et des fragments de silex taillé. Il y avait aussi quelques échantillons de silex blanc taillé en forme d'instruments ressemblant à ceux qu'on appelle « couteaux ».

Note de M. LARTET.

Je regrette que M. A Fontan n'ait pas inséré ici, comme il l'a fait dans une de ses précédentes communications, une notice sur le *Megaceros hibernicus* [1]. Il est vrai que dans mes fouilles récentes à la caverne inférieure de Massat, je n'ai pas trouvé le plus petit fragment qui parût appartenir à cette grande espèce éteinte de Ruminants, mais comme parmi les les objets antérieurement recueillis par M. Fontan, il y avait un fragment d'andouiller palmé, pouvant être rapporté au *Megaceros hibernicus*, il aurait peut-être été d'avis de le faire figurer sur une de ces listes. L'existence de restes de ce Daim fossile a été constatée dans d'autres endroits au pied des Pyrénées, en sorte qu'il n'y aurait rien d'improbable qu'on l'eût rencontré dans une ou dans les deux cavernes de Massat.

Par rapport au *Cervus pseudovirginianus* (M. de Serres) mentionné dans les listes précédentes, j'ai moi-même donné le conseil de l'omettre, parce que les caractères distinctifs qui m'avaient conduit à adopter cette espèce ne me paraissent pas suffisamment tranchés, et qu'ils dépendent, si je ne me trompe, de simples variétés de forme qu'on peut attribuer à une différence d'âge ou de sexe.

II. L'AGE DE PIERRE DANS LES CAVERNES DE LA VALLÉE DE TARASCON (ARIÉGE)

PAR

F. GARRIGOU ET H. FILHOL

(16 novembre 1865.)

La découverte faite en Suisse, en Danemark, etc., d'une

[1] *Quarterly Journal of the Geological Society*, vol. XVI, p. 492.

période antéhistorique dans la succession des populations à la surface de notre globe, tend à faire penser que les continents devaient être habités à cette époque dans la plupart des points où ils le sont encore aujourd'hui. L'uniformité des pièces recueillies partout où l'on a pu confirmer les découvertes des savants suisses et danois, le progrès dans l'emploi successif des matières premières alors utilisées par l'homme, font supposer que l'intelligence humaine, la même en tous lieux dans ses manifestations primitives, a dû subir l'influence de bien des milliers de siècles pour arriver au point où elle en est aujourd'hui. Deux faunes différentes ont eu le temps de se succéder dans la nature depuis que l'homme y a fait son apparition. Les populations chez lesquelles se développèrent les trois âges de la pierre, du bronze et du fer, paraissent relier l'homme actuel à celui d'Abbeville, et par lui à celui de Chartres.

Si les lacs de la Suisse servirent aux populations antéhistoriques pour y dresser en sécurité leurs huttes de bois de chaume, il était naturel que dans d'autres pays des hommes doués du même degré de civilisation que ceux des habitations lacustres, et possédant des moyens analogues pour fournir à leur subsistance, choisissent pour leur refuge et leur demeure des abris naturellement creusés dans le roc.

Dans nos recherches sur la question de l'homme fossile, certains indices, exclusivement retrouvés à l'entrée de quelques cavernes, nous avaient déjà mis sur la voie de la théorie que nous émettons aujourd'hui les premiers et que nous croyons pouvoir démontrer.

Sept cavernes ont été par nous examinées dans ce but avec le plus grand soin. C'est aux cavernes de Pradières, de Bédeillac, de Sabart, de Niaux (grande), de Niaux (petite), d'Ussat, de Fontanet, que nous avons principalement cherché, jusqu'ici, les faits que nous allons énumérer. Les cavernes de Lombrives, de Calamès, des Gouttières, des Meuniers ne nous ont encore fourni que des matériaux incomplets.

Ces cavernes sont parfaitement saines à l'entrée, en général sans courant d'air; formant une simple salle spacieuse sans issue ou une grotte peu profonde, elles sont peu humides et leur voûte est dépourvue de stalactites. Leur sol est couvert de débris calcaires fragmentés, véritable talus d'éboulement intérieur, pareil à celui qui recouvre les flancs de la montagne. Sous ce talus est une couche de terre plus ou moins argileuse. A partir de la surface, on commence à trouver les vestiges de la présence de l'hom e; mais c'est surtout en s'enfonçant à un ou deux mètres dans cette terre qu'on découvre les faits les plus intéressants. On arrive bientôt sur un foyer composé de couches successives de charbon et de cendres, à l'approche desquels on trouve en abondance les objets suivants : les os d'animaux sont fragmentés d'une manière très-uniforme; on voit qu'ils ont été fendus de manière que la moelle pût en être facilement retirée; la diaphyse est toujours ouverte, les têtes sont entières, les crânes constamment brisés, et cela tant chez les carnassiers, y compris le Chien, que chez les ruminants, dont les os sont souvent calcinés. Nous n'avons encore vu aucun os rongé par un animal, malgré le très-grand nombre de fragments qui nous sont passés dans les mains. Des masses d'*Helix nemoralis* sont répandues dans toute l'épaisseur du foyer; leur contenu a dû servir de nourriture aux hommes de cette époque.

Avec ces ossements brisés, on en trouve d'autres travaillés de différentes manières : ainsi, des poinçons faits avec des os longs de Bœuf, de Mouton et de Porc. La moitié de ces os est très-régulièrement taillée en pointe et l'autre moitié a dû servir de poignée. Des diaphyses d'os longs très-épais sont effilées en forme de lance, quelques pointes de flèche sont aussi le résultat d'un travail sur des os courts.

Des fragments de silex et quelques couteaux de même substance accompagnent les objets précités. Chose remarquable, le silex n'est pas la seule chose qui ait servi à faire des instruments tranchants. Des schistes siliceux très-compactes et très-résistants ont été taillés en grattoirs, et d'autres, soigneusement usés à l'une des extrémités, en forme de couteaux.

Nous avons même retrouvé l'un des noyaux dont on a retiré les grattoirs, et une dalle de grès servant à l'usure des silex taillés.

Des leptinites pugillaires à grain fin, taillées à l'une des extrémités, ont dû probablement servir à fragmenter les os longs. Des haches de leptinite peu tranchantes et une hache en serpentine proviennent des cavernes de Bédeillac et d'Ussat

Plus de vingt meules piquées, comme les meules de nos moulins, en leptinite, en granit, en syénite, de dimensions différentes, variant entre $0^{m},20$ et $0^{m},60$ de diamètre (les plus petites taillées pour être tenues à la main), proviennent des cavernes d'Ussat, de Bédeillac, de Niaux (petite).

Des fragments de quartzites, évidemment taillés pour être tenus à la main, portent à l'une de leurs extrémités une surface usée par frottement doux. D'autres, en forme de boule, portent sur l'un des points de leur surface une cavité qui semble creusée par une série de coups.

Avec cela, de nombreux fragments d'une poterie grossière contenant du mica et des fragments de quartz, comme celles de la Suisse, avec deux formes tout à fait simples et primitives dans les anses. Ces débris de poteries sont tellement petits, qu'il est, pour le moment, impossible de décrire la forme des vases.

Les animaux, dont les ossements ont pu être étudiés jusqu'ici, sont : le *Cervus elaphus*, un très-grand Bœuf, un Bœuf plus petit, un Mouton, une Chèvre, une Antilope, le Chamois, le Bouquetin (?), le *Sus scrofa ferus*, un *Sus* plus petit et domestique, le Cheval (?), le Loup, le Chien, le Renard, le Blaireau, le Lièvre, deux oiseaux dont l'état des os ne nous a pas permis la détermination.

De ces faits et de la découverte des pièces que nous venons d'énumérer, pièces dont nous n'avons voulu faire connaître la valeur qu'en les comparant nous-mêmes à celles des musées de la Suisse, nous croyons pouvoir tirer la conclusion suivante :

Il y a eu dans les Pyrénées ariégeoises (et sans doute aussi dans le reste de la chaîne), une population antéhistorique dont les mœurs et la civilisation étaient semblables à celles des populations de l'âge de la pierre en Suisse. Ces peuples habitaient l'entrée des cavernes les plus saines et les plus spacieuses, se nourrissaient de la chair des animaux qui abondaient dans le pays, faisant des armes de leurs os les plus résistants ainsi que des roches les plus dures. Ils cultivèrent probablement le froment comme leurs frères de la Suisse, et c'est à sa trituration qu'étaient sans doute destinées les nombreuses meules que nous avons découvertes. Les métaux leur furent inconnus.

IX

L'HOMME FOSSILE DANS LES HAUTES-PYRÉNÉES

I. DE L'EXISTENCE DE L'HOMME PENDANT LA PÉRIODE QUATERNAIRE DANS LA GROTTE DE LOURDES (HAUTES-PYRÉNÉES)

PAR

ALPHONSE MILNE-EDWARDS (1)

La petite ville de Lourdes, autrefois capitale du Lavedan en Gascogne, et aujourd'hui chef-lieu de canton dans le département des Hautes-Pyrénées, est située entre Argelez et Tarbes, à quelques lieues sud-ouest de cette dernière ville; elle est protégée par les premiers massifs pyrénéens et par le Gave de Pau qui coule au pied de ses anciens murs. Ces deux circonstances ont dû contribuer à faire de bonne heure de cette localité un lieu soit de campement de chasse, soit d'habitation ; aussi Lourdes existait-elle déjà lors de la conquête des Gaules par Jules César. A 2 kilomètres environ de la ville, en suivant le cours du Gave, au-dessus de la célèbre grotte dite des *Mi-*

(1) Extrait des *Annales des Sciences naturelles*, 4e série, t. XVII.

racles, où, suivant les croyances locales, il se fait journellement des apparitions surnaturelles, existe sur le flanc de la montagne une caverne haute et profonde, connue dans le pays sous le nom de *grotte des Espelungues* (de *spelunca*, caverne). Elle s'ouvre au nord-ouest par trois entrées de 3 à 4 mètres de hauteur. Chacune de ces entrées correspond à une excavation spacieuse et ces trois excavations communiquent facilement entre elles par de larges passages. Le Gave coule au-dessous à une assez grande profondeur. Le massif des roches secondaires, dans lequel cette caverne est ouverte, paraît sillonné par de nombreuses fissures ; de longs couloirs viennent ainsi déboucher dans la grotte, mais ils sont tellement étroits qu'il est impossible de les suivre à quelque distance.

En 1860, j'avais déjà commencé quelques fouilles dans cette caverne ; les objets que j'y avais rencontrés, et que j'avais communiqués à M. Éd. Lartet, étaient de nature à m'engager à continuer ces recherches [1]. Aussi cette année je m'y rendis de nouveau en compagnie de ce savant paléontologiste, et c'est sous ses yeux que les fouilles ont été faites. Aucun objet n'a été extrait sans que nous n'ayons pu constater le point où il se trouvait primitivement, et nous avons ainsi recueilli un grand nombre d'ossements. M. Éd. Lartet a bien voulu m'aider dans leur étude et me permettre d'en publier les résultats.

Les premiers coups de pioche mirent au jour de nombreux fragments d'os et de mâchoires, se rapportant principalement au Cheval, à l'Aurochs et au Renne. Ce fut surtout au centre de la grotte, au pied d'un gros fragment de rocher, où le jour pouvait facilement arriver, que l'on en trouva un amas considérable au milieu duquel nous pûmes recueillir quelques instruments en os pointus et polis. Nous eûmes bientôt l'explication de cette accumulation. En effet, les ouvriers, après avoir creusé un peu plus profondément, rencontrèrent de grandes plaques d'un grès fissile rougi par le feu ; au-dessous

(1) Voy. VI. *L'Homme fossile dans la Haute-Garonne. Nouvelles recherches sur la coexistence de l'Homme et des grands Mammifères fossiles, réputés caractéristiques de la dernière période géologique*, par Ed. Lartet, p. 240.

se voyaient encore quelques débris charbonneux, puis le sol calcaire de la grotte. Nous venions de découvrir le foyer où les habitants primitifs de ce lieu faisaient évidemment cuire les chairs des animaux qu'ils venaient de tuer à la chasse. En examinant avec attention quelques-uns des fragments d'os et de mâchoires trouvés auprès de ce foyer, il était facile d'y reconnaître de petites parcelles de cendres et de charbon ; une mâchoire inférieure de Renne entre autres en présentait les traces les plus évidentes.

On continua à creuser et à fouiller la presque totalité de la surface de la caverne. On trouva un fragment de crâne humain appartenant à un individu adulte, et des pièces osseuses se rapportant à différentes espèces dont je donne ici la liste :

Homme.	1 individu.
Renard (*Canis vulpes*).	1 —
Cheval (*Equus caballus*).	commun.
Sanglier (*Sus scrofa*).	1 individu.
Cerf (*Cervus Elaphus*).	3 —
Chamois (*Rupicapra europæa*). . . .	1 —
Bouquetin (*Ibex pyrenaica*).	3 ou 4.
Renne (*Cervus tarandus*).	commun.
Aurochs (*Bison europæus*).	très-commun.
Petite espèce de Bœuf.	1 individu.
Taupe.	1 —
Campagnol.	3 —
Oiseaux.	

Comme on le voit, le Renard n'est représenté que par un seul individu bien adulte dont nous n'avons recueilli qu'une molaire supérieure et deux os du métacarpe.

Les chevaux étaient très-nombreux. Tous les os longs en étaient uniformément cassés ; quelques-uns portaient encore la trace des entailles qu'avaient produites les instruments de silex dont les chasseurs se servaient pour détacher la peau et les chairs. Évidemment ces animaux servaient d'aliment aux populations primitives pyrénéennes.

Au contraire, on n'a trouvé qu'un seul fragment de Sanglier, c'est un morceau du maxillaire supérieur d'un jeune individu portant à la fois les dents de lait et au-dessus les dents de remplacement. Il est probable que, de même que chez certains peuples plus modernes, la chair de cet animal était considérée, soit comme impure, soit comme malsaine.

Le Cerf est peu commun, cependant un grand nombre d'objets travaillés sont fabriqués avec des fragments du bois de cet animal; on peut d'ailleurs s'expliquer jusqu'à un certain point sa rareté par l'abondance du Renne, car on sait qu'il y a généralement antipathie marquée entre ces deux espèces, et qu'elles habitent rarement les mêmes localités.

De tous les animaux trouvés dans la caverne, l'Aurochs est de beaucoup le plus commun; on en rencontre de tous les âges et quelques os paraissent se rapporter à des fœtus de ce ruminant.

La petite espèce de Bœuf paraît beaucoup plus rare ; nous ne la connaissons que par une molaire.

De même nous n'avons recueilli qu'un seul fragment de corne de Chamois.

Le Bouquetin est plus commun ; nous avons trouvé plusieurs fragments de mâchoires et quelques os de ce ruminant.

Les oiseaux sont assez nombreux, et il est à remarquer que les os longs sont généralement entiers.

Quant aux Campagnols et aux Taupes, ils se sont peut-être introduits dans la caverne postérieurement à son remplissage, ou du moins ce n'est pas à l'Homme que leur présence est due.

J'ai retrouvé presque toutes ces espèces, et provenant de la même grotte, dans la collection de M. d'Avezac de Bagnères-de-Bigorre, que j'ai visité à mon retour de Lourdes. Ces objets avaient été recueillis par lui quelques années auparavant.

La plupart des os, et surtout ceux de Cheval, d'Aurochs et de Renne, portaient des traces bien évidentes faites par le tranchant des instruments, destinés à séparer les chairs et à dépouiller l'animal. Ce sont de petites entailles rectilignes, linéaires et profondes, il est à remarquer que c'est surtout dans le voisinage des articulations qu'elles sont apparentes. En effet, dans ce point la peau n'est séparée des os que par des ligaments et quelques tendons.

Tous les os longs sont cassés, quelques-uns portent les traces de l'instrument qui a servi à cette opération ; il est probable qu'elle avait pour but d'enlever la moelle contenue dans la cavité centrale. Divers peuples modernes, les Lapons et les Samoyèdes par exemple, mangent la moelle crue des os du Renne ; c'est même pour eux un régal et un morceau d'honneur; ils fendent très-habilement les canons dans le sens de leur longueur, parallèlement à la cloison qui sépare la cavité médullaire en deux parties. Les canons de Ruminants que l'on trouve au pied des pilotis des habitations lacustres de Suisse et dans les *kjökkenmöddings* de Danemark, sont fendus de même dans toute leur longueur, mais perpendiculairement à la cloison médiane. Les populations primitives des Pyrénées ne possédaient pas de haches assez tranchantes pour pouvoir exécuter cette opération, et ils se bornaient probablement à casser l'os en frappant dessus avec un caillou ; toutes les phalanges de Ruminants, même celles de Bouquetin, sont fracturées; peut-être la moelle servait-elle aussi à la préparation des peaux ; car, ainsi que le fait remarquer M. Morlot, les sauvages de l'Amérique septentrionale emploient une lessive de moelle et de cervelle pour apprêter la peau des animaux qu'ils ont tués à la chasse [1].

Parmi les objets façonnés par la main de l'Homme, il faut citer un assez grand nombre de fragments de silex, presque tous petits, et présentant le mode ordinaire de cassure de ce que l'on appelle des *couteaux*.

Quelques-uns sont encore parfaitement affilés et pourraient se comparer à de véritables lancettes. On trouve à côté le noyau du caillou d'où on les a détachés, ce qui prouve bien qu'ils ont été fabriqués dans l'intérieur de la grotte. Si l'on

(1) Morlot, *Études géologico-archéologiques en Danemark et en Suisse.* (*Société vaudoise des Sciences naturelles,* 1860, t. VI, p. 285.)

considère la quantité relative des couteaux et des noyaux de silex, on serait tenté de croire que ces derniers, à raison de leurs facettes anguleuses, étaient ensuite utilisés comme projectiles.

Il est à remarquer que les environs immédiats de Lourdes ne fournissent pas de silex ; les habitants étaient obligés d'aller en chercher auprès de Bagnères-de-Bigorre, où il se rencontre en assez petite quantité dans le poudingue de Palassou.

La plupart des instruments façonnés en bois de cerf et en os étaient en mauvais état ou incomplétement terminés ; à cette époque, en effet, on devait conserver avec soin des objets d'une fabrication aussi difficile, et ne jeter que ceux mal ébauchés ou hors de service. Presque tous sont faits en bois de Renne et de Cerf, quelques-uns, mais peu, avec la diaphyse des os longs.

On peut en quelque sorte suivre pas à pas les procédés de fabrication employés par les ouvriers de cette époque. Ainsi nous avons recueilli un assez grand morceau de bois de Renne tombé, portant encore les deux premiers andouillers et que l'on avait commencé à entamer pour en séparer un fragment. Le sillon tracé sur ce bois est assez profond ; sur certains points, il a près d'un 1/2 centimètre, les bords présentent des stries longitudinales, bien polies. Le silex à l'aide duquel cette rainure a été faite, devait être très-affilé et assez étroit, car le sillon suit la courbure du bois de Renne, ce qui n'aurait pu se faire si l'on s'était servi d'un morceau de silex d'une certaine largeur.

Lorsque l'on était ainsi parvenu à force de temps et de patience à détacher un fragment de corne on recommençait à le scier d'un autre côté, de façon que les deux rainures se rencontrant on obtenait déjà une pointe. Nous avons recueilli un certain nombre de ces fragments non terminés où les traces de la scie se voient de la manière la plus nette ; ensuite en usant sur une pierre le morceau ainsi détaché, on lui donnait, suivant toute apparence, la forme voulue. Quelques-uns de ceux que nous avons trouvés ne sont usés que sur une de leurs faces. Les stylets, les poinçons, les aiguilles, les têtes de flèche sont fabriqués d'après ce système. Les doigts latéraux de Cheval et le cubitus des ruminants étaient souvent soigneusement aiguisés du bout et servaient probablement à extraire la moelle contenue dans les os que les hommes venaient de casser. C'est en effet autour du foyer, à la place où les repas devaient avoir lieu, que nous avons trouvé la plus grande quantité de ces instruments.

Nous avons recueilli deux aiguilles d'assez forte dimension. L'une d'elles est longue de 7 centimètres ; elle a été soigneusement polie et aiguisée, le chas en est brisé ; cette fracture existait lorsque l'objet a été extrait des couches.

Ces fortes aiguilles pouvaient servir à réunir les peaux entre elles; les points qu'elles devaient ainsi former, étaient évidemment d'une grosseur énorme. Nous avons trouvé aussi d'autres aiguilles en voie de fabrication. Elles présentent de chaque côté une dépression assez profonde, destinée à se rencontrer avec celle du côté opposé et à former le chas de l'aiguille. Ce n'était pas par la rotation rapide d'une pointe de silex que ces trous étaient creusés, mais à l'aide d'entailles longitudinales, analogues à celles qui se remarquent sur les os et les cornes sciés.

Outre les instruments aiguisés et appointis, il y en a d'autres plus ou moins aplatis, et dont nous ne connaissons pas l'usage. Il nous a été impossible de découvrir quel pouvait avoir été l'emploi de deux objets de bois de Cerf; sur l'une de leurs faces ils ont été soigneusement polis, puis marqués de nombreuses entailles obliques et parallèles. Outre ces entailles on voit sur l'autre face de l'un d'eux, tout près du bord, une série longitudinale de petits tubercules que l'on a conservés en taillant l'instrument. Ces objets au premier abord ressemblent un peu à un fragment trouvé à la station d'Aurignac et décrit par M. Lartet [1], qui incline à le regarder

[1] Voy. VI. *L'Homme fossile dans la Haute-Garonne. Nouvelles recherches*

comme une marque de chasse ou comme servant de signe de numération. Il est cependant difficile de penser que les objets que nous avons recueillis aient servi à cet usage, car sur l'un d'eux les entailles, au lieu d'être bien distinctes, se confondent sur certains points.

Peut-être ces lames de bois de Cerf servaient-elles lorsque l'on écorchait un animal à séparer la peau des chairs. Mais alors pourquoi ces entailles obliques? Nous avons trouvé de ces objets à peine ébauchés sur un andouiller de Cerf qui n'avait pas encore été aplati. On voit la série longitudinale de tubercules et sur le bord deux longues entailles parallèles, destinées probablement à limiter le fragment qui devait être enlevé.

Un autre objet également en bois de Cerf paraît avoir servi à la fois de poinçon et de polissoir. L'une des extrémités, qui malheureusement est brisée, était terminée en pointe ; l'autre, beaucoup plus large, est taillée en biseau ; elle porte l'empreinte de stries disposées en tous sens, ce qui prouve qu'elle avait souvent frotté contre des objets résistants ; une dépression longitudinale, placée vers la portion moyenne de l'instrument permet aux doigts de le tenir d'une manière beaucoup plus sûre et l'empêche de glisser dans la main. Enfin au milieu de tous ces objets nous avons trouvé un morceau d'ocre jaune, taillé en pointe, qui peut-être avait servi de crayon.

Quelques-uns des instruments sont fabriqués en bois de Renne, d'autres en bois de Cerf qui est plus dense et plus résistant ; mais nous n'avons rencontré aucune trace d'objets faits en corne de Chevreuil, la plus compacte de toutes, tandis que dans d'autres cavernes des Pyrénées on en a signalé l'existence.

D'après l'ensemble des faits que nous venons d'exposer, cette grotte semble de la manière la plus évidente avoir servi d'habitation aux peuplades primitives des Pyrénées [1]. A rai-

sur la coexistence de l'Homme et des Mammifères fossiles réputés caractéristiques de la dernière période géologique.

(1) La quantité d'ossements accumulés sur certains points était si considérable,

son de son élévation et de ses dimensions, elle devait pour l'époque, constituer une demeure princière. Placée à mi-hauteur sur le flanc de la montagne, on peut sans dérangement, et simplement en se plaçant à l'entrée, explorer tous les environs ; il suffit de quelques pas pour descendre sur les bords du Gave et y trouver l'eau nécessaire aux besoins de la vie. Les trois compartiments qui formaient la caverne présentent des avantages, dont le peuple le plus primitif n'aura pas manqué de tirer parti. Cependant, à côté de ces conditions si favorables, il existe des inconvénients graves. Comme je l'ai déjà dit, l'entrée des grottes est tournée vers le nord-ouest ; les vents froids et neigeux de l'hiver doivent par conséquent s'y engouffrer ; aussi est-il possible que les hommes ne vinssent habiter là que pendant la belle saison, à l'époque de leurs chasses, et

que le sol de la caverne en est presque entièrement formé et en se décomposant sur place, ils ont dû céder à la terre une grande partie de leur matière azotée et de leurs principes phosphatés. A ma prière, M. Mangon, professeur à l'École des ponts et chaussées, a bien voulu en faire l'analyse. On a passé un peu de cette terre à la passoire fine, dont les trous ont un demi-millimètre de diamètre, puis on a analysé séparément les parties qui ont passé à travers ce crible, et celles qui ont été retenues et qui contenaient des fragments d'os et on a trouvé les résultats suivants :

	N° 1. — Parties ténues qui ont passé à travers la passoire.	N° 2. — Parties qui n'ont pas passé à travers la passoire.
Azote pour 100.	0,40	0,51
Perte par grillage d'eau et matières combustibles.	10,11	13,52
L'analyse de la matière grillée a donné:		
Résidu insoluble dans les acides.	38,2	21,3
Chaux et autres bases précipitées par l'ammoniaque en même temps que l'acide phosphorique.	16,9	25,5
Chaux.	17,1	17,5
Acide phosphorique.	14,0	21,8
Acide carbonique et matières non dosées.	13,8	13,9
	100,0	100,0

Cette terre pourrait donc fournir un engrais phosphaté et légèrement azoté, d'une grande valeur agricole ; malheureusement la couche en serait rapidement épuisée et ne pourrait être utilisée que par les cultivateurs des environs.

l'hiver redescendissent dans la plaine. Dans ce cas cependant, les animaux carnassiers n'auraient pas manqué, pendant l'absence des habitants, de venir ronger les os et les débris des repas. Or, nous n'avons jamais vu aucune trace de leurs dents ; les côtes, les vertèbres et les extrémités spongieuses des os, sont intactes, ce qui n'aurait pas eu lieu si les carnassiers avaient pu pénétrer dans la caverne, car l'on sait que ce sont toujours ces parties auxquelles ces animaux s'attaquent de préférence.

Quant à admettre que le remplissage de la grotte de Lourdes serait dû à l'action de l eau, et que ce ne serait qu'à une époque relativement récente que les torrents y auraient roulé pêle-mêle les débris de l'industrie humaine et les ossements des mammifères, l'examen des faits ne permet pas de soutenir cette opinion. En effet, les courants qui auraient transporté ces ossements n'auraient pu, à cause de la configuration du sol, venir que par les longs couloirs dont j'ai indiqué l'existence : or c'est principalement dans le troisième compartiment de la caverne, le plus éloigné de la vallée du Gave, que ces fissures débouchent. Ce serait donc là que les fossiles devraient se rencontrer en plus grande abondance; au contraire, ils sont accumulés dans le premier compartiment. J'ai sondé avec soin le sol de ces couloirs, et de la partie de la caverne dans laquelle ils débouchent, et je n'ai trouvé aucun débris osseux. Dans la portion la plus reculée de la grotte où le jour ne pénètre pas, nous n'avons pas rencontré d'ossements, et, en effet, l'Homme ne devait jamais se tenir dans cette partie obscure de sa demeure. De plus, les torrents y auraient transporté aussi bien les ossements des rongeurs, des insectivores et des carnassiers qui, à cette époque, habitaient le pays, que ceux des solipèdes et des ruminants. Nous savons qu'il n'en a pas été ainsi, et que la presque totalité des débris enfouis se rapportent à des animaux comestibles, tels que le Cheval, l'Aurochs, le Renne, le Cerf et le Bouquetin. Les carnassiers, si nombreux à cette époque, ne sont représentés que par un Renard, dont on n'a même trouvé qu'une molaire supérieure et deux os des pieds. Les rongeurs et les insectivores manquent pour ainsi dire complétement, car on ne peut faire entrer en ligne de compte les quelques débris de Campagnol et de Taupe qui peuvent s'être introduits là accidentellement. Les Lièvres et les Lapins, dont on retrouve en abondance les restes dans les dépôts stratifiés de cette époque, manquent complétement dans cette grotte; or nous savons que ce n'est que depuis peu de temps que ces animaux sont entrés dans l'alimentation des peuples ; pendant une période très-longue ils ont été considérés comme impurs, et n'ont jamais paru dans les festins. Ainsi la répartition de ces différentes espèces de mammifères est bien évidemment trop inégale pour que l'on puisse invoquer les actions torrentielles.

On ne peut croire non plus que les hommes de temps moins reculés se soient servis d'ossements déjà anciens pour fabriquer leurs instruments ; tous ceux qui ont manié les fossiles savent combien le tissu osseux devient friable et peu résistant : des poinçons, des aiguilles et des flèches, fabriqués avec des cornes et des os enfouis pendant un espace de temps même relativement court, ne pourraient être que très-difficilement aiguisés et appointis, et le moindre effort suffirait pour les briser.

Il est d'ailleurs impossible d'attribuer à une autre influence qu'à celle de l'Homme la présence d'un foyer formé de larges dalles rougies par le feu et recouvertes de débris d'ossements; dans le cas où ce foyer aurait été établi postérieurement, et dans une cavité creusée au milieu des couches de la caverne, on n'y aurait pas trouvé ces débris de mâchoires appartenant à des espèces aujourd'hui disparues, et portant encore les traces du feu et des parcelles charbonneuses dont elles avaient été entourées; on y rencontrerait des débris de l'industrie moderne, ainsi que des restes de nos animaux actuels qui, au contraire, manquent complétement.

Si maintenant nous cherchons à nous rendre compte de l'âge relatif de cette caverne, comme ici les éléments stratigraphiques nous font défaut, nous sommes obligés de recourir exclusivement à la paléontologie. L'étude des mammifères qui y sont enfouis peut, en effet, nous donner des renseignements d'une grande valeur, et nous permettre d'établir d'une manière très-approximative l'époque à laquelle les peuplades aborigènes des Pyrénées habitaient la grotte de Lourdes.

Parmi les espèces que nous avons rencontrées, le Renne, l'Aurochs n'existent plus dans nos climats, le Cerf a disparu des Pyrénées, le Bouquetin devient d'une extrême rareté, on ne le voit plus que sur quelques cimes élevées des frontières d'Espagne.

Le Renne, qui aujourd'hui habite le nord de l'Europe, de l'Asie et de l'Amérique, est apparu en Europe vers la même époque que l'*Elephas primigenius* et le *Rhinoceros tichorhinus* (1), et a assisté aux causes de destruction qui ont déterminé l'extinction de ces grandes espèces ; on trouve, en effet, ses ossements dans les assises même inférieures du diluvium. Dans les cavernes les plus anciennes, dans celle d'Aurignac qui date au moins du commencement de l'époque quaternaire, M. Lartet en a rencontré des débris mêlés à ceux d'Éléphant et de Rhinocéros. Le même observateur en a constaté la présence parmi les échantillons que M. de Vibraye avait recueillis dans la couche moyenne de la grotte d'Arcy, au-dessus de l'assise où les débris de l'*Ursus spelæus* se montrent en abondance.

Dans les puits naturels du terrain parisien que M. Desnoyers rapporte au moins à l'âge du loess, on trouve encore le Renne associé seulement à quelques rongeurs qui ont disparu de nos contrées, tels que le Hamster, le Lagomys et le Spermophile.

Dans la grotte inférieure de Massat, explorée d'abord par M. A. Fontan, et plus tard par M. Lartet, on n'a rencontré aucun fragment appartenant à ce ruminant. A partir de cette époque c'est-à-dire vers la fin du dépôt du loess, on n'en trouve plus aucune trace; probablement il n'existait déjà plus en France à l'époque où se formaient les tourbières. Il avait disparu de

(1) Voy. VI. *L'Homme fossile dans la Haute-Garonne. Nouvelles recherches sur la coexistence de l'Homme et des Mammifères fossiles*, par Éd. Lartet, p. 240.

Suisse avant l'établissement des habitations lacustres, et en Danemark il n'a pas encore été signalé dans les kjökkenmöddings. Enfin les dolmens et les tumuli, qui ont fourni de précieux renseignements sur la faune des premiers temps historiques, ne renferment jamais de débris de Renne.

L'Aurochs (*Bison europæus*) est peut-être antérieur au Mammouth et au Rhinocéros [1]; il aurait été contemporain de l'Ours des cavernes, et aurait survécu à cette espèce, ainsi qu'aux précédentes.

Il abonde dans les cavernes diluviennes, aussi bien dans celle d'Aurignac que dans celle de Massat, où il reste seul de toute la grande faune quaternaire. Jusqu'ici son existence dans les tourbières de France est loin d'être bien démontrée. En Suisse on en trouve de nombreux débris dans les dépôts sous-lacustres. En Danemark, il est très-commun dans les dépôts coquillers des kjökkenmöddings. Aujourd'hui, l'Aurochs n'existe plus que dans deux provinces de l'empire de Russie où des mesures sévères protégent son existence. Il vit en troupes dans la forêt de Bialowicza (gouvernement de Grodno) et dans l'Awhasie qui dépend de la région du Caucase.

Enfin il est bon de remarquer que parmi les ossements trouvés dans la grotte de Lourdes aucun ne peut se rapporter à une espèce domestiquée ; nous n'avons pu même découvrir aucun indice de la présence du Chien. Au contraire, en Suisse, dans les habitations de l'âge de pierre, on trouve les traces de l'existence de Chiens et de nombreux troupeaux de Chèvres, de Moutons et de Bœufs. A cela on pourra objecter que dans les dépôts sous-lacustres on a rencontré aussi du froment et des graines qui indiquaient un peuple agriculteur et par conséquent pasteur ; mais en Danemark, dans les dépôts vraisemblablement contemporains et laissés par une population qui s'occupait principalement de pêche et de chasse, si l'on n'y trouve aucun reste d'animaux domestiques comestibles, on y a constaté la présence du chien. Dans la caverne de Massat

(1) Voy. Éd. Lartet, p. 243.

dont l'origine est plus reculée, M. Lartet pense que le Chien existait déjà.

En Suisse et en Danemark, on trouve des morceaux d'os et de corne de Cerf rongés par les Rats et les Souris [1], tandis qu'à Lourdes aucun débris osseux ne porte les traces caractéristiques de la dent de ces petits animaux.

En se guidant sur ces considérations paléontologiques, on voit qu'à l'époque où la caverne de Lourdes servait de campement ou d'habitation, on ne trouve plus aucune trace de l'*Ursus spelæus*, du *Rhinoceros tichorhinus*, de l'*Elephas primigenius ;* les types caractéristiques des premières assises diluviennes ont disparu, et des grandes espèces de la faune quaternaire, le Renne et l'Aurochs, se sont seules conservées.

La grotte de Lourdes était donc probablement habitée vers la fin de l'époque diluvienne ; on peut approximativement lui donner l'âge du loess; elle est plus moderne que la station d'Aurignac où se rencontrent les Ours, les Rhinocéros et les Éléphants. Elle est contemporaine de la couche moyenne de la grotte d'Arcy, mais plus ancienne que la caverne de Massat et surtout que les habitations lacustres de Suisse et que les kjökkenmöddings de Danemark, où le Renne n'existe plus, quoiqu'à raison de la rigueur de climat cette espèce ait dû s'y conserver plus longtemps que dans le midi de la France.

On peut à bon droit s'étonner que les ossements des Hommes de cette époque soient d'une aussi excessive rareté. Les recherches que M. Lartet a faites à Aurignac peuvent jusqu'à un certain point nous éclairer sur ce fait. Les Hommes de l'âge de pierre ne brûlaient pas leurs morts, comme ceux de l'âge de bronze ; ils les ensevelissaient, mais ils choisissaient pour cette opération de petites grottes, peu profondes, qu'ils fermaient ensuite à l'aide d'une large pierre ; pour peu que des éboulements soient venus recouvrir et masquer cette entrée, on comprend facilement que ces sépultures puissent nous échapper. Dans l'espoir de découvrir la grotte sépulcrale où

(1) Morlot, *Études géologico-archéologiques*, etc., p. 320.

les habitants de la caverne de Lourdes devaient enterrer leurs morts, j'ai exploré un certain nombre de petites excavations qui existent aux environs dans les flancs de la montagne, mais je n'y ai trouvé aucun indice de sépulture ancienne.

II. CONTEMPORANÉITÉ DE L'HOMME ET DE L'*URSUS SPELÆUS* ÉTABLIE PAR LES OSSEMENTS CASSÉS DES CAVERNES

NOTE

PAR

F. GARRIGOU ET H. FILHOL

(Mai 1864.)

La contemporanéité de l'Homme et du Renne dans le centre et le midi de la France pendant l'époque diluvienne est aujourd'hui irrévocablement admise par tous les naturalistes. M. Élie de Beaumont lui-même accepte ce fait comme démontré, mais il trouve que les arguments invoqués pour établir la coexistence de l'*Ursus spelæus*, du *Rhinoceros tichorhinus*, de l'*Elephas primigenius* et de l'Homme sont insuffisants et confirment son opinion à ce sujet.

Nous sommes loin, comme du reste bien des naturalistes, de partager sur ce point l'opinion de l'illustre géologue. Des recherches étendues ont mis sous nos yeux des faits nombreux et observés avec soin, nous autorisant à dire qu'une fois la contemporanéité de l'Homme et du Renne admise, pendant l'époque diluvienne, il faut aussi admettre nécessairement la coexistence de l'Homme, de l'Ours des cavernes et du Mammouth.

Nous pensons qu'il est suffisant de montrer que les ossements de l'*Ursus spelæus* ont été cassés à l'état frais par la main de l'homme, pour prouver que l'Homme et l'*Ursus spelæus* ont vécu à la même époque. C'est là, suivant nous, la seule manière de prouver d'une façon certaine cette contemporanéité encore contestée par quelques géologues. Pour cela, nous allons examiner ce qui se passe de nos jours chez les peuples qui cassent les os d'animaux pour les utiliser, et nous poursuivrons cette habitude dans les temps antéhistoriques et jusqu'aux époques diluviennes.

Les voyageurs et les missionnaires qui ont donné le récit de leurs pérégrinations dans les régions polaires, s'accordent tous à dire que les habitants de ces contrées, Lapons, Esquimaux, Samoyèdes, Kamtchatkales, etc., ont l'habitude de casser les os longs de renne pour se nourrir de la moelle, véritable morceau de gourmet, ou bien pour faire avec la moelle et la cervelle un mélange destiné à la préparation des peaux. Nous nous contenterons de rappeler que la diaphyse des os longs de ce ruminant est ouverte, par ces habitants des régions polaires, au moyen d'un instrument tranchant, ou bien est cassée à coup d'instrument contondant; souvent même les os sont complétement broyés [1]. Ces os longs sont travaillés en poinçons, en marteaux et en forme de cuil-

[1] *Magasin pittoresque*, 1833, t. I, p. 244. « La peau (du Renne) se taille en vêtements; les tendons servent de fils et de cordes lorsqu'ils sont réunis; les os sont travaillés en cuillères, en marteaux, etc.; les cornes se présentent en offrande aux idoles. »

Ibid., 1844, t. XII, p. 376. *Exploration des parties les moins connues de la Russie asiatique, sous M. de Wrangell*, par M. Matiouchkine, officier de la marine russe, attaché à l'expédition de 1820 à 1824. « Si par un heureux hasard un Renne a été pris ou tué, il est aussitôt partagé entre tous les membres de la famille du chasseur, et mangé tout entier; les parties intérieures, les os et les cornes, réduits en poudre, tout est dévoré. »

Reise nach Lappland und dem nördlichen Schweden, von Major Freicherrn von Hogguer. Berlin, 1841, p. 103. « Ici je dois mentionner une délicatesse qu'on trouve dans tout le nord de la Suède et en Laponie, délicatesse qui, au dire des gourmands, surpasse tout ce que peut nous offrir le règne animal, c'est la moelle des os de Renne. On plonge les os frais pendant quelques moments dans l'eau bouillante, puis on les fend en long avec une hachette et on mange la moelle aussi chaude que possible sur du biscuit. »

Knud Lems, professor der Lapischen Sprache, *Nachrichten von der Lappen in Finmarken*, etc. Leipzig, 1771, p. 56 et 57. « Le Lapon des montagnes cuit, outre la viande, aussi les os longs des jambes du Renne pour en manger la moelle. Ils la prennent pour une délicatesse et l'offrent par conséquent à leurs hôtes, surtout aux missionnaires. Le Lapon des montagnes sait user de toutes les parties du Renne, il n'en laisse pas même les os aux chiens sans en avoir extrait la moelle. Il casse dans ce but les os avec un marteau et fait bouillir les morceaux jusqu'à ce que la moelle en soit extraite. Ils mangent aussi les ours, renards, loutres, phoques et tous les autres animaux, à l'exception du cochon qu'ils tiennent pour impur. »

lères, etc. Les cassures faites le plus souvent avec un certain soin, permettent ainsi à ces peuples d'utiliser, pour en faire des outils, des instruments ou des armes, les parties de l'animal qui paraissent le moins utiles. Ces faits n'entraînent aucune discussion, puisque ce sont de simples faits d'observation qu'il est impossible de nier. Cet usage de casser ainsi les os dans le but indiqué, s'est maintenu sans doute pendant bien des siècles, chez les peuples jouissant d'une civilisation à peu près la même, puisque nous retrouvons chez les populations antéhistoriques du Danemark, de la Suisse, etc., les preuves d'une industrie semblable.

Dans les kjökkenmöddings, en effet, dans les habitations lacustres de la Suisse, dans les cavernes de l'Ariége appartenant à l'âge de la pierre polie, etc., nous retrouvons des os longs de ruminants cassés d'une manière uniforme, portant avec des stries profondes l'empreinte des dents des carnassiers qui les ont rongés, souvent même sur le point où une cassure avait déjà été produite par la main de l'homme. Ces mêmes ossements, ainsi fendus et cassés, on les a souvent vu appointis en forme de poinçons, de ciseaux et de divers autres instruments. MM. Steenstrup, Worsaee, Thomsen, Nilsson, Morlot, les ont retrouvés dans les kjökkenmöddings, MM. Ferdinand Keller, Morlot, Troyon, etc., en ont recueilli des masses dans les habitations lacustres de la Suisse, et nous-mêmes en avons montré de nombreux échantillons venant des cavernes de l'Ariége.

Inutile de parler longuement des mêmes os cassés et des objets travaillés provenant des cavernes de l'âge du Renne. MM. Lartet et Christy, Alph. Milne-Edwards, Louis Martin et nous-même avons pu en recueillir dans de nombreux gisements. Grâce aux collections répandues dans bien des Musées, il est facile aujourd'hui d'étudier et de comparer ces objets. Par ceux que nous mettons sous les yeux et à la disposition de l'Académie des sciences, il sera facile de vérifier la vérité de nos assertions.

A part les ossements de Renne cassés par les Lapons actuels, dont il n'a pas été possible de se procurer des échantillons, nous avons pu comparer entre eux les ossements cassés des diverses époques que nous avons énumérées. C'est dans les musées de la Suisse que l'un de nous a pu faire ses observations, et c'est grâce à l'aimable et bienveillant accueil des savants professeurs de ce centre scientifique que nous avons pu nous procurer les documents nécessaires pour mûrir les résultats de nos recherches.

Notre examen nous a prouvé que les os cassés par la main de l'homme présentent des caractères uniques, et qu'il est impossible de méconnaître une fois qu'on les a bien vus.

1° *Aspect de la cassure.* La cassure, lorsqu'elle est ancienne, présente la même coloration que le reste de l'os, elle est souvent, dans ce cas, recouverte de la même gangue que lui. Lorsque la cassure résulte d'un coup maladroitement porté au moment de l'extraction, on la reconnaît à sa couleur plus blanche et plus fraîche que celle de la surface de l'os. On voit facilement que le bord correspondant à la surface extérieure forme une zone plus foncée. Ce phénomène se produit pour les os qui contiennent encore la plus grande partie de leur gélatine. Dans les cas où ils ont perdu leur matière organique, ces os ont une cassure fraîche à couleur uniforme.

2° *Forme de la cassure.* Les cassures que portent les os dont nous parlons, présentent une uniformité singulière et bien digne de remarque. Les têtes des os longs sont toujours entières, les diaphyses ouvertes longitudinalement, des fragments plus ou moins longs restant attachés aux têtes. Les os courts, phalanges et vertèbres, sont en général divisés dans toute leur longueur en deux parties à peu près égales.

Les cassures des os longs que nous avons pu étudier sur plusieurs milliers de spécimens nous ont permis de supposer qu'elles étaient faites de deux façons différentes : tantôt par un instrument contondant, tantôt par un instrument tranchant.

Le premier de ces deux procédés, de beaucoup le plus fréquent, se traduit par une série de surfaces de cassures plus ou moins lisses et à bords non baveux, laissées sur les extrémités articulaires. De nombreux fragments osseux écrasés, répandus dans tous les gisements que nous avons étudiés pourraient bien se rapporter à ce genre de cassures.

Le second procédé, bien plus rare que le précédent, nous a paru indiqué par des cassures très-allongées de la diaphyse, faites sans doute dans le but de tailler les os en poinçons après en avoir extrait la moelle. Ce sont surtout les os les moins épais, par suite appartenant à de petits ruminants tels que Chèvres, Moutons, etc., qui présentent les cassures par instrument tranchant. Les os de grands ruminants semblent avoir été plus souvent cassés par le premier procédé. Sur ceux-ci l'on voit quelquefois les coups d'instruments contondants, ceux-là portent les entailles produites par les instruments tranchants. Tous sont sillonnés de nombreuses stries faites sans doute pendant qu'on en détachait les chairs.

La régularité des cassures des os courts paraît bien indiquer qu'ils ont été ouverts au moyen d'un instrument tranchant.

Nous avons déjà montré à l'Académie, dans de précédentes communications, qu'en outre de ces os cassés, nous en avions trouvé aussi un certain nombre venant surtout de cavernes de l'âge du Renne et formant des pointes de flèche, des têtes de lance, etc., simplement taillées et grossièrement appointies en les râclant avec un couteau ou avec un grattoir en silex. Pour nous, ces objets sont l'indice d'une industrie plus primitive, plus grossière que celle de l'âge de l'Aurochs, que celle surtout de l'âge de la pierre polie.

Comme nous l'avons déjà montré pour plusieurs cavernes, et notamment pour celle de Lourdes, les entailles produites sur ces ossements par la main de l'homme ont été quelquefois rongées par les carnassiers, ce qui prouve bien que ces os étaient à l'état frais pendant que l'homme les a travaillés.

Afin qu'il nous soit possible de préciser le champ de discussion dans lequel nous voulons nous renfermer, qu'il nous soit permis de poser immédiatement la question suivante :

Peut-on attribuer les cassures que nous venons de signaler à une autre cause qu'à des coups portés par la main de l'homme? Il est facile de répondre à cette question, que bien des gens se poseront à coup sûr avec nous.

Non, aucune autre cause que celle que nous indiquons, c'est-à-dire des coups directement portés par la main de l'homme, n'a produit un pareil résultat.

Du moment, en effet, où nous admettons que les cassures produites sur ces os l'ont été par une cause violente, chose que personne ne nous contestera sans doute, il faut voir quelles causes violentes ont pu les occasionner.

Nous ne nous arrêterons pas à l'idée de fractures produites pendant la vie de l'animal. L'absence de cal osseux et le simple bon sens nous permettent de passer outre.

Ces os ont-ils été cassés dans un courant par suite de chocs qu'ils auraient pu recevoir de cailloux roulés venant frapper sur eux? Tous les ossements cassés proviennent de cavernes non remplies par des courants; ils ont été pour la plupart recueillis dans des foyers encore remplis de cendres, où ils étaient en place, suivant toute apparence, depuis le moment de leur dépôt. Des cailloux roulés n'ont jamais été retrouvés qu'au-dessous de ces gisements paléontologiques, ou bien ils manquaient complétement.

Il faudrait, du reste, pour que ces cassures aient été produites par les chocs imprimés dans un courant, que les os portassent des traces d'usure par roulement et par frottement, les angles des cassures devraient être mousses, les surfaces articulaires usées, altérées, les surfaces osseuses striées, entamées dans tous les sens. Rien de cela n'existe. Les angles sont tranchants, les pointes aiguës, les surfaces articulaires nettes. Tout démontre que les os cassés n'ont pas été roulés.

Est-ce la dent des carnassiers qui a déterminé ces cassures? Non, car il faudrait retrouver la trace des dents sur tous les fragments, et elle manque presque toujours. Ce n'est que par exception qu'on la trouve marquée sur les os, et lorsqu'on l'y voit il est facile de s'assurer que les cassures entamées par la dent existaient antérieurement.

Il suffit d'enlever à un chien l'os qu'il ronge pour voir que cet animal ne produit jamais des cassures comme celles dont nous parlons, et que lorsque les os sont assez peu résistants pour céder sous les efforts de sa mâchoire, chaque fragment porte l'empreinte des dents qui l'ont brisé.

Nous ne saurions après cela trouver une autre cause violente ayant produit le phénomène que nous étudions.

Il nous paraît donc impossible de ne pas admettre les coups portés par la main de l'homme comme étant l'unique cause des cassures que nous avons décrites, sous peine de nier l'évidence et de refuser l'admission de faits qui se passent encore de nos jours.

Ces faits une fois établis, nous ne croyons pas aller trop loin en disant que toutes les fois que des quantités d'ossements pourront être retrouvées présentant les caractères de ceux que nous venons de décrire, c'est-à-dire : cassure des diaphyses et conservation des têtes, pointes et angles aigus et tranchants, empreintes de dents de carnassiers ayant entamé les cassures antérieures, absence de traces d'usure par frottement, il sera possible de dire avec certitude que l'homme a produit ces cassures sur les os *frais*, et a été nécessairement le contemporain des animaux auxquels appartenaient ces débris.

Nous rappellerons maintenant que nous avons déjà eu l'occasion, il y a deux ans, dans notre premier travail sur l'homme fossile [1], et l'année dernière à la Société géologique de France, de présenter des ossements d'*Ursus spelæus*, de *Felis spelæa*, de *Rhinoceros tichorhinus* que nous croyons taillés de main d'homme. C'étaient des mâchoires de grand Ours et de grand Chat des cavernes, dont la partie postérieure très-régulièrement enlevée, sans doute pour être plus facilement tenues à la main, formaient avec leur canine menaçante une arme redoutable ou un instrument utile pour gratter la

[1] *L'Homme fossile des cavernes de Lombrive et de Lherm (Ariége)*. Tououse, 1862, in-8°, 92 pages et 2 planches.

terre. C'étaient des os longs de grands Ours taillés en forme de couteaux; une phalange du même animal percée de part en part aux deux têtes articulaires et portant une série de traits sur chaque côté de la diaphyse. C'était un côté gauche de mâchoire inférieure du même Ours complétement traversé par un coup d'instrument piquant et montrant les productions pathologiques d'une ostéite déclarée après la blessure. C'étaient encore des tibias et des humérus de *Rhinoceros tichorhinus* cassés dans leur diaphyse comme ceux que nous avons décrits de Renne et d'Aurochs, de Mouton et de Chèvre. Les cassures faites sur ces os avaient souvent été entamées par la dent de gros carnassiers.

Nous joignons à ces pièces, dont nous avons aujourd'hui augmenté le nombre, une série d'ossements de grands Ours et de grands Chats des cavernes, cassés comme ceux de l'âge du Renne, de l'âge de l'Aurochs et de l'âge de la pierre polie([1]). Chaque os cassé ou travaillé d'Ours, de Félis, de Rhinocéros, peut trouver son représentant dans ceux des âges géologiques que nous venons de citer. Il est inutile de donner ici une seconde description de ces os cassés, car ce que nous avons dit pour les premiers s'applique exactement aux seconds.

Nous terminerons en disant que les faits précédents et les pièces dont nous venons de parler confirment d'une manière certaine la contemporanéité de l'homme et du grand Ours des cavernes, aujourd'hui admise par la plupart des naturalistes comme vérité acquise à la science, et enseignée dans les cours si savants et si lucides de M. le professeur d'Archiac.

Ces faits permettent de plus, pensons-nous, d'arriver à la détermination de la contemporanéité de l'homme et des espèces éteintes par des observations faciles à faire et au moyen de données nouvelles et sûres.

([1]) Les nombreuses pièces que nous avons eu l'honneur de mettre sous les yeux de l'Académie des sciences proviennent des grottes de l'âge de la pierre polie de la vallée de Tarascon (Ariége), des grottes de Bruniquel, de Lourdes, d'Izeste, ainsi que de celles de Lherm, du Maz d'Azil et de Bonichéta.

X

L'HOMME FOSSILE DANS LE BAS LANGUEDOC

I. SILEX TAILLÉS DANS LES CAVERNES DE GANGES

PAR

M. BOUTIN

(4 janvier 1864.)

...... Les roches exfordiennes qui forment les gorges de Saint-Bauzille-du-Putois et qui encaissent l'Hérault sur une étendue d'environ 3 kilomètres, recèlent dans leurs flancs une quantité considérable de grottes. L'un des massifs de ces roches, le Thaurac, dont les pics escarpés menacent la route de Montpellier entre la Roque et Saint-Bauzille, contient la belle et imposante *grotte des Demoiselles.*

Sur le flanc de cette même montagne et dans la seule petite propriété de M. Mège, c'est-à-dire sur une étendue d'environ 1000 mètres carrés, on ne compte pas moins de huit ouvertures de grottes d'un accès plus ou moins facile, et dont une présente le plus grand intérêt. C'est une ancienne habitation humaine.

Cette grotte, à laquelle j'ai donné le nom de *grotte de la Roque*, est percée dans la direction sud-ouest à nord-est. Son entrée, située dans le milieu d'une haute paroi de roches calcaires, a 4 mètres dans sa plus grande hauteur et 3 mètres de largeur. Elle mesure 14 mètres de long et en moyenne 2 mètres de haut.

La grotte de la Roque m'a présenté des traces certaines de la présence de l'homme à une époque très-reculée de la nôtre. Les fouilles que j'ai faites dans cette grotte m'ont fourni :

1° Des ossements;

2° Des cendres et du charbon ;

3° Des silex taillés.

Les ossements se rapportent à divers genres dont les principaux et les plus fréquents sont le Lapin, le Bouquetin et le Bœuf. Parmi ces ossements, ceux des petites espèces seuls ont été trouvés entiers ; ceux des grandes espèces sont tous brisés, quelques-uns effilés en pointe.

Les cendres et le charbon n'ont été trouvés que sur une petite étendue, vers l'ouverture de la grotte, mais sous la couche de stalagmites. Les silex taillés y ont été recueillis sur toute la surface du sol, et en plusieurs endroits sous la stalagmite dans toute l'épaisseur d'une couche de 1 mètre de limon jaunâtre. Ce limon contient des cailloux roulés de gneiss et de schiste, semblables à ceux que l'on trouve dans le lit de l'Hérault. Mais le niveau de ce lit est aujourd'hui à 30 mètres au-dessous de l'ouverture de la grotte.

Les silex sont de diverses sortes. Les uns n'ont pas plus de 2 centimètres de longueur et 2 ou 3 millimètres de largeur. Ils sont effilés aux deux extrémités. D'autres ont 5 ou 6 centimètres de long et 6 ou 7 millimètres de large ; effilés à une seule extrémité, ils sont taillés en forme de prisme triangulaire très-aplati. D'autres enfin ont 9 à 10 centimètres de long sur 2 à 3 de large.

Aucun de ces silex n'a été poli par frottement. Ils sont tous assez grossièrement taillés.

Outre les silex de forme allongée, j'ai trouvé, mélangés avec eux, des morceaux de forme à peu près circulaire, ou plutôt lenticulaire, à bords taillés, et dont il m'a été impossible de déterminer l'usage.

Enfin, parmi tous ces morceaux plus ou moins réguliers, se sont trouvés, en grande quantité, des éclats irréguliers, des débris de toute forme et de toute dimension, même des restes assez volumineux de rognons, indiquant par leur présence un lieu de fabrication.

Nul doute que beaucoup de grottes de nos environs contiennent des indices pareils du passage de l'homme. Et comme, dans quelques-unes, j'ai déjà rencontré une quantité considérable de débris d'*Ursus spelæus*, je ne désespère pas de trouver un jour les uns associés aux autres.

II. REMARQUES SUR L'ANCIENNETÉ DE L'HOMME TIRÉES DE L'OBSERVATION DES CAVERNES A OSSEMENTS DU BAS LANGUEDOC [1]

PAR

PAUL GERVAIS

DOYEN DE LA FACULTÉ DES SCIENCES DE MONTPELLIER

(1er février 1864.)

En ce qui concerne notre pays, ce sont des explorations entreprises dans les cavernes du bas Languedoc qui ont conduit récemment quelques naturalistes à soutenir l'opinion, déjà proposée par d'autres auteurs, que l'homme a été, en Europe, le contemporain des grandes espèces de mammifères qui vivaient dans les premiers temps de la période quaternaire.

Les premiers documents recueillis à cet égard dans le midi de la France sont dus à M. Tournal, qui, dès 1827, signala l'association des ossements de l'homme avec ceux des animaux d'espèces éteintes, dans les cavernes de Bize près Narbonne (Aude). Deux ans après, M. Jules de Christol publiait sa *Notice sur les ossements humains fossiles du Gard*, d'après des recherches faites par lui et par M. Émilien Dumas dans la caverne de Pondres.

Cuvier n'a pas ignoré les principaux faits signalés par MM. Tournal et Jules de Christol ; mais il ne leur a pas reconnu assez de certitude pour le déterminer à changer d'opinion. Voici en quels termes il y a fait allusion dans la sixième édition de son *Discours sur les révolutions du globe*, publiée en 1830 : « On a fait grand bruit, il y a quelques mois, de certains fragments humains trouvés dans les cavernes à osse-

[1] Le département de l'Hérault et les parties avoisinantes des départements de l'Aude, de l'Aveyron, de la Lozère et du Gard.

ments de nos provinces méridionales, mais il suffit qu'ils aient été trouvés dans les cavernes pour qu'ils rentrent dans la règle. » Or, la règle, telle que Cuvier l'avait posée, c'est qu'on ne rencontre pas d'os humains dans les couches régulières, même dans celles qui renferment les Éléphants, les Rhinocéros, les grands Ours, les grands Félis et les Hyènes. La raison sur laquelle s'appuie Cuvier est sans doute que les eaux opèrent incessamment dans le sol terreux des cavernes des filtrations ou des remaniements, et que des objets peuvent y occuper des positions contiguës, bien qu'apportés à des dates très-différentes.

Il cherche évidemment à prémunir les savants contre le danger de conclusions trop hâtives, et veut probablement que l'on joigne aux indications, ici douteuses, de la stratigraphie, d'autres preuves, avant de trancher la question.

Voyons donc ce que de plus amples renseignements et documents nous ont appris au sujet des cavernes de Bize et de Pondres; nous exposerons ensuite quelques faits nouveaux tirés des cavernes de la Roque et du Pontil, qui sont situées dans la même région.

Caverne de Bize. — M. Marcel de Serres a consacré un long mémoire à la publication des observations faites par M. Tournal, par lui-même et par quelques autres personnes sur les objets extraits de la grotte de Bize. Il y signale, indépendamment de plusieurs espèces qui, pour la plupart, se retrouvent encore à l'état sauvage dans les environs, une Antilope d'espèce éteinte qu'il appelle *Antilope Christolii*, et quatre espèces de Cerfs qui seraient également anéanties et différentes de celles que les paléontologistes avaient alors décrites. Ce sont les *Cervus Destremii*, *Reboulii*, *Leufroyi* et *Tournalii*. L'Aurochs est également cité par M. de Serres, mais c'est bien sûrement du *Bos primigenius* qu'il a voulu parler. Quant à l'*Ursus spelæus*, il ne le mentionne plus comme l'avait fait M. Tournal. L'humérus, d'ailleurs incomplet, qu'il attribue au genre des Ours, lui paraît être d'Ours arctoïde, et il mériterait peut-être mieux d'être attribué à l'Ours ordinaire qui a autrefois habité nos montagnes. J'en ai, en effet, reconnu quelques ossements parmi les pièces jointes, trouvées à la Tour-de-Farges, près Montpellier, et aux environs d'Alais.

L'*Antilope Christolii* ne paraît pas différer sensiblement du Chamois, et il faut conclure de sa présence à Bize, non pas à l'ancienne existence dans les environs de cette caverne, c'est-à-dire dans la montagne Noire, d'une espèce différente de celles que nous connaissons dans le monde actuel, mais à la présence, à ces époques reculées, de Chamois dans la même région. C'est ainsi que le Chevreuil a disparu de plusieurs de nos départements du Midi, et il en est de même pour plusieurs autres espèces, les unes anéanties dans toute la France, les autres reléguées dans quelques départements.

Deux parties inférieures de canons de Chamois, que j'ai sous les yeux, ne comprennent plus que les poulies digitales et une très-courte longueur de la diaphyse. Il est aisé de reconnaître qu'elles ont été brisées violemment et par le fait de l'homme, ce qui s'observe fréquemment pour les os analogues et autres os longs que l'on trouve dans les cavernes où l'homme a eu accès, lorsque ces pièces proviennent d'animaux ayant vécu à la même époque que lui. L'homme primitif, en effet, cassait les os longs, qui sont remplis de moelle, pour en retirer cette substance.

J'ai aussi de Bize l'extrémité digitale, semblablement brisée, d'un canon postérieur de grand Bœuf, évidemment du *Bos primigenius*, et quelques autres extrémités d'os longs du même animal, séparées de leur diaphyse ou partie moyenne par fracture violente. L'homme a évidemment opéré cette fracture, et il ne peut évidemment l'avoir faite que dans le but que nous venons de rappeler.

Quant aux Cerfs propres à la caverne de Bize, il me serait difficile d'en établir la synonymie en rapport avec celle des autres espèces connues dans cette famille. Je n'ai pu voir encore qu'une ou deux des pièces d'après lesquelles ils ont été décrits, et l'histoire de nos Cervides fossiles est trop embrouillée pour qu'on puisse procéder sûrement à cette détermination. Force est donc de recourir aux figures données par M. Marcel de Serres de quelques-uns des débris qu'il signale à Bize, ou aux pièces découvertes récemment. En tenant compte de ces deux sortes d'indications, je reconnais, à n'en pouvoir douter, que la majorité des ossements et des dents de Bize, attribués à des Cerfs d'espèces éteintes et nommées comme il a été dit plus haut, se rapporte au *Renne;* mais avec cette différence qu'au lieu que les os longs soient entiers, comme dans certaines cavernes, à Brengères par exemple, où l'homme n'habitait pas, ils ont été fracturés. On en doit conclure que si l'homme n'a pas tenu ces animaux en domesticité, il a certainement profité de leurs dépouilles. Une dizaine des os que je possède sont des extrémités inférieures de canons, brisés d'une façon qui rappelle les os de Chamois et de grands Bœufs dont il a déjà été parlé.

Peut-être paraîtra-t-il superflu d'ajouter que la caverne de Bize renferme aussi des débris de poteries primitives, des silex taillés en forme de couteau et des instruments fabriqués avec des bois de Cerfs ou de Rennes, avec des os, etc., etc. Voici comment je me suis procuré des échantillons de silex taillés recueillis à Bize.

Deux jeunes gens instruits, MM. Brinckmann et Jullien, qui suivaient mes cours, ayant voulu entreprendre en 1860 une petite excursion aux environs de Narbonne, excursion dans laquelle il me fut impossible de les accompagner, je les engageai à fouiller la grotte de Bize et à y chercher des couteaux de silex, jugeant que la présence d'ossements brisés dans cet endroit devait y faire également supposer celle des couteaux primitifs. M. Tournal, d'ailleurs, en avait trouvé lors de la publication de sa première Notice, mais sans reconnaître leur véritable signification. Il en parle dans son travail après avoir signalé les cailloux roulés, qui sont cependant très-rares, en les appelant des fragments de quartz pyromaque à angles très-vifs. Ils sont très-nombreux par endroits et leurs formes sont assez diverses; mais leurs dimensions sont moyennes ou même petites. M. Brinckmann, qui est devenu un naturaliste habile, en a parlé en 1861 dans une courte Note insérée dans un journal de mélanges qui paraissait alors à Hambourg, sous le titre de *Braza*.

Caverne de Pondres. — J'ai revu les ossements trouvés à Pondres par M. Émilien Dumas et constaté qu'ils appartiennent principalement aux espèces suivantes : *Rhinoceros tichorhinus*, *Bos primigenius*, *Ursus spelæus*, *Felis spelæa* et *Hyæna spelæa*. Ce sont donc bien des animaux diluviens, et Cuvier, qui fait survivre le *Bos primigenius* aux espèces anéanties antérieurement à l'apparition de l'homme dans nos contrées, ne cite pas ce grand Bœuf parmi les animaux dont il conteste le mélange avec les restes de notre espèce. Beaucoup d'auteurs ont invoqué la grotte de Pondres à l'appui de la haute antiquité de l'homme en Europe, et il a laissé en effet des débris de son squelette, des couteaux en silex, des poteries grossières et du charbon dans cette grotte, si bien explorée par M. E. Dumas. On les y trouve pêle-mêle avec les restes des animaux éteints. Y a-t-il eu remaniement du sol, fissures, etc.? On l'a nié et affirmé successivement. Tout ce que nous pouvons assurer, c'est que les os des grandes espèces n'y sont pas brisés à la manière de ceux enfouis dans les cavernes ayant servi à l'habitation des premiers habitants du globe.

Malgré l'opinion de notre savant ami M. E. Dumas, qui ne met pas en doute la contemporanéité de l'homme et des animaux d'espèces éteintes recueillis par lui à Pondres, nous avons dans un précédent travail relégué cette observation parmi celles qui ne peuvent encore conduire qu'à des conclusions douteuses.

Quant à la caverne de Lunel-Viel, elle ne saurait être citée en faveur de l'hypothèse de la contemporanéité de l'homme et des grandes espèces diluviennes, puisque, malgré son peu d'éloignement des grottes où l'on recueille des ossements humains, elle n'a fourni de traces ni de l'homme ni de sa primitive industrie. Elle est du nombre de celles que

M. Steenstrup regarde comme entièrement remplies en dehors de l'action de l'homme, attendu que les ossements n'y sont pas brisés par ce dernier, mais seulement attaqués par la dent des carnivores, plus particulièrement par celle des Hyènes. Ne pourrait-on pas en conclure que, dans le cas de mélanges, les os des anciennes espèces non brisés indiquent un enfouissement de ces os antérieur à l'action des hommes, et doivent faire par suite attribuer le mélange, lorsqu'il est constaté, à l'intervention ultérieure des eaux, ou à des creusements entrepris de main humaine, ou bien encore à des remaniements dus à des causes différentes? Cette opinion, que je ne donne pas comme absolue, mais qui nous éclaire sur la difficulté des questions agitées ici, prendra plus de consistance si les faits suivants, observés dans la caverne de Pontil, sont exacts, comme j'ai tout lieu de le penser.

Caverne de Pontil, près Saint-Pons (Hérault). — J'ai fait connaître, il y a déjà quelques années [1], la découverte de nombreux ossements d'espèces éteintes, parmi lesquelles j'ai signalé plusieurs des grands animaux de Lunel-Viel et de Pondres : le *Rhinoceros tichorhinus*, l'*Ursus spelæus*, le *Bos primigenius* et un grand Cerf, sans doute le *Cervus Elaphus*, var. *Strongyloceros* ou *Canadensis*, dont quelques auteurs font une espèce distincte de l'*Elaphus*, parce qu'il a des dimensions bien supérieures à celles de ce dernier, et comparables à celles des Wapiti du Canada.

Des ossements humains et quelques débris de l'industrie, les uns appartenant à l'époque primitive, les autres plus récents, m'avaient également été montrés comme venant de cette caverne; mais je m'étais abstenu d'en parler, n'ayant pas, au sujet de leur gisement, des données qui me parussent suffisamment exactes. Je suis aujourd'hui mieux renseigné. M. Chausse, conducteur des ponts et chaussées, qui a fait lui-même des fouilles au Pontil, m'a remis la plupart des objets d'origine humaine qu'il y a trouvés, et il m'a fourni

[1] *Mémoires de l'Académie scientifique de Montpellier*, 1857, t. III, p. 509.

au sujet de leur gisement quelques détails que confirme d'ailleurs le mode de conservation de ces objets, comparé à celui des animaux éteints enfouis avec le Rhinocéros.

Les grands animaux diluviens, le *Bos primigenius* compris, sont dans une couche inférieure à celles qui ont fourni des os de Cheval, des débris humains, des restes d'anciens foyers, un couteau en silex taillé et divers instruments faits en corne de Cerf et en os entièrement semblables à ceux que l'on trouve dans les dépôts remontant au premier âge des habitations lacustres de la Suisse, ainsi que dans les kjökinmödinger du Danemark.

Je citerai, entre autres, des portions basilaires de bois de Cerf disposées pour servir de poignée à des instruments en pierre, et un stylet en os semblable à celui de la figure 19 de la planche VI de l'ouvrage de M. Troyon [1]. Il a été fabriqué avec une portion de canon d'un ruminant qui me paraît être la Chèvre; j'ai d'ailleurs reçu du même dépôt un axe osseux de corne de Bouc qui reproduit assez bien les caractères de l'exemplaire de ce genre donné par M. Owen, dans ses Mammifères fossiles d'Angleterre, comme trouvé dans le pleistocène de Walton (Essex). C'est avec ces objets bien plus récents que ceux de la couche à Rhinocéros et à grands Ours qu'était enfoui un maxillaire supérieur droit de jeune *Bos primigenius* absolument semblable, par ses différents caractères, à un os analogue provenant d'un individu de même âge recueilli dans la caverne de Lunel-Viel et auquel je l'ai comparé.

La même caverne du Pontil renfermait aussi, dans ses sédiments supérieurs, des défenses de Sanglier, des haches en pierre polie, réputées caractéristiques du second âge de pierre, et des objets travaillés indiquant l'âge de bronze [2].

Caverne de la Roque, près Ganges (Hérault). — Je passe à une quatrième caverne, celle que M. Boutin a décrite page 278.

[1] *Habitations lacustres*. Paris, 1860.

[2] La caverne de Mialet et d'autres cavernes à ossements de notre province ont aussi fourni des objets d'origine humaine appartenant aux âges de pierre et de bronze.

M. Boutin m'avait montré, il y a déjà plusieurs années, des os brisés provenant de cette grotte, et je l'avais invité à y chercher des silex travaillés, dont il a trouvé, en effet, une quantité considérable, associés à quelques ossements humains. J'ai aussi reçu de lui, comme découvert dans la grotte de la Roque, un cinquième métatarsien, évidemment d'*Ursus spelæus*.

Quant aux ossements brisés, ils appartiennent au Cerf, au Bœuf ordinaire et à l'animal que M. Boutin signale dans sa Note comme étant un Bouquetin. Ce dernier n'est probablement pas le véritable Bouquetin, ou du moins il me paraît s'en distinguer par quelques caractères. Les Bouquetins cependant ont vécu dans nos Cévennes. J'ai signalé à Mialet (Gard) une espèce ou race de ces animaux (*Ibex Cebennarum*) qui a été contemporaine des grandes espèces éteintes, et je crois en avoir retrouvé quelques rares fragments parmi les os retirés de la caverne de la Salpêtrière, située à une faible distance de Ganges. Cette caverne est riche en ossements d'*Ursus spelæus*. Le prétendu Bouquetin de la Rogue aurait plus d'analogie, d'après les pièces très-peu nombreuses et très-mutilées que M. Boutin m'en a remises, avec les Chèvres; mais ses pieds sont encore plus forts que ceux de ces animaux, et il était lui-même de beaucoup plus grande taille. C'est sans doute le même animal que M Marcel de Serres a indiqué à Bize, sous le nom de *Capra ægagrus* [1], et celui dont M. Forel parle comme d'un Mouton supérieur en dimensions, dans sa Notice sur les cavernes à silex taillés de Menton, qui sont peu éloignées de Nice.

Assurer que c'est bien l'Égagre serait aller au delà de ce que l'observation autorise encore; mais il est évident que ces quelques débris osseux, mutilés par les anciens habitants de notre pays, indiquent un animal assez rapproché des Chèvres et des Bouquetins, quoique plus grand et plus trapu. On pourrait s'en faire une idée en supposant une Chèvre qui

[1] *Essai sur les cavernes à ossements*, 3e édit. Paris, 1838, p. 154.

dépasserait en dimensions les Chèvres actuelles, à peu près comme le *Bos primigenius* dépasserait nos Bœufs domestiques. Pour ne rien préjuger au sujet de ses rapports avec l'Égagre, je l'appellerai *Capra primigenia.*

A quelle époque cette race ou espèce a-t-elle disparu et quels étaient ses véritables caractères? Voilà un nouveau problème à résoudre pour les personnes qui s'adonnent à cette partie intéressante de la paléontologie si voisine de l'archéologie.

Il ressort des données exposées dans ce mémoire que, tout en assignant à la première apparition de l'homme dans la région à laquelle appartiennent les cavernes de Bize, de Saint-Pons, de Pondres, de la Roque, etc., une ancienneté antérieure aux récits de l'histoire, on ne saurait encore admettre qu'il a été, dans cette région du moins, le contemporain des animaux d'espèces anéanties auxquels Cuvier faisait allusion lorsqu'il repoussait l'assertion émise, il y a trente-cinq ans déjà, par MM. Tournal, de Christol et Marcel de Serres, au sujet de l'enfouissement simultané de l'homme et de ces grands mammifères dans les cavernes qu'ils ont décrites.

C'est qu'il importe de bien distinguer les espèces disparues dès les premiers temps de la période quaternaire d'avec celles qui n'ont été anéanties que plus tard, ou qui ont survécu dans quelques autres parties de l'Europe après avoir été détruites chez nous. La chronologie de ces extinctions, ou de ces éloignements successifs est difficile à établir; mais elle a une grande importance, aussi bien pour l'histoire proprement dite que pour l'histoire naturelle, et les naturalistes ont déjà réuni de nombreux documents relatifs aux questions qu'elle soulève.

Le *Bos primigenius* est mêlé, comme les autres espèces encore existantes, aux grands animaux éteints que Cuvier regarde comme antérieurs à la présence de l'homme en Europe; mais il n'a pas disparu avec ces grands animaux. Semblable à l'Aurochs, il était autrefois commun dans les parties méridionales de la France. Aujourd'hui on ne le retrouve plus nulle part et sa race a fini, ou bien elle s'est confondue avec celle des Bœufs ordinaires, tandis que l'Aurochs a survécu dans quelques forêts de la Russie, de la Lithuanie et du Caucase.

Le Renne, de même que l'Aurochs et le *Bos primigenius*, manque depuis longtemps à nos régions, et l'Élan est aussi dans ce cas. Ce dernier se retrouve pourtant dans le Nord; quant aux Rennes, on dit que ceux dont se servent les Lapons, et ceux, fort peu différents, dont les ossements sont enfouis dans les cavernes et dans les brèches, étaient des espèces distinctes. Quoi qu'il en soit de cette opinion, il n'en est pas moins certain que des Rennes ont vécu en même temps que l'homme en France, en Angleterre et en Allemagne.

N'est-il pas curieux de voir la paléontologie démontrer que les trois grands Ruminants cités par César dans la forêt Hercynienne ont habité presque sur les bords de la Méditerranée, et cela à une époque où l'homme s'y trouvait lui-même, mais dans un état encore très-peu avancé de civilisation ? Ces trois espèces sont en effet : l'*Urus*, qui, d'après Cuvier, ne serait autre que le *Bos primigenius*, mais que d'autres auteurs regardent comme le véritable *Aurochs*, animal qui a d'ailleurs vécu dans le midi de l'Europe à l'époque dont nous parlons; l'*Alces* ou l'Élan ([1]), et le *Bos Cervi figura*, c'est-à-dire le Renne.

([1]) Le fragment de bois fossile de Cerf trouvé à Bize, et dont M. Marcel de Serres a donné la figure dans sa planche III sous le n° 1, pourrait bien avoir appartenu à un jeune Élan. C'est le *Cervus Tournalii* de M. de Serres. C'est ce que l'auteur discutera ultérieurement.

L'ancienne existence de l'Élan dans nos régions méridionales reste donc à démontrer ; mais celle du Bœuf gigantesque (*Bos primigenius*) des naturalistes et du Renne est attestée par des preuves irrécusables, et tout nous démontre que les premiers habitants de notre pays ont pu tirer parti de ces deux espèces de quadrupèdes, comme le font encore aujourd'hui pour l'une d'elles les Lapons et les Esquimaux. (*Note additionnelle.*)

FIN.

TABLE DES MATIÈRES

L'ANCIENNETÉ DE L'HOMME

APPENDICE

PAR

SIR CHARLES LYELL

L'HOMME FOSSILE EN FRANCE

I. L'HOMME FOSSILE A MOULIN-QUIGNON.

II. L'HOMME FOSSILE AUX ENVIRONS DE CHARTRES.

III. L'HOMME FOSSILE DANS LE CENTRE DE LA FRANCE.

IV. L'HOMME FOSSILE DANS LE PÉRIGORD.

V. L'HOMME FOSSILE DANS L'AVEYRON.

VI. L'HOMME FOSSILE A BRUNIQUEL (TARN-ET-GARONNE).

VII. L'HOMME FOSSILE DANS LA HAUTE-GARONNE.

VIII. L'HOMME FOSSILE DANS L'ARIÉGE.

IX. L'HOMME FOSSILE DANS LES HAUTES-PYRÉNÉES.

X. L'HOMME FOSSILE DANS LE BAS LANGUEDOC.

TABLE DES FIGURES

INTERCALÉES DANS LE TEXTE

TRAITÉ
DE PALÉONTOLOGIE

OU

HISTOIRE NATURELLE DES ANIMAUX FOSSILES

Considérés dans leurs rapports zoologiques et géologiques,

Par F.-J. PICTET,

Professeur de zoologie et d'anatomie comparée à l'Académie de Genève, etc.

DEUXIÈME ÉDITION CORRIGÉE ET CONSIDÉRABLEMENT AUGMENTÉE.

OUVRAGE COMPLET

4 forts vol. in-8, avec un bel atlas de 110 pl. gr. in-4. 80 fr.

L'histoire des Animaux fossiles est aujourd'hui sans contredit une des branches les plus importantes de l'histoire naturelle. La Paléontologie a pris dans ces derniers temps un développement tellement considérable, par suite de l'impulsion donnée par les hommes les plus éminents dans la science, qu'elle est devenue, pour le zoologiste et le géologue, le conchyliologiste et le minéralogiste, etc., un complément indispensable de leurs études. Cependant, avant la publication du *Traité de paléontologie* de M. le professeur F.-J. Pictet, on ne possédait aucun traité élémentaire propre à guider les personnes qui veulent commencer cette étude. L'accueil qu'a obtenu cet ouvrage, les services qu'il a déjà rendus, ceux qu'il est appelé à rendre, ont fait comprendre à l'auteur la nécessité d'apporter à cette deuxième édition de nombreuses modifications, tout en conservant la division en trois parties.

La *première* renferme les considérations générales, savoir : l'histoire de la science, les définitions, la manière dont les fossiles ont été déposés, et leurs apparences diverses, ainsi que la classification des terrains, les théories que l'on a imaginées pour expliquer la succession des êtres organisés, et l'exposition des méthodes qui doivent diriger dans la détermination et la classification des fossiles.

La *seconde* contient l'histoire spéciale des animaux fossiles, la reconstitution des espèces perdues et les applications de la Paléontologie à la Zoologie. Les caractères de tous les genres de fossiles y sont indiqués avec soin, les principales espèces y sont énumérées, avec la citation des planches où elles sont figurées, ou des ouvrages où elles ont été décrites.

La *troisième* renferme les applications de la Paléontologie à la classification des terrains, des tableaux détaillés de la répartition des animaux fossiles dans les diverses couches de la terre, l'histoire de l'organisation, combinée avec les principales données que fournit la géologie sur la succession des terrains. Cette dernière partie est terminée par un résumé et une *table générale.*

Les additions ont été si considérables, que le texte, dans cette seconde édition, a été doublé dans ses diverses parties, par suite des nombreux travaux publiés en Europe sur la Paléontologie.

L'auteur voulant rendre son livre encore plus utile, a reconnu que les planches de la première édition étaient insuffisantes, soit par leur nombre, soit par leur dimension trop réduite. La *deuxième édition* est accompagnée *d'un bel atlas de 110 planches grand in-4*, présentant près de 1500 figures, et dont l'exécution a été confiée à d'habiles artistes. Cet atlas sera d'un puissant secours pour l'étude, la détermination générique et la classification des débris fossiles. Les caractères essentiels de presque tous les genres y sont figurés en détail.

PARIS. — IMP. SIMON RAÇON ET COMP. RUE D'ERFURTH, 1.

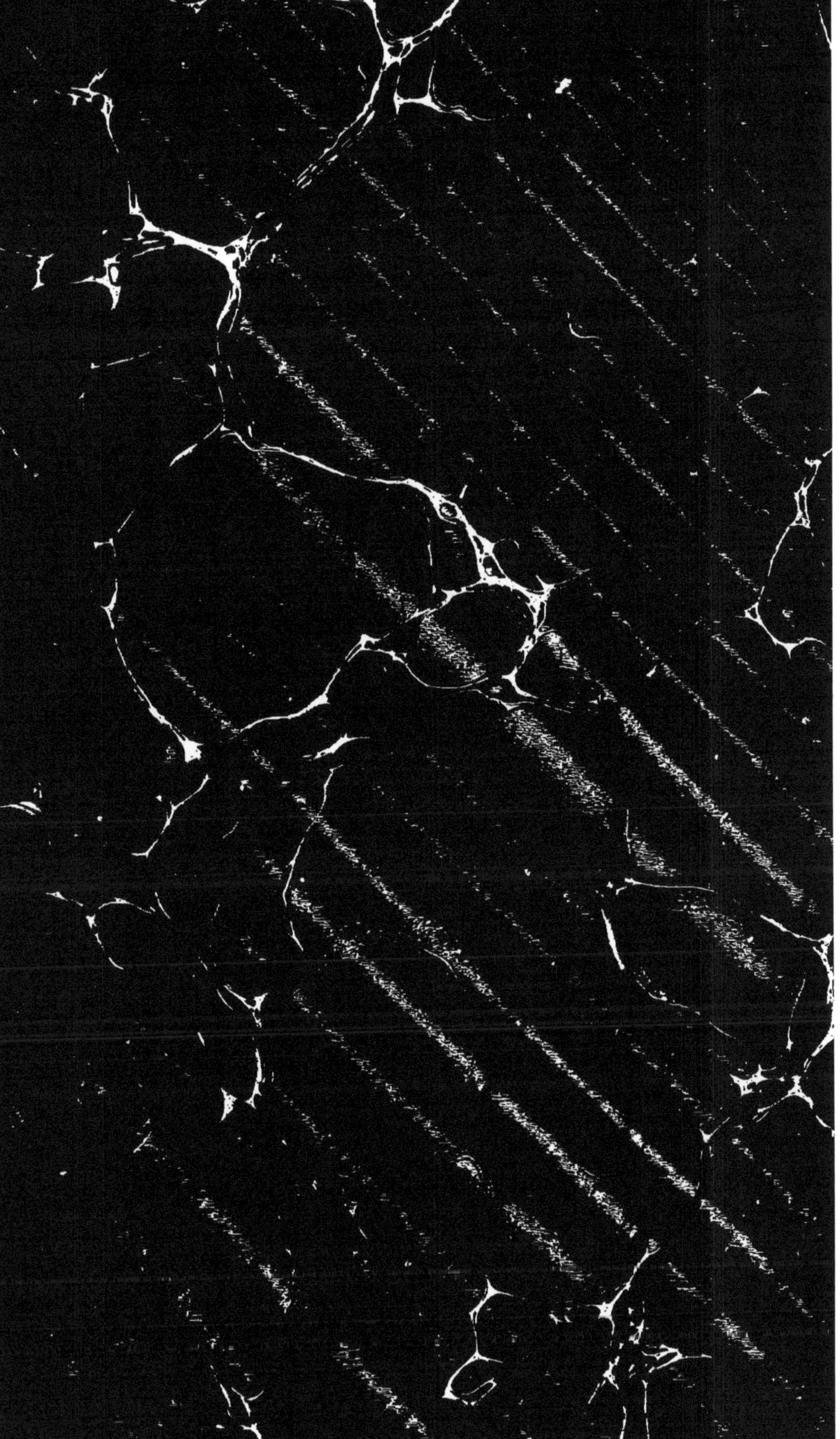

www.ingramcontent.com/pod-product-compliance
Ingram Content Group UK Ltd.
Pitfield, Milton Keynes, MK11 3LW, UK
UKHW020201250726
13967UKWH00003B/1198